# 生命のビッグデータ利用の最前線

# Frontier of Utilization of Big Data in Life Sciences

監修：植田充美
Supervisor : Mitsuyoshi Ueda

シーエムシー出版

# はじめに

生命科学の研究がこのところ急加速してきているのを実感されておられる方が多いのではないでしょうか。次世代型遺伝子解析装置の広がりや新しい遺伝子組み換え手法の展開などと分子イメージングなどをはじめとするナノテクノロジーの進展との融合により，ゲノム解析時代を越え，ポストゲノム解析時代からいよいよバイオサイエンスに新しい時代の到来が身近に感じられる時代になりつつあります。ポストゲノム解析の時代には，分析技術や装置の高精度化とコンピュータの演算能力や容量の向上に伴い，ゲノム，トランスクリプトーム，プロテオーム，メタボローム解析をはじめとする多くのデータが生命科学研究の世界に現出し，集積されてきました。

これらの解析はこれまでそれぞれ独立に扱われた解析手段として使われてきました。しかし，当然のことですが，これらを横断した相関データを基にしたトランスオミクス解析がこれからの解析手段として，すなわち，生物や生命の基盤解析手段として重要性がどんどん上昇してきています。これらのまさに膨大なビッグデータ，いわゆる「トレジャーデータ」といわれるこれらの情報を，積極的に，かつ，論理的にもしっかりと整理し，それから導き出す新しい成果や概念を，産学官の医療・創薬・モノづくり・環境などの研究領域の新しい展開研究や実用的な製品にしていく時代が来ていることを早く認識していくことが，新しい時代のバイオサイエンスの革新的基盤の確立に重要と考えています。

監修者が主宰する京都バイオ計測センター（http://www.astem.or.jp/kist-bic/）では，その動向を整理して，産学官の研究者に提示し，活用を始めていくためのシンポジウムとして，2013年７月29日に，この分野では初めて広い領域にまたがったシンポジウム「生命のビッグデータの解釈とその社会への展開」を開催しました。

本著では，これらの経緯をふまえて生命のビッグデータ利用の時々刻々変化する最前線に携わっておられる方々に，ご多忙の中，生の声を反映していただきたく，ご執筆の依頼をさせていただきました。ご執筆いただいた先生方には，この場をお借りして深謝いたします。読者の方々には，是非，この機会に本著を利用して，本格的なバイオサイエンス研究とその活用の時代の到来を体感していただければ幸いです。

2014年１月20日

京都大学大学院　農学研究科
植田充美

# 執筆者一覧（執筆順）


| | |
|---|---|
| 植田充美 | 京都大学大学院　農学研究科　応用生命科学専攻　教授 |
| 池尾一穂 | 国立遺伝学研究所　生命情報研究センター　准教授 |
| 五條堀　孝 | 国立遺伝学研究所　生命情報研究センター　特任教授 |
| 藤田信之 | ㈱製品評価技術基盤機構　バイオテクノロジーセンター（NBRC）上席参事官 |
| 割石博之 | 九州大学　基幹教育院，先端融合医療レドックスナビ研究拠点　教授 |
| 奥野恭史 | 京都大学　大学院医学研究科　教授 |
| 杉本昌弘 | 慶應義塾大学　先端生命科学研究所　特任准教授 |
| 藤山秋佐夫 | 国立遺伝学研究所　比較ゲノム解析研究室　教授 |
| 山本　希 | 東京工業大学　大学院生命理工学研究科　産学官連携研究員 |
| 森　宙史 | 東京工業大学　大学院生命理工学研究科　助教 |
| 山田拓司 | 東京工業大学　大学院生命理工学研究科　講師 |
| 黒川　顕 | 東京工業大学　地球生命研究所　教授 |
| 森坂裕信 | 京都大学大学院　農学研究科　応用生命科学専攻　助教 |
| 水口博義 | ㈱京都モノテック　代表取締役 |
| 山本佳宏 | (地独)京都市産業技術研究所　加工技術グループ　バイオチーム　研究担当課長補佐 |
| 馬場健史 | 大阪大学大学院　工学研究科　生命先端工学専攻　准教授 |
| 津川裕司 | ㈱理化学研究所　環境資源科学研究センター　統合メタボロミクス研究グループ　メタボローム情報研究チーム　特別研究員；大阪大学大学院　工学研究科　生命先端工学専攻　招聘研究員 |
| 福崎英一郎 | 大阪大学大学院　工学研究科　生命先端工学専攻　教授 |
| 中村由紀子 | 奈良先端科学技術大学院大学　情報科学研究科　博士研究員 |
| 小野直亮 | 奈良先端科学技術大学院大学　情報科学研究科　助教 |
| 佐藤哲大 | 奈良先端科学技術大学院大学　情報科学研究科　助教 |
| 森田（平井）晶 | 奈良先端科学技術大学院大学　情報科学研究科　研究員 |
| 杉浦忠男 | 奈良先端科学技術大学院大学　情報科学研究科　准教授 |
| Md. Altaf-Ul-Amin | 奈良先端科学技術大学院大学　情報科学研究科　准教授 |
| 金谷重彦 | 奈良先端科学技術大学院大学　情報科学研究科　教授 |
| 内山郁夫 | 自然科学研究機構　基礎生物学研究所　ゲノム情報研究室　助教 |
| 阿部貴志 | 新潟大学　大学院自然科学研究科／工学部　情報工学科　准教授 |
| 池村淑道 | 長浜バイオ大学　バイオサイエンス学部　コンピュータバイオサイエンス学科　客員教授 |

| | |
|---|---|
| 町田雅之 | ㈱産業技術総合研究所　北海道センター　生物プロセス研究部門<br>生物システム工学研究グループ　総括研究主幹，グループリーダー |
| 堤　浩子 | 月桂冠㈱　総合研究所　主任研究員 |
| 池田正人 | 信州大学　農学部　応用生命科学科　教授 |
| 竹山春子 | 早稲田大学　理工学術院　先進理工学部　生命医科学科　教授 |
| モリテツシ | 早稲田大学　理工学術院　創造理工学部　国際教育センター<br>助教 |
| 伊藤通浩 | 早稲田大学　先端科学・健康医療融合研究機構<br>次席研究員（研究院助教） |
| 細川正人 | 早稲田大学　先端科学・健康医療融合研究機構<br>日本学術振興会特別研究員 |
| 廣岡青央 | ㈱京都市産業技術研究所　加工技術グループ　バイオチーム<br>主席研究員 |
| 高田豊行 | 国立遺伝学研究所　系統生物研究センター　助教 |
| 城石俊彦 | 国立遺伝学研究所　系統生物研究センター　教授 |
| 額田夏生 | 三重大学　大学院生物資源学研究科 |
| アヴシャル-坂恵利子 | 三重大学　大学院生物資源学研究科　特任助教 |
| 田丸　浩 | 三重大学　大学院生物資源学研究科　教授 |
| 藤渕　航 | 京都大学　iPS細胞研究所　増殖分化機構研究部門　教授 |
| 八木寛陽 | 国立循環器病研究センター研究所　分子薬理部　特任研究員 |
| 錦織充広 | 国立循環器病研究センター研究所　分子薬理部　特任研究員 |
| 武藤清佳 | 国立循環器病研究センター研究所　分子薬理部，<br>同病院　臨床検査部　臨床病理科　特任研究員 |
| 南野直人 | 国立循環器病研究センター研究所　分子薬理部　部長 |
| 岩﨑裕貴 | 長浜バイオ大学　バイオサイエンス学部<br>コンピュータバイオサイエンス学科　学術振興会特別研究員PD |
| 田中　博 | 東京医科歯科大学　難治疾患研究所　生命情報学　教授 |
| 松前ひろみ | 北里大学　医学部　解剖学(埴原単位)　ゲノム人類学研究室<br>研究員 |
| 間野修平 | 統計数理研究所　数理・推論研究系　准教授 |
| 太田博樹 | 北里大学　医学部　解剖学(埴原単位)　ゲノム人類学研究室<br>准教授 |
| 大浪修一 | ㈱理化学研究所　生命システム研究センター　チームリーダー |
| 辻　敏之 | 長浜バイオ大学　バイオサイエンス学部　特任講師 |
| 白井　剛 | 長浜バイオ大学　バイオサイエンス学部　教授 |

# 目　次

## 第1章　総論

## 第2章　解析方法

## 第3章　ビッグデータの解析



## 第4章　応用展開―モノづくり・環境への展開

## 第５章　応用展開―医療・創薬への展開

# 第 6 章　新しい展開

# 第1章　総論

## 1　生命科学におけるビッグデータの利用

池尾一穂[*1]，五條堀　孝[*2]

### 1.1　はじめに

生命科学分野におけるデータの大規模化は，2004年に終了宣言がされたヒトゲノムプロジェクト[1)]によるヒトゲノム全配列解析が大きなきっかけとなった。その後，全ゲノム配列決定が，様々な生物種を対象に行われてきた。この頃から，生命科学において，対象生物種の全ゲノム配列を用いた研究が数多く進められ，また，そのデータの蓄積も進んできた。これだけでも，生命科学においては大きな革命であったが，さらに，近年の技術革新が，生命科学分野においてもビッグデータの大きな波をもたらした。本節では，生命科学の中でも，ゲノム研究におけるビッグデータのあり方と利用に関して述べる。

ご存知のように，生命はDNA（デオキシリボ核酸）と呼ばれる化学物質の複合体を遺伝子の本体として維持し，この遺伝子（生命の維持に必要な遺伝子のセットをゲノムと呼ぶ）を子孫に引き継ぐことにより，我々生物の種が代々継続されていく。DNAは，生体内における機能高分子であるタンパク質の情報を記載しており，その情報をもとに，RNAを介してタンパク質の発現を制御し，生物の発生，分化，生命維持，ひいては疾病までもが制御されている。この仕組みは，生物にとって共通であり，DNA，RNA，タンパク質という情報の流れはセントラルドグマと呼ばれ，生命の基本原理である。

近年，新たに開発された次世代型シークエンス技術は，このゲノム，遺伝子研究に大きな技術革新をもたらした。ヒトゲノムプロジェクトでは10年かかったゲノム配列決定が，今日では数日で終了するようになり，そのコストも大きく減少した[2)]。また，この次世代技術は，単にゲノム配列を決定するだけでなく，その派生技術の応用範囲と産生されるデータの大規模性から，DNAから集団レベルまでの生命科学の広い分野をカバーすることができる。この結果，生命科学研究において用いられるデータの量は飛躍的に増大し，その手軽さから，以前は大規模プロジェクトでしかできなかったゲノム研究が研究室レベルで行われるようになった。このことは，同時に，ゲノム情報の利用を基礎研究だけでなく，応用分野，遺伝子診断，創薬など企業活動に関わる分野へと広がりを見せている（図１）。

---

＊1　Kazuho Ikeo　国立遺伝学研究所　生命情報研究センター　准教授
＊2　Takashi Gojobori　国立遺伝学研究所　生命情報研究センター　特任教授

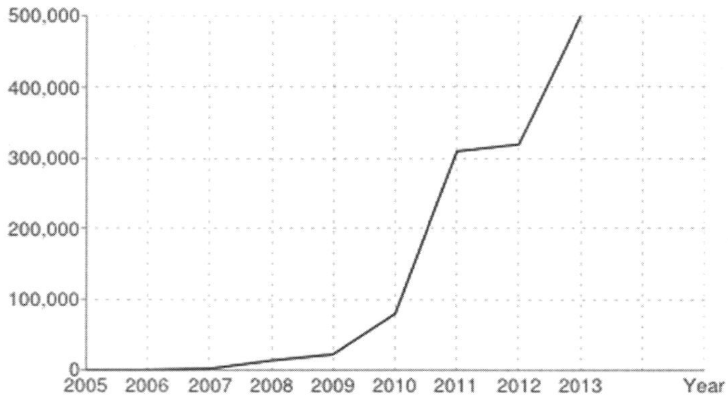


**図１　シークエンス回数**

http://cell-innovation.nig.ac.jp/public/contents/sra_stat.html

## １.２　広がる次世代型シークエンサーを用いたプロジェクト

次世代型シークエンサーの定着に伴い，従来では考えられなかった様々な新規プロジェクトが進められており，その産出するデータの多様性，大規模性が指摘されている。すべてのプロジェクトをここに記載することは無理であるが，例えば，国際的には，1,000人の個人ゲノム配列を決定しようとする1000ゲノムプロジェクト（実際には，昨年度既に1,000人を超えている。http://www.1000genomes.org/）や，ヒトの一塩基多型（SNP）のデータベース（http://www.ncbi.nlm.nih.gov/SNP/），国内でも京都大学の松田らによる，日本人を対象としたヒト遺伝多様性データベース（http://www.genome.med.kyoto-u.ac.jp/SnpDB/）が構築提供されており，ゲノム多様性研究の基礎データとして提供されている。一歩踏み込み，タンパク質遺伝子発現制御に関わる機能エレメントの解析を目的にENCODE（the **Enc**yclopedia **O**f **D**NA **E**lements, http://www.genome.gov/10005107）や理化学研究所による遺伝子転写産物の網羅的スクリーニングとその制御機構解析プロジェクトであるFANTOM（http://fantom.gsc.riken.jp/jp/）が存在する。さらに，がんや様々な疾患を対象にした大規模配列決定とデータベース化が行われており，その代表的なものに国際がんコンソーシアム（https://www.icgc.org/）や様々な病気や生命現象に関わるヒトエピゲノムの解析プロジェクト（IHEC：http://ihec-epigenomes.org/）が知られている。近い将来，もしくは現在，個別研究室レベルでの次世代技術を用いたゲノム研究や企業，病院による検査目的のゲノム解析が始まろうとしており今後のデータ増加は，これまでに比べても遥かに大きくなることが予測される。

また，今後，個人ゲノム情報利用によるオーダーメイド医療が提唱されてしばらく経つが，次世代型シークエンサーのこの数年の改良による低コスト化とパフォーマンスの向上は，オーダーメイド医療の実現を目前の出来事としている。今後，拠点病院や大学病院から，個人ゲノム配列情報を用いた，ゲノム情報に基づく個人医療が開始されるであろう。実際，いくつかの疾患に関しては遺伝子配列のタイプから，薬剤に対する耐性の違いが知られており治療の参考にされつつある。

医療以外の分野でも，家畜，農作物の育種，生理活性物質の生産への利用などを目的として次世代型配列決定技術の利用は広がっている。さらに，次世代型配列決定技術の高い処理能力を用いた利用として注目されているのが，ヒト腸内細菌叢の研究に代表されるメタゲノムである。メタゲノムは，ヒトを対象にした研究にとどまらず，土壌，海洋などの環境メタゲノムにその対象を広げていっている。土壌，海洋などから得た環境サンプル中に存在する生物の網羅的解析を次世代型シークエンス技術の利用によって行おうというのである。この場合，コンテンツとして試料中に存在する生物種のDNA配列を用いた同定を行うと同時に，それぞれの配列の存在比を解析することにより，質的，量的の両面から環境における生物叢を把握しようとするものである。

## 1.3　情報解析の必要性

次世代技術が利用可能になった2010年頃の当初より，データの大規模化に伴い情報解析手法の必要性が指摘されてきた。配列決定技術の進歩によるデータ増加とコスト低下にも関わらず，データ処理に要するコストの増大と人材不足が指摘されてきたのである。この状況は，次世代型シークエンサーが定着した現在においても大きな進展はない。ヒトゲノム配列解読には，配列決定技術だけでなく，計算機科学の進展および貢献は必須であった。

生命科学において次世代型配列データをどのように扱うかのために望まれることは，ただ単純に大規模データの解析に関する知識だけでなく，解析環境の構築，運用，さらには様々なゲノム研究に必要となるアプリケーションに関する知識，統計など多岐にわたる。また，タンパク質の構造解析など生命科学研究の一部でしか必要とされなかった大型計算機，スーパーコンピュータークラスの計算能力がゲノム配列解析だけでなく，その周辺アプリケーションも含めると日常的に必要とされる時代がやってきた。さらに，次世代技術の多くは，疾患や健康などヒトを対象とした研究に当てられており，データ保管のための大規模ストレージの運用と同時に，個人情報秘匿のためのセキュリティも大事な問題になっている。従来，多くの分子生物学研究室ではPCを中心にデータ解析がなされてきた。しかし，現在，独自にデータ解析を行う場合には，次世代型配列データを扱うために，最低でも小型UNIXサーバが必要となっている。このため，生命科学分野におけるインフォマティシャンの育成は急務である。また，次世代型配列研究の大きな特徴として，外注方式が大きく発展してきており，知識，経験を有しない研究グループによる次世代データの利用も盛んになってきている。次世代型配列データの情報解析を行うにあたって問題になることを以下に挙げてみる。もちろん，これ以外にも様々な困難が存在する。例えば，ヒトデータを扱う場合には倫理問題のクリアと個人情報管理の問題が生じる。

- 次世代型シークエンサー（NGS：Next Generation Sequencing）が産出するデータ量は膨大。解析により得られる情報も多様。しかし，大規模なデータを取り扱うこと自体も，それを解析して必要な情報を引き出すことも，ハードルが高い。

解析サーバにデータを転送するための技術革新が待たれる。

・非常に多くの解析ツールが存在。

私達が採用した主なツールだけでも150本以上。

インストールが煩雑（更新頻度も多い）。

利用方法の習得が難しい。

・ある程度以上の計算機リソース（メモリ，CPUパワー，ディスク容量）が必要。

さらに，実際の研究室レベルでの次世代型配列データ利用には，まだその歴史が浅いことと，配列決定に用いられる技術が多岐にわたることから，常に，新しい手法が生まれ，確立されつつある手法に関しても改良の頻度が高くなる傾向にある。このため，従来のように実験を進めながら若手研究者が解析環境の面倒を見るというやり方では無理が生じてきている。このため，単に新しい解析環境を導入するだけでなく，大規模データ解析システムの構築，効率化，運用方法など解決しなければならない問題は多くある。

一方，次世代型シークエンサーの多くは，ショートリードと呼ばれるATGCの100塩基程度（ATGCからなる100文字）の配列が数千万本以上の単位で出力され，これをもとにゲノムや遺伝子転写産物を再構築しなければならず，アッセンブリ（ショートリードを連結してゲノムを再構築する）やマッピング（ショートリードを参照配列としての既知ゲノム配列に貼付ける）の作業が必要となり，4文字からなる文字列の繰り返しや類似配列が多くある中から正しく再構築するという難問がある。実際には，これにシークエンサーのエラーを考慮していく必要がある。さらに，技術的には，大規模データの利用だけでなく，多様な次世代型シークエンサーのデータ解析では，その精度，レンジの確保も重要な問題である。特に，新規生物種ゲノム配列決定を代表に，異なるタイプの次世代型シークエンサーデータを用いるケースがあり，その際には，より複雑なデータの取り扱いが求められる。

### 1.4　ワークフロー開発とパイプライン構築の例

上記のように，次世代型シークエンサーの利用にあたっては，情報解析技術の提供だけでなく，生命科学の現場への大規模データ解析の導入，運用が同時に必要となる。実際に，解析ソフトウェアのほとんどは，アカデミアで開発され公開されているため，ソース，技術情報は，原著やネット上のサイトから簡単に手に入れることが可能である（SEQanswers：http://seqanswers.com/, NGS Surfer's Wiki：http://cell-innovation.nig.ac.jp/wiki/tiki-index.php）。次世代型配列解析における問題点である，情報インフラの確保と運用，さらに生命科学研究者へのユーザーフレンドリーなインターフェースの提供は，公共（Galaxy：https://usegalaxy.org/），有料含めていくつか存在している。筆者らも，文部科学省セルイノベーションプロジェクトの一環として解析システムの開発と公開を行っている（図2，http://cell-innovation.nig.ac.jp/）。これらは，webベースのインターフェースと各種解析を可能とする解析フロー（図3）がパイプライン化され，次世代型配列データ解析に詳しくない研究者でも，自分で解析ができるように作られている。筆者らが提

図２　セルイノベーションプロジェクト

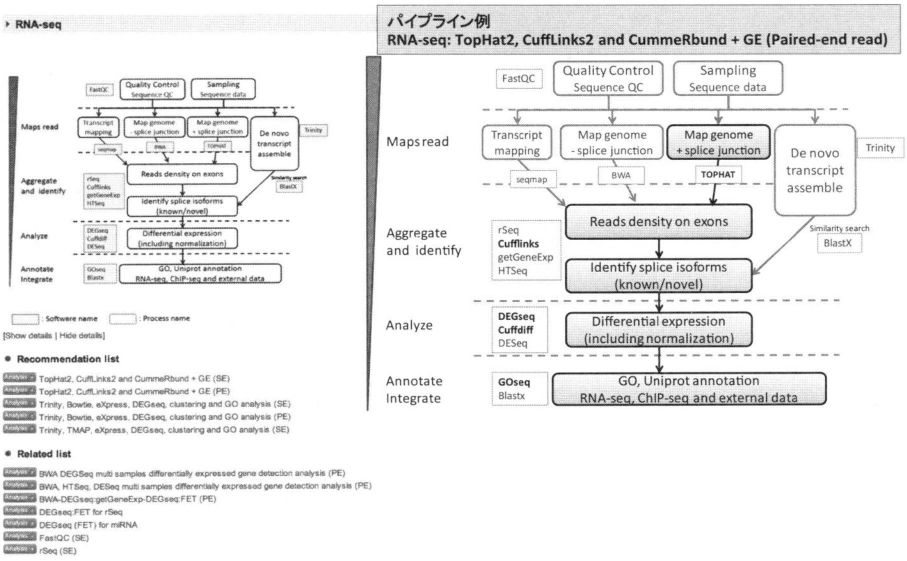


図３　次世代型配列データ（転写産物：RNA-seq）解析フローの例

供している解析システムでは，最先端の解析手法を，実際のプロジェクトデータを大量に扱った経験から得られたフローを提供することにより，現場における解析システムの導入コストの削減，また，複雑多岐にわたる解析手法の学習コストの削減を自動化と豊富な情報提供を行うことにより実現している（図4）。

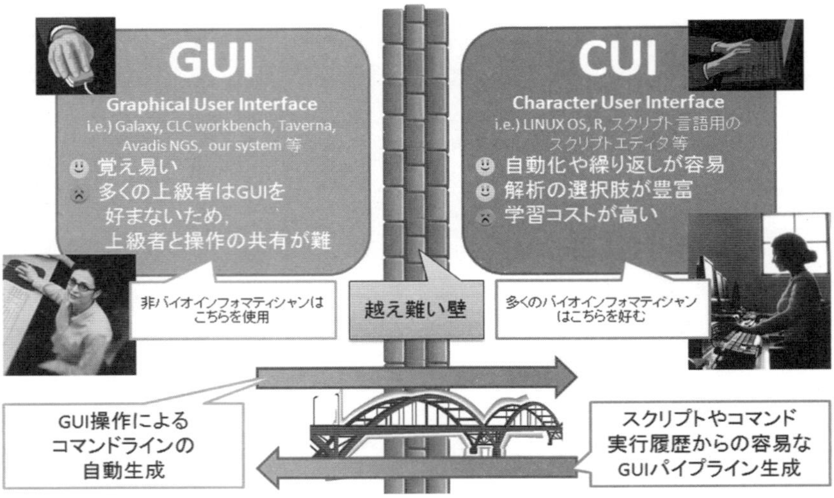

図4　非バイオインフォマティシャンがより使い易いシステムを目指して

### 1.5　効率的なビューワの開発と利用の必要性

以下に，筆者らがセルイノベーションプロジェクトを通じて解析したデータ量を参考のため示す。

・プロジェクト期間中の解析処理量（2013年11月30日時点）
　サンプル数：2,081件
　総塩基数：20,314,015,776,377 bp
　ヒトゲノム換算：6,377人分　（ヒトゲノムを3 Gbpとして算出）

このデータを保管し，解析するためにストレージに以下のような工夫をした。

・ストレージ構成の工夫
　高速・中速・低速に構成（領域）を分割してコストパフォーマンスを考慮
　高速領域：解析処理のテンポラリ用
　中速領域：NGSデータ格納用
　低速領域：バックアップ用データ

一方，解析結果の提供に際しては，数百万文字数のレベルから1塩基（文字）のレベルまでストレスなくシームレスに表示することが要求される。また，この際，後ほど述べるようにそれぞれの遺伝子領域や機能に関する注釈（アノテーション）情報も同時に表示されることが要求され，柔軟なビューワが必須である。現状，全ゲノム配列データを一度に表示でき，同時に，１塩基レベルまでの表示能力を確保することはビューワにとって大きな課題である。同時に，今後，様々な次世代型配列データを扱うためには大規模データを簡単かつ迅速にロードできる機能が要求される。

## 1.6　アノテーションの重要性

生命科学は，まだ基本原則を理論化できるレベルではなく，様々な観察結果から，共通規則を見出しモデルを構築しようとしている段階にある。そのため，次世代型配列データを利用するためには，既に明らかになっている知識データを効率的に利用すること，DNAに関する情報だけでなく遺伝子発現，タンパク質，生理，疾患など様々な関連情報をマイニングしていくことにより，新規知見を発見していくプロセスが非常に重要である。

このプロセスを効率的に行うためには，従来研究者が試行錯誤してきた思考のプロセスをコンピュータ上で再現し，研究者の思考を支援，自動化することが，大規模データへの対応のためにも重要である。

特に，ゲノム配列情報はATGCという単純な４文字の繰り返しなので，そこに，遺伝子機能，タンパク質機能，文献に現れる知見などを複合的に付加していくことが重要である。この過程をアノテーション（注釈付け）と呼び，異なるレベルの知見を統一的に扱えるようにすることが要求される。

## 1.7　次世代型大規模データ利用の将来

今後，単一細胞や組織ごと，発生段階ごとなど様々なサンプルからのゲノム配列決定が行われていく。時間軸を設定したタイムコース遺伝子転写産物配列データの収集などが，ヒトだけでなく様々な生物種に関して行われていくことが予測され，そこから遺伝子レベルでの生命現象を説明するモデル提案に向かうことが期待される。そのため，今後，多層にわたる情報を生命現象の原理に基づき再構築し，複雑な生命現象を多様性と単一性を両立させて理解することが重要になるであろう。また，応用面では，新しいシークエンス技術の出現，単一細胞からの配列決定や一分子シークエンシング技術の開発，また，シークエンサーの低価格化小型化と大規模高性能化の二極化の中で，より手軽な解析システムと大規模かつ高度な解析システムに，情報解析も二分化していくと考えられる。前者は，医療現場などでの応用に，後者は大型科学の現場での利用が想定される一方，得られる成果は，疾患や多様性，食料など我々の生活に直結するものとなり，それらは，日常の検査にも用いられていく可能性を考えると，より簡便に複雑な結果を正確に伝えるためのデータの表現といったものも重要となることが予測される。近い将来，疾病の治療や，生活習慣の改良に，個人のゲノム情報に基づく処方が行われることも夢物語ではなくなりつつある。

## 文　献

1) International Human Genome Sequencing Consortium, *Nature*, **431**, 931 (2004)
2) J. D. McPherson, *Nat. Methods*, **6**, S2 (2009)

筆者らが提供している次世代型配列解析に関する情報提供および解析システム
・NGS Surfer's Wiki, http://cell-innovation.nig.ac.jp/wiki/
・Menu Wiki URL, http://cell-innovation.nig.ac.jp/wiki2/
・Maser（解析システム）利用申請，cip-contact@cello.lab.nig.ac.jp

# 2　微生物遺伝子資源とモノづくりへの展開

藤田信之*

## 2.1　微生物ゲノム解析の進展

1995年に当時のTIGR研究所がインフルエンザ菌（*Haemophilus influenzae*）の完全長ゲノム配列を公開したのを皮切りに，米国，英国，日本などで微生物のゲノム解析が盛んに行われるようになった。当初は各種病原菌や大腸菌，枯草菌，酵母などのモデル微生物の解析が中心であったが，その後は産業利用を目的とする微生物のゲノム解析も増えてきた。筆者が所属するNITEバイオテクノロジーセンター（NBRC）でも1998年に超好熱菌OT3株（*Pyrococcus horikosii* OT3）のゲノム配列を公開し，その後も麹菌，放線菌，清酒酵母，酢酸菌などの産業有用微生物のゲノム解析を行ってきた[1)]。

2000年代の後半になると，配列決定のスループットを大幅に向上させたいわゆる次世代シーケンサーが登場し，微生物のゲノム解析は大きく加速することとなった。シーケンサーの性能はその後も年々向上しており，例えばIllumina社のHiSeqシーケンサーを使うと，現在では1回のランで数百株の微生物のドラフトゲノム配列を取得することが可能なまでになっている。このような状況を背景にして，各国の大学や公的研究機関では，原核生物の分類基準株[2)]や真菌の代表株[3)]の網羅的なゲノム解析，メタゲノム解析のリファレンス整備を目的とした人常在菌[4)]や環境由来微生物のゲノム解析などの大型のプロジェクトが進められている。我々もRoche 454 FLX，Illumina HiSeqなどの次世代シーケンサーを導入し，NBRCが保有するカルチャーコレクションの株を中心に数百株単位でのゲノム解析を進めている。また，比較的安価なベンチトップ型の次世代シーケンサーが登場したことや，次世代シーケンサーを用いた受託解析のビジネスに国内外の多くの企業が参入してきたこともあって，大学の研究室レベルでも次世代シーケンサーのデータを利用できる環境が整いつつある。

これら公的機関で行われたゲノム解析のデータの多くは，公共のデータベースである国際塩基配列データベース（INSDC；DDBJ/EMBL-Bank/GenBank）[5)]に蓄積されており，自由にアクセスすることができる。配列やアノテーションの完成度の差はあるが，INSDCでゲノム配列が公開されている原核生物の数は，2013年末時点で15,000株を超えており，増加のペースも年を追うごとに大きく伸びている（図1）。真菌類（酵母，糸状菌）についても，原核生物ほどではないものの，INSDCでゲノムデータが公開されている株数は500に迫ろうとしている。NCBIの生物分類データベースには，現在13,000余りの原核生物種が記載されているが，このうち1株でもゲノムデータが公開されている種の数は，2013年末時点で約3,500種（全体の約26%）に上っており，こちらも年々増加のペースが伸びている（図2）。これらのすべてが分類基準株というわけではないものの，今後数年の間には，既知の原核生物種の大半についてゲノム情報が入手可能な状況になる

---

*　Nobuyuki Fujita　㈱製品評価技術基盤機構　バイオテクノロジーセンター（NBRC）
上席参事官

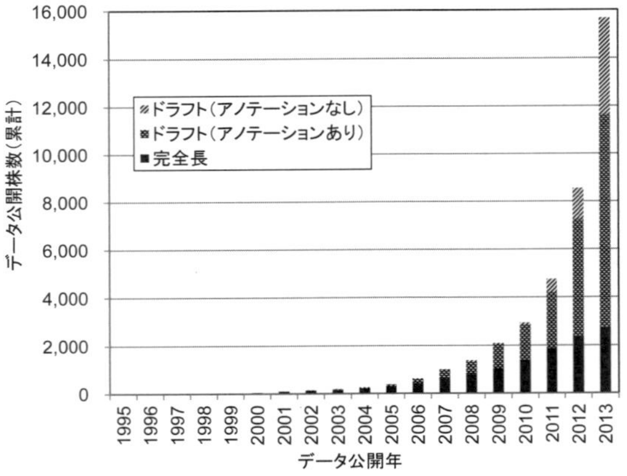


図1　公共データベース（INSDC）で公開されている原核生物のゲノム配列の数

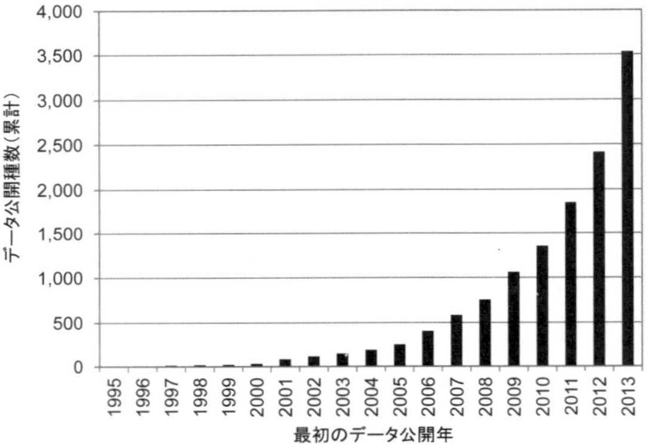


図2　公共データベース（INSDC）にゲノム配列が公開されている原核生物の種の数

ことは想像に難くない。これらの配列データは，分類学，分子生物学などの基礎科学の分野や分子疫学の分野のみならず，創薬，農業，食品，酵素，化成品，エネルギー，環境などの様々な産業分野において，由来する微生物株そのものと並んで，研究開発や製造管理に欠かせない重要な素材やリファレンスとなっている。

一方，ゲノム解析技術に加えて，ゲノム改変技術，DNA合成技術，情報解析技術，各種オミックス技術などが進展したことも相まって，企業の研究開発の現場においても，自前で微生物のゲノム解析を行うことは，他の機器分析なみに「あたりまえ」の技術になりつつあるように思われる。例えば，変異と選抜の繰り返しによって微生物の育種を行う場合でも，各ステップでゲノム解析を行って変異個所を特定し，目的の変異のみを元株に戻すことによって，有害な変異の蓄積を回避することができる。あるいは，有用な形質を持つ微生物から目的の遺伝子を取得する場合でも，タンパク質の精製や相補スクリーニングに頼るのではなく，ゲノム配列を決定し，予測される遺伝子の中から候補を絞り込むことによって，研究開発にかかる期間や費用を大幅に圧縮できる可能性がある。また，微生物の安全性を確認する手段としても，ゲノム解析は重要なツールになりつつある。以下では，ゲノム解析が先行している原核生物のゲノム情報を，主に企業の研究開発に活用することを想定して，有用なデータベースや解析ツールについて紹介することにする。なお，真菌類に関係したデータベースについては，以前に別の解説記事[6]で取り上げているので，あわせて参照されたい。なお，ここで紹介するデータベースやサービスの中には，利用の形態によっては一定のライセンス契約が必要なものも含まれているため，実際の利用にあたっては，それぞれのウェブサイトなどで最新の情報を入手されることをおすすめする。

### 2.2　二次データベースの活用

遺伝子配列やアノテーション情報を利用するためには，初期の頃にはDDBJ/EMBL-Bank/GenBankなどのデータベースや個々のゲノムプロジェクトが提供するデータ（一次データ）をウェブ上で参照するか，ダウンロードして利用するのが通例であった。しかし，ゲノム情報の量がこれだけ増加し，今後も爆発的に増え続けることを考えると，一次データを直接参照することには限界が見えてきている。単にデータ量が膨大であるというだけでなく，配列やアノテーションの品質がますます不均一になってきていることも，混乱に拍車をかけているように思われる。アノテーションに関していえば，一個一個の遺伝子にマニュアルでアノテーションをつけているものから，blastのトップヒットを単純にコピー＆ペーストしているもの，さらにはすべての遺伝子を機能不明としているものまで様々である。そのため，キーワード検索やblast検索といった最も単純な解析であっても，真に必要なデータにたどり着くのは以前にも増して難しくなっている面もある。

そこで，一次データを直接参照するのではなく，一次データをもとに独自の解析データやサービスを付与している二次データベースをいかに使いこなすかがますます重要になってきている。よく利用される二次データベースとしては，比較ゲノム解析を目的としたもの，代謝経路などのパスウェイの解析を目的としたもの，病原性や二次代謝などの特定の生物機能に特化したものなどがある。

#### 2.2.1　比較ゲノム解析のためのデータベース

ある微生物株の特徴（特定物質の生産性，資化性，病原性など）を遺伝子レベルで明らかにするためには，近縁で性質の異なる微生物との間で，ゲノム同士の比較を行うのが時として有効である。このような比較ゲノム解析に用いられるデータベースとして，基礎生物学研究所の内山郁夫氏らが開発し提供しているMBGD（Microbial Genome Database for Comparative Analysis）がある[7]。MBGDは，これまでに完全長のゲノム解析が行われているほぼすべての原核生物および一部の真核微生物，あわせて2,500株余りを網羅しており，これらの微生物が持つすべての遺伝子について総当たりで相同性検索を行ったデータを内部で保持している。このデータをもとに，ユーザのリクエストに応じて，オンデマンドで即座に様々な比較データを生成して提示してくれるのが特長である。また，ゲノム間の違いをマップで視覚的に確認できる点も便利である。第3章に内山氏自身による関連記事があるので参照されたい。

米国のNMPDRが提供するRAST（Rapid Annotation using Subsystem Technology）[8]は，病原菌をはじめとする原核生物のゲノム配列に自動的にアノテーション情報を付加してくれるサービスであるが，アノテーションの結果をグラフィカルに表示したり，他の微生物のゲノム配列との比較（共通遺伝子や特異遺伝子の抽出など）を行うなど，いくつかの追加機能を提供している。利用にはユーザ登録が必要であり，また，計算機資源が限られるためか現状では必ずしも高速とはいえないものの，自身の配列へのアノテーションから一通りの解析までを一貫して行える点では便利である。

### 2.2.2　パスウェイ解析のためのデータベース

ある微生物のアノテーション情報をもとに，可能な代謝経路，情報伝達経路などのパスウェイを再構築してみることは，微生物の機能を推定するための重要な手がかりとなる。このようなパスウェイの解析には，京都大学化学研究所の金久實氏らが20年近くにわたって開発・提供を続けているKEGG（Kyoto Encyclopedia of Genes and Genomes）[9]を利用することができる。KEGGには，本節執筆時点で，2,700株余りの原核生物および70株余りの真菌について，各種パスウェイに割り付け可能な遺伝子の情報が詳細なアノテーション情報とともに収録されている。このデータベースを用いて，それぞれの生物について代謝経路をグラフィカルに表示したり，ある遺伝子がどの範囲の生物に存在するかを系統樹に沿って表示したりすることができる。また，KAAS（KEGG Automatic Annotation Server）と呼ばれるサービスを使うと，自身で決定したゲノム配列に対して，上記の遺伝子データベースへのblast検索（双方向または片方向）によってアノテーション付けを行い，さらに各種パスウェイへの割り付けを行うことができる。なお，KEGGとならんでよく利用されるパスウェイデータベースとして，米国のNPOであるSRI Internationalが運用を行っているMetaCyc[10]がある。

上記以外にも，病原性や二次代謝などの特定の生物機能に特化したデータベースや，特定の微生物についてゲノム情報をコアとして様々な情報を集約したデータベースが公開されている。我々自身もこれまでに個別のゲノムについて詳細なアノテーション情報やプロテオーム情報を付与したDOGAN[1]や，放線菌などが生産する二次代謝産物の合成遺伝子クラスターに関する広範な情報を統合したDoBISCUIT[11]を開発し公開してきた。

## 2.3　ゲノム情報から微生物の有用機能を推定するデータベース

NBRCでは各種微生物の保存・分譲を行っているが，ユーザのほぼ半数は企業に所属する研究者や品質管理担当者である。ユーザからはしばしば「○○の機能を持つ微生物が欲しいのだが」との問い合せをいただく。カタログには微生物の名前（分類情報）の他，分離源，培養方法，文献などの情報が載っているが，ユーザが必要とする機能から微生物株を「逆引き」することは基本的にできなかった。そこで，急速に蓄積されつつあるゲノム情報を活用することによって，ユーザが必要とする機能（有用物質の生産，有害物質の分解など）を手がかりとして，候補となる微生物株や遺伝子を検索する「微生物遺伝子機能検索データベース」を開発し，2014年2月にMiFuP（Microbial Functional Potential）[12]の名前で公開した（図3）。公開時のバージョンでは，NBRCが保有する微生物株（もしくはその同一由来株）ですでにゲノム配列が公開されているものの中から273株について，すでに産業応用されている機能を中心に83種類の機能の有無を推定している。また，ユーザ自身が決定したゲノム配列や他のデータベースから取得したゲノム配列を与えることによって，MiFuPで定義されている機能を持っているか否かを推定することができる。さらに，定義されている各機能について，機能が発揮されるメカニズムや応用事例などを日本語で解説したWikiページを準備している。

ゲノム情報からその微生物が持つ機能を推定することは単純ではない。単独の遺伝子によってその機能が担われているケースであればblast検索のみで目的を達成できることもあるが，多くの場合，パスウェイデータベースをはじめとする様々なデータベースや関連する文献を精査することが必要になる。さらに，それを多くの微生物株について横断的に実行することは容易ではない。そこでMiFuPでは，熟練したアノテーターによって，①ゲノム中にある遺伝子が存在するかどうかを判定するためのルール（判定に用いるデータベースと判定を行うためのパラメーターを遺伝子の種類ごとに定義），②機能を発揮するために必要な条件（必要な遺伝子の組み合わせを機能ごとに定義）の2つを，コンピュータが解釈可能な形式で定義している。一旦これらが定義できれば，新しいゲノム配列を対象として機能の有無を推定することは半ば自動的に行うことができる。MiFuPは我々が10年以上にわたって培ってきたアノテーションについてのノウハウを最大限に活

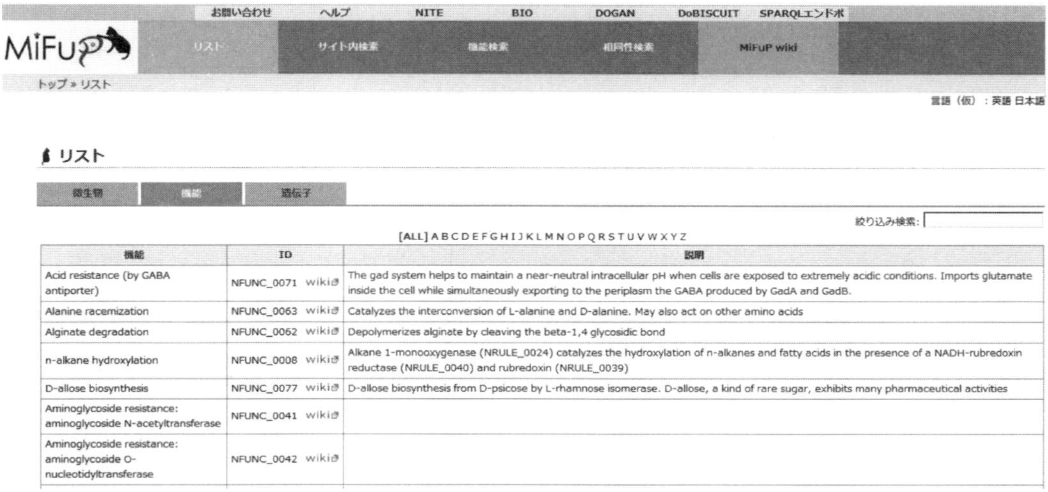


図3　微生物遺伝子機能検索データベースMiFuP

かしつつ，次々と生産される膨大なゲノム情報にも即応できるものであり，中小企業を含む産業界のユーザが微生物や遺伝子を活用するための大きな武器になればと期待している。微生物数，機能数とも今後順次増やしていく予定であり，収録すべき機能などについてご意見，ご要望があれば，ぜひお聞かせいただきたい。

## 文　　献


1） DOGAN database, http://www.bio.nite.go.jp/dogan/top
2） The Microbial Earth Project, http://www.microbial-earth.org/cgi-bin/index.cgi
3） 1,000 Fungal Genome Project, http://1000.fungalgenomes.org/home/
4） Human Microbiome Project, http://commonfund.nih.gov/hmp/index
5） Y. Nakamura, G. Cochrane, and I. Karsch-Mizrachi, *Nucleic Acids Res.*, **41**, D21 (2013)
6） 市川夏子，山田(成田)佐和子，藤田信之，日本菌学会会報，**54**, 38 (2013)
7） I. Uchiyama, M. Mihara, H. Nishide, and H. Chiba, *Nucleic Acids Res.*, **41**, D631 (2013)
8） R. Overbeek, R. Olson, G. D. Pusch, G. J. Olsen, J. J. Davis, T. Disz, R. A. Edwards, S. Gerdes, B. Parrello, M. Shukla, V. Vonstein, A. R. Wattam, F. Xia, and R. Stevens, *Nucleic Acids Res.*, **42**, D206 (2014)
9） M. Kanehisa, S. Goto, Y. Sato, M. Kawashima, M. Furumichi, and M. Tanabe, *Nucleic Acids Res.*, **42**, D199 (2014)
10） R. Caspi, T. Altman, R. Billington, K. Dreher, H. Foerster, C. A. Fulcher, T. A. Holland, I. M. Keseler, A. Kothari, A. Kubo, M. Krummenacker, M. Latendresse, L. A. Mueller, Q. Ong, S. Paley, P. Subhraveti, D. S. Weaver, D. Weerasinghe, P. Zhang, and P. D. Karp, *Nucleic Acids Res.*, **42**, D459 (2014)
11） N. Ichikawa, M. Sasagawa, M. Yamamoto, H. Komaki, Y. Yoshida, S. Yamazaki, and N. Fujita, *Nucleic Acids Res.*, **41**, D408 (2013)
12） MiFuP database, http://www.bio.nite.go.jp/mifup

# 3　ビッグデータ育種への展開：生命現象の見える化から言える化へ

割石博之*

## 3.1　生命現象の解明に向けた昨今の動向

私たちの人生は判断の連続だといわれている。今日の昼飯に何を食べるかが一番重要になる場面も，デートで動物園に行くか，映画に行くかを決めなければいけない場面もあるだろう。さらに，判断を誤ると生命や組織の存続に関わる重要な判断もある。判断をしなければならない局面において，主観的な根拠だけでなく，客観的な指標で最善の方策を選択したいと多くの人々が望んでいる。すなわち，判断が大きな結果に結びつく場合，勘と経験に頼った意思決定に限界があるということを感じているのである。グローバル化，ボーダーレス化が進む激動する社会は，その構造も複雑化し，過去の成功プロセスの踏襲では対応しきれない。生命現象の解明や利用についても，近年のデータの蓄積はその量もスピードも増す一方であり，一つ一つ掘り下げて検証をすることでは対応しきれなくなってきている。しかし，科学的に検証可能な事実に基づいた意思決定を行うことは必須であり，そのための方法論が希求されている。これは，いわゆる研究の出口に関する説明責任が，益々大きくなってきていることにもよろう。

生命現象を明らかにするために，また，その成果を医療・創薬あるいは育種に活かしていくため，ゲノミクス・トランスクリプトミクス・プロテオミクス・メタボロミクスといったオミックス科学が発展してきた。一般に，育種において望まれる研究成果は物質生産に直結するものである。植物や微生物による標的物質生産の最適化であったり，そのためのシステム全体の最適化であったりする。それゆえ，生命現象の解明とその成果の利用の接点を鑑み，新たな育種戦略におけるメタボロミクスの重要性が指摘されている。研究出口の明確化と相まって，意思決定のできるデータとして，どれだけ生体分子を検出できるかではなく，得られたデータの意味が訴求されるようになっていった。すなわち，メタボロームデータの見える化から，言える化に向けた分析・解析技術が望まれるようになったといえよう。さらにメタボロミクスでは，多岐にわたる代謝物の化学構造情報，それぞれの定量データ，摂動に伴う代謝物の質的量的変化の追跡（代謝ネットワーク解析），さらには，組織内分布情報を取り扱うこととなっていったため，次期戦略を構築するために必要なデータサイズは肥大する一方である。

一方，バイオインフォマティクスは，生命現象の計算科学的手法を用いた解明と，その方法論の研究を行う分野である。従来のバイオインフォマティクス研究では，限られた量の（それでも大量の）データを，高速アルゴリズムにより精密に解析し，真実の発見の手助け（知識発見）とそれに基づく仮説の検証を行うことが課題であった。ところが，上述のようにメタボロミクスで扱うビッグデータは，従来の精密な解析をデータすべてに適用することを逆に難しくしてしまったのではないであろうか。いわゆる，データそのものの質あるいはデータ間での質が不揃いになるといった問題である。データの質の向上を無視するわけではないが，やや荒っぽくあっても超

＊　Hiroyuki Wariishi　九州大学　基幹教育院，先端融合医療レドックスナビ研究拠点　教授

高速での分析・解析を行い，大量のデータを取得・処理し，結果としてより多くの知識を抽出するといった方向性の重要性もあろう。そこから何がいえるのか（何がいいたいのか）に注力することで，次の研究戦略あるいは商品か戦略が生まれると考える。

生命現象に関連した大量のデータとして，ゲノム塩基配列，アミノ酸の配列，タンパク質の構造，代謝物の質量分析データ，生体画像データなどが対象とされている。本節では，時間分解および空間分解質量分析について話を進めたい。

## 3.2　時間分解メタボロミクス：微生物育種に向けて

代謝物が遺伝情報の物質的な最終表現型であることから，生命システムの動的特性を理解するという観点より，時間分解メタボロミクスが注目されている[1)]。目的物質生産の最適化は，数時間あるいは数日のオーダーで結果が得られるが，そのプロセスの方向付けについては，それ以下の時間オーダーで起こることは容易に予想される。これまでよりもきめ細やかな（しかし荒っぽさを含有するものであるが）時間分解メタボローム解析の技術的課題として，多数の時系列サンプルに対して実用的な分析を可能とするスループット性の高い代謝物分析系と時系列データの解析手法の二点が挙げられよう。そこで，マトリックス支援レーザー脱離イオン化質量分析装置（MALDI-MS）のスループット性に注目し，代謝物分析系への適用とその評価について紹介する。

微生物細胞内代謝物分析を想定し，MALDI-MSを用いたハイスループット代謝物分析系を構築した。本手法は，生育状態にある細胞から抽出工程を経ることなく短時間でサンプル化するという簡便な手法であり，*in vivo*に近いメタボローム分析を定量的に行うことを可能とした新規技術である（図１）[2)]。これにより，分析時間を従来法と比較して，数十分の一以下にすることに成功し，10秒おきにメタボロームデータを取得することが可能となった[3)]。しかし，MALDI-MSによる代謝物の検出はマトリックスに依存しており，１種類のマトリックスによるデータ取得では，50～150程度の代謝物しか捉えられない。時間分解能向上によるジレンマは克服すべき課題であろう。MALDI-MSによる代謝物分析法の拡張性を考えた場合，検出標的物質に応じたマトリックスの分子構造最適化が重要な課題となる。そこで，MALDI法におけるマトリックス分子と代謝物分子との構造的関連を「計算的に予測可能な」プロセスとすることを目指し，イオン化の可否やイオン化効率に影響を与える化学構造的要因を定量的構造物性相関法により検討した。この手法は，化学物質の構造と何かしらの生物学的（薬学的あるいは毒性学的なものへの適用が多い）な活性との間に成り立つ量的関係を記述するものである。構造的に類似した化合物の薬効について予測することによく用いられる。今回は，化学物質の構造としてマトリックス分子および生体分子の構造を化学記述子として表現し，イオン化の可否およびイオン化効率との相関を検討した。代謝物分析によく用いる9-アミノアクリジンをマトリックスとし，200種の代謝物についてイオン化予測モデルを構築した結果，91％の精度でイオン化の可否を予測できた（図２）[4)]。また，代謝物分子間の水素結合強度とマトリックス分子の疎水性が相助作用をもたらすことが示された。今後，なるべく多くの代謝物をイオン化させるマトリックスを選択することから，標的化合物の

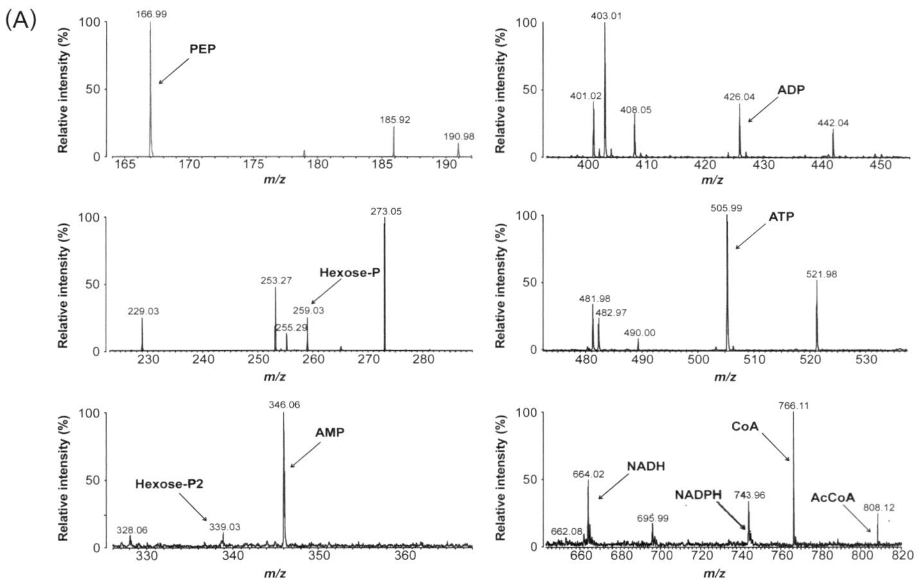


図1(A)　大腸菌に見られるエネルギー代謝関連代謝物
Mass spectra were obtained by analyzing 1 μL of the mixture of *E. coli* cell suspension and the matrix/methanol solution on AXIMA Confidence in negative ion mode. Phosphorylated metabolic intermediates and corresponding cofactors representative of central metabolism were sensitively detected. PEP: Phosphoenolpyruvate, Hexose-P: Hexose phosphate, Hexose-P2: Hexose bisphosphate, AcCoA: Acetyl-CoA.

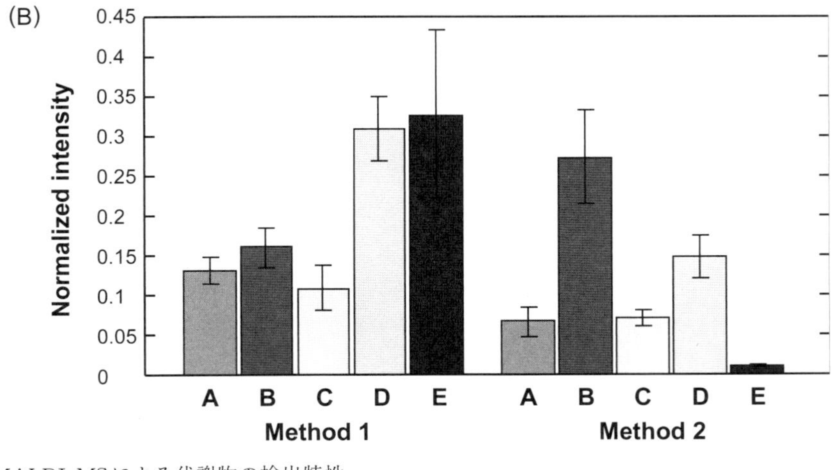


図1(B)　MALDI-MSによる代謝物の検出特性
A: Hexose phosphate, B: AMP, C: ADP, D: ATP, E: Acetyl-CoA. Method 1 indicates the rapid extraction developed in this study while Method 2 is the methanol extraction previously reported. Error bar indicates standard deviation. In the case of target phosphorylated metabolites, nearly equivalent or more significant mass responses were observed with Method 1.

(C)

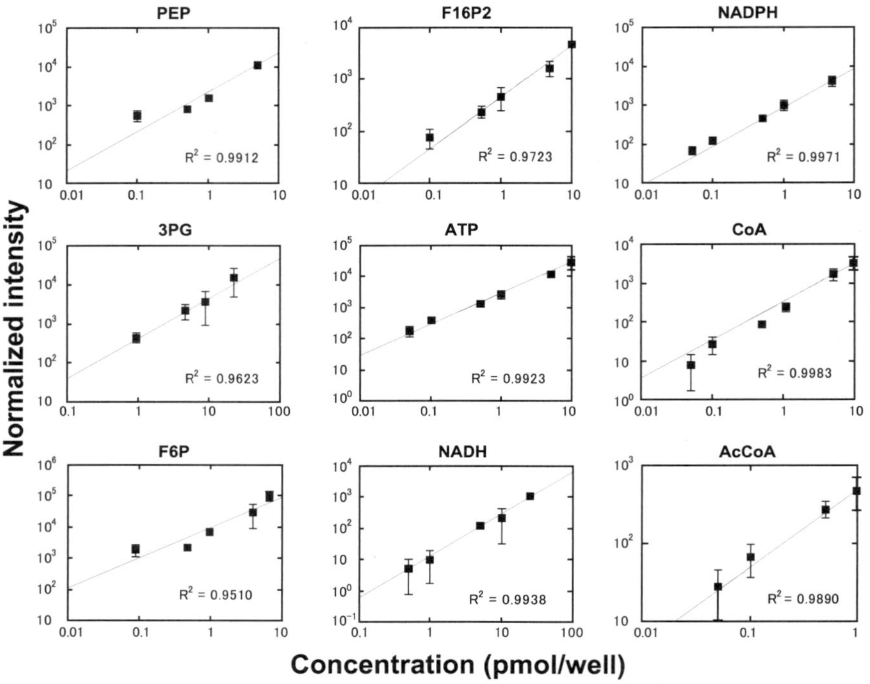


図１(C)　いくつかの代表的代謝物のMALDI-MSによる検出の定量性

The mass spectra were obtained by analyzing mixture of metabolite standards dissolved in diluted (5:1) cell extract on MALDI-TOF-MS in negative ion mode. Ion intensity was normalized to the total ion intensity of each analysis. Individual mass spectrum of metabolites was obtained by averaging 121 subspectra (5 shots per subspectra) and six mass spectra were averaged per sample. Error bars indicate standard deviation of analyses on the replicated sample spots. $R^2$ indicates the coefficient of determination. Fine linearity could be observed from 0.1 to 10 pmol/well in most cases. PEP: Phosphoenolpyruvate, 3PG: 3-phosphoglycerate, F6P: Fructose phosphate, F16P2: Fructose 1,6-bisphosphate, AcCoA: Acetyl-CoA.

**図１　MALDI-MSによる代謝物の分析**

イオン化に最適なマトリックスを選択するなど，とりあえず見えたものに対する評価から，絞り込んだ合目的的評価にMALDI-MSを適用する技術の提供を試みていきたい。

MALDI-MSをベースとした高時間分解メタボロミクスとして，飢餓状態においた大腸菌に一過的にグルコースを投与し，直後数分内における細胞内のメタボロームを秒オーダーで追跡した（図３）[3]。グルコース添加応答的に生じる代謝変動を追跡することが可能であることを示し，また，代謝経路的にかなり距離がある代謝物の濃度変化に相関が見られることが示された（図３）[3]。そこで，代謝物量の相関解析を動的データに適用すると，大腸菌の代謝経路における代謝バランスは環境摂動後１～２分程度で定常状態となり，摂動後数分間のブランクがあるとされる遺伝子発現摂動の開始に先立つ摂動が観察された。さらに，この動的相関解析を応用し，代謝バランスを基準として大腸菌が多様な栄養環境を感知している可能性について検討した。大腸菌に10種の基質を与え，栄養刺激応答的な代謝物量の変動や代謝物相関ネットワークを比較したところ，基質の物質種グループに特異的な代謝バランス変動から，代謝経路の初期制御が行われている可能性のある経路を見出した（図４）。代謝物量変動時期のずれといった時間変動情報とネットワーク

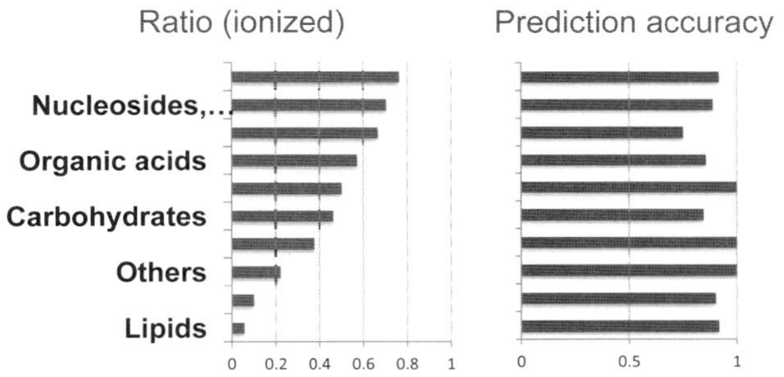


図２　9-アミノアクリジンをマトリックスとした場合の代謝物イオン化の予測モデル

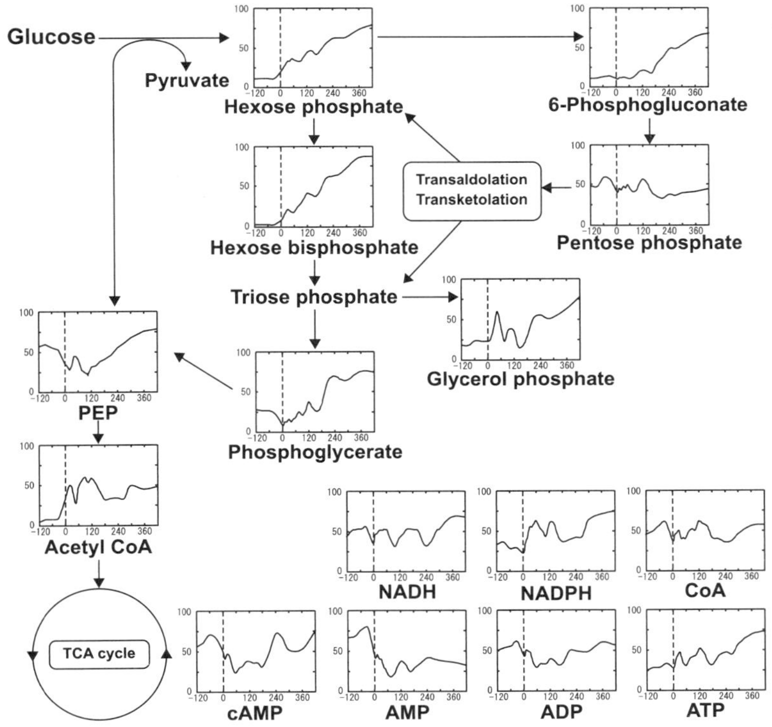


図３　MALDI-MSを用いたグルコース添加による大腸菌における代謝物変動の測定
Relative ion intensity of each metabolite was plotted as a function of time（s）. Instant relief from glucose limitation was caused at time 0.

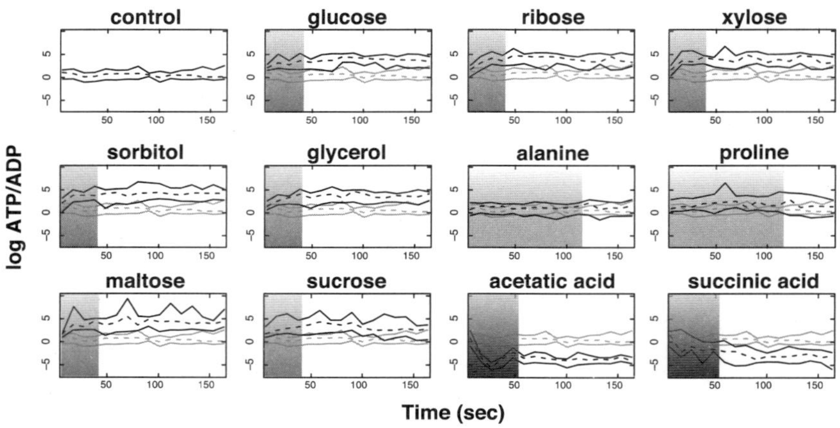


図４　種々の基質添加による大腸菌におけるATP/ADPの変動

解析法を組み合わせて動的メタボロームデータを解釈することで，既存の代謝経路や機能分子に関する知識から単純には類推できない代謝システムの動態について新規な知見が獲得可能であることを示した。

### 3.3　空間分解メタボロミクス

メタボロミクスが，病態解析や創薬そして新たな育種戦略の確立に向けた新技術として期待されていることは，上述の通りである。一般的に，メタボローム解析手法としてクロマトグラフィーなどの分離技術と連結させた質量分析計が広く用いられている。しかしながら，この手法は網羅性・定量性に優れているものの，サンプル調製に代謝物の抽出工程が必須であり，病態解析や創薬あるいは物質生産における部位特異性の検証において重要となる分布情報が消失するという欠点を有している。そこで，組織内における代謝物の分布情報が得られる分析技術の開発が希求されていた。我々の研究グループでは，植物の代謝物イメージング技術の開発も行っているが，現時点で，データ蓄積の多い病態解析について紹介する。

これまでの研究例が豊富な脳梗塞モデルラットを用い，網羅性・定量性に優れた高速液体クロマトグラフィー質量分析計（LC-MS）データと組織内における代謝物分布を可視化できるマトリックス支援レーザー脱離イオン化質量分析計を用いた質量分析イメージングデータを統合し，微小領域における詳細な代謝変動解析技術の有用性を検討した（図５）[5,6]。まず，LC-MSにより，人為的な脳梗塞モデルである一過性中大脳動脈梗塞ラットに対して，脳梗塞病態の進展における代謝の時間変動を網羅的・定量的に示した。さらに，質量分析イメージングにより組織内における代謝物の分布変動を示すことに成功した。両データを相補的に利用することで，組織内の詳細な代謝変動を捉えることができ，病態レベルに応じた代謝動態を明らかにすることができることを示した（図６）。この技術は，植物が器官ごとに機能を特化し，物質生産を効率化している様を捉えるには適していると考えている。

これらの技術を適用し，コーヒー豆の品質に影響を与えるマーカーの同定[7]やお茶の機能性成

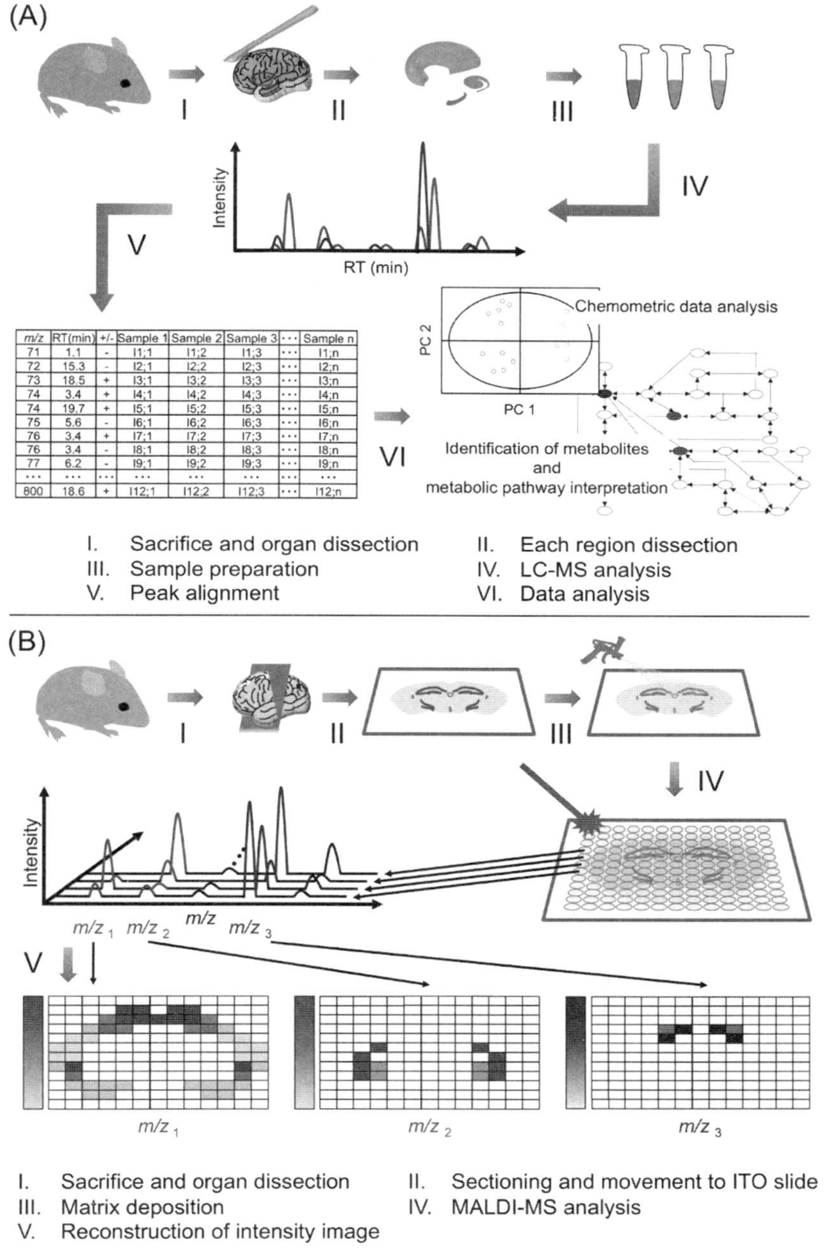


図5　LC-MS（部位の切り出しおよび抽出による定量分析）およびMALDI-MS（質量分析イメージング）による脳梗塞モデルの分析

分であるポリフェノールの変換過程の可視化[8,9]などを報告している。また，トマト果実の代謝物イメージングについての報告を開始している。

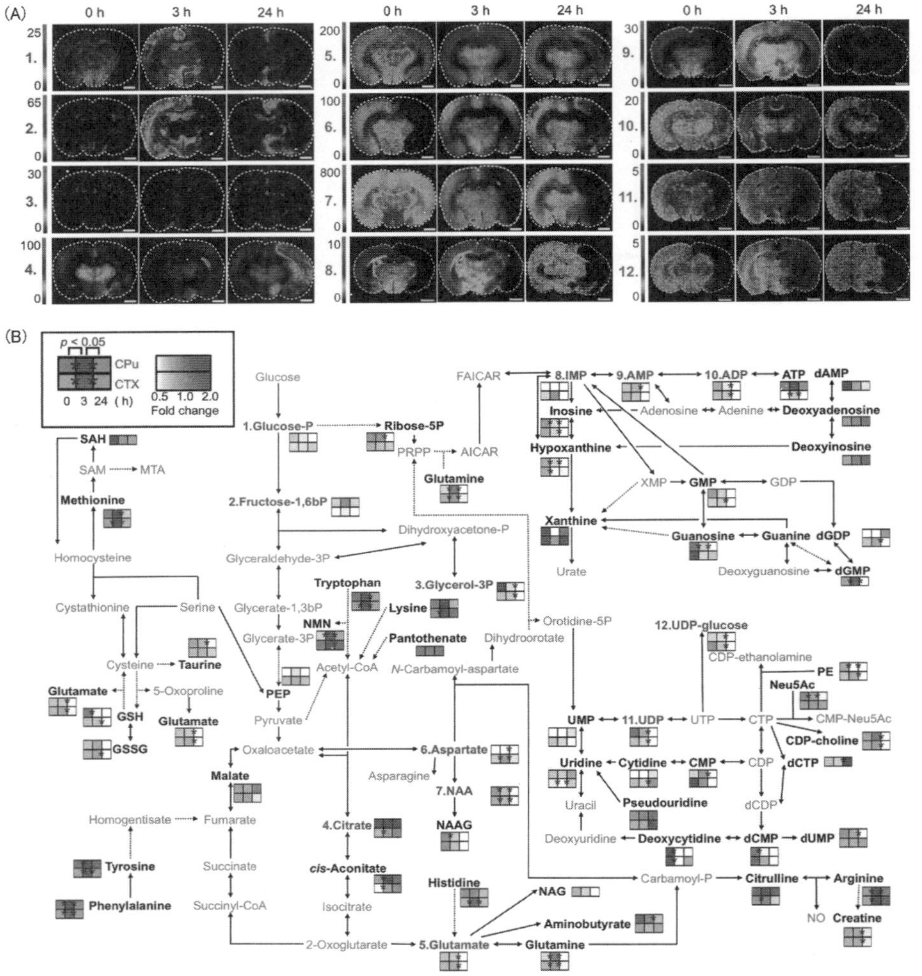


図6　LC-MSデータとMALDIイメージングデータの統合

(A) *In situ* MSI visualized dramatic changes in the spatiotemporal metabolite distribution in the MCAO rat brain. Metabolites related to nucleotide and amino acid metabolism, as well as the central pathway, were simultaneously visualized in a single MSI experiment. Scale bar = 1.0 mm. Data (No.1～7) were reprinted with permission from the author (Miura *et al.*, 2010).

(B) Comparative visualization of the central metabolic pathway and its peripheral metabolic pathways in the CPu (upper box, red) and CTX (lower box, green) in the MCAO rat brain, as determined by LC-MS. Significant differences (Student's *t*-test, *$P<0.05$) are indicated by asterisks on the colored boxes. Black and grey letters indicate LC-MS-detected metabolites and unmeasured metabolites, respectively. Green letters indicate metabolites detected by both LC-MS and MSI. Solid arrows represent a single step connecting two metabolites, and dotted arrows represent multiple steps.

## 文　　　献

1) D. Miura *et al.*, *J. Proteomics*, **75**, 5052 (2012)
2) D. Miura *et al.*, *Anal. Chem.*, **82**, 498 (2010)
3) D. Yukihira *et al.*, *Anal. Chem.*, **82**, 4278 (2010)
4) D. Yukihira *et al.*, *J. Am. Soc. Mass Spectrom.*, **25**, 1 (2014)
5) D. Miura *et al.*, *Anal. Chem.*, **82**, 9789 (2010)
6) M. Irie *et al.*, *Metabolomics*, in press (2014)
7) D. Setoyama *et al.*, *PLoS ONE*, e70098 (2013)
8) Y. Fujimura *et al.*, *PLoS ONE*, e23426 (2011)
9) Y-. H. Kim *et al.*, *Scientific Report*, **3**, 2805 (2013)

## 4　ビッグデータ創薬の展望

奥野恭史*

### 4.1　はじめに

ビッグデータ科学は，あらゆる分野において爆発的に増大し続けるビッグデータから情報科学的手法により知識発見や新たな価値を創造するものとして注目されている。生命科学分野においても，近年の計測・観測機器，ICT技術の著しい進展にともない，ビッグデータ時代に突入したといわれ，パーソナルゲノムなどのビッグデータ解析手法の研究開発が急務とされている。本節は，ビッグデータ科学の創薬応用「ビッグデータ創薬」がテーマである。筆者の知る限り，ビッグデータ創薬を取り上げた書籍はこれまでにないことから，本節では現在の創薬インフォマティクス技術をもとに，ビッグデータ創薬の課題と展望を述べる。

### 4.2　創薬が対象とするデータ規模

ヒトゲノム計画の大きな貢献の一つに，ヒトを形作る全ての部品の数（遺伝子の数）とその所在（ゲノム上の位置）が明らかになったことが挙げられる。このことは，生命科学の研究を展開する際に，22,000ほどの遺伝子（ヒトの全遺伝子数）およびそれらからコードされるタンパク質（総数の推定はされていないが筆者は数十万オーダーであると考えている）を対象にすれば良いことを表している。

一方，医薬品の候補となり得る化合物の総数はこの世の中にいくつあると考えられるのだろう？進化の過程で淘汰されてきた遺伝子とは異なり，化合物は多様な構造を創製することが可能であることから，天文学的な膨大なバリエーションになるといわれている。例えば，分子量500以下のものだけでも理論上では10の60乗を超えると見積もられ，この膨大さから化合物の総体をケミカルスペース（ケミカル空間）と称している。

近年，医薬品の候補化合物を網羅的に探索する研究分野として「ケミカルゲノミクス」や「ケミカルバイオロジー」という分野が注目されるようになった。ケミカルゲノミクスとは，「標的遺伝子（タンパク質）に作用する活性化合物をゲノム規模で探索することによって，生体系を構成する遺伝子（タンパク質）と化合物との相互作用を包括的に理解すること」を目指す研究分野である。実際の研究では，数千から数万個の化合物ライブラリーを用いて，特定の標的タンパク質に対するハイスループットスクリーニング（HTS）が行われ，活性化合物の網羅的探索が行われてきた。しかしながら，上述の通り，10の60乗オーダーからなる膨大なケミカル空間と，約22,000種の遺伝子（タンパク質の種類では10の５乗オーダー）からなる生体分子との組合せである「ケミカル空間×バイオ空間」の探索空間は理論上でも10の65乗オーダーになることから，膨大な探索空間からベストな医薬品を探し出すことは神業に等しいことが想像できるであろう。

---

*　Yasushi Okuno　京都大学　大学院医学研究科　教授

### 4.3　スーパーコンピュータ「京」によるビッグデータ創薬

上述の通り，創薬の対象となる探索空間は理論上では10の65乗オーダーを超えるものであり，実験だけでは手に負える規模でないことから，近年では計算機を用いた化合物探索（バーチャルスクリーニングと呼ぶ）が盛んに行われている。筆者は幸運なことに世界最速レベルのスーパーコンピュータ「京」を用いて化合物探索を行う機会を得たことから，ここで取り組んできたビッグデータ創薬の一端を紹介する。

スーパーコンピュータ「京」は2011年6月および11月にLINPACKベンチマークのTOP500において世界一位を見事獲得した。世界一といわれてもなかなかピンとこないものであるが，スパコン「京」の計算速度は1秒間に1京（10の16乗）回の計算（足し算や掛け算）ができる速度10ペタフロップス，例えば世界の全人口70億人が1秒間に1回計算しても17日かかる計算量を「京」は1秒間で終了するスピードを誇る。

では，「京」で創薬の探索空間（化合物空間×バイオ空間）の理論上の総数10の65乗オーダーを計算することを考えよう。仮に1つの化合物の活性（化合物とタンパク質との相互作用活性）を計算で評価するのに1秒間かかるとしたら，「京」は1秒間に10の16乗個，1年間で3.15×10の23乗個の化合物とタンパク質との相互作用を計算できることになる。したがって，10の65乗個の化合物とタンパク質との組合せを計算するには「京」をもってしても実に10の41乗年を要するものと推計される。10の41乗年後にそもそも地球が存在しているかも不明であるが，創薬の理論上の探索空間10の65乗オーダーというのが我々の想像をはるかに超えた規模であることがわかるであろう。つまり創薬計算はビッグデータ解析そのものであり，「京」のような超高速マシンを開発するだけではなく，膨大なデータを高速処理できるビッグデータ解析技術の開発が必須である。

このことから，筆者らはビッグデータ創薬技術として，並列化による高速化が期待される化合物探索計算法Chemical Genomics-Based Virtual Screening法[1]（CGBVS法：原理的な詳細は次項で説明する）を「京」に実装することにした。CGBVS法は，既知のタンパク質と化合物の相互作用情報を機械学習して相互作用の有・無の2クラス判別器を構築することにより，予測対象のタンパク質（アミノ酸一次配列）と化合物（化学構造）の組合せに対して相互作用の有・無を判定する計算法である。CGBVS法の学習機械には，情報科学分野の様々な予測問題において優れた応用実績を持つサポートベクターマシン（SVM）が用いられており，一旦，予測モデルを構築した後は，単純な行列演算を繰り返すだけで予測対象のエントリー数をスケールアップできる数理的枠組みを有している。そこで我々は，8万個以上のノード（プロセッサ）を並列に繋いだ大規模並列システムである「京」にCGBVS法を実装し，膨大な化合物とタンパク質の組合せの相互作用予測計算を大規模並列化することで超高速化を試みた。

具体的には，参画製薬企業11社の希望標的タンパク質をエントリーに含むGタンパク質共役型受容体（GPCR）233種とキナーゼ398種の計631種のタンパク質を標的として，米国国立生物工学情報センター（NCBI）が公開するPubChemデータベース[2]の化合物3,000万種との全ての組合せ189.3億ペアのCGBVS法による相互作用予測を行った。189.3億ペアのタンパク質と化合物の相

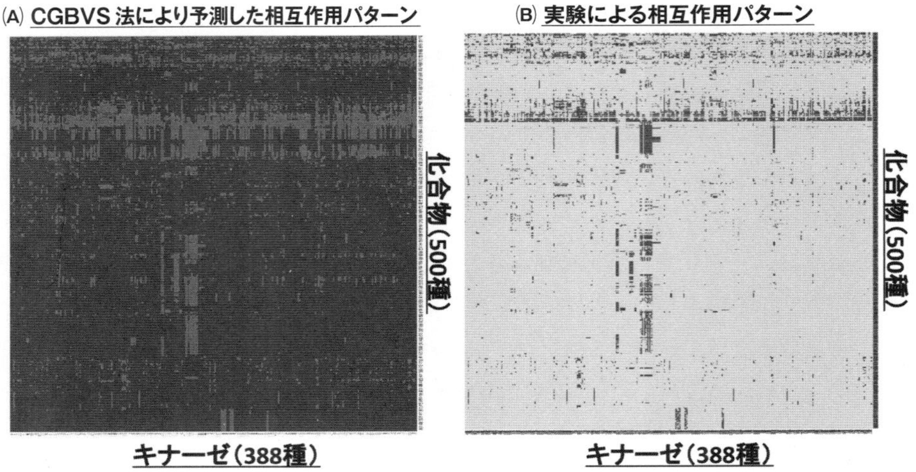


図１　CGBVS法によるタンパク質—化合物間相互作用の予測と実験結果の比較

互作用ペアの予測は，筆者の知る限り世界最大規模の計算であり，例えば，筆者の研究室で保有する計算機16ノード（128コア）を用いてCGBVS計算を行うのに約２年（762日）を必要とし，創薬現場のタイムスケールとしては計算することが非現実な規模である。これに対し，「京」の８万ノードを一気に利用できたとすると，たった５時間45分で計算が完了するものと見積もられ，「京」の計算機パワーは現場利用における計算規模を桁違いにスケールアップする効果を有していることがわかる。なお，189.3億ペアの相互作用予測結果のデータはすでに参画製薬会社に提供され，これらをシードとした医薬品開発が各社独自で展開されている。

また，CGBVS法によるタンパク質と化合物との相互作用の予測結果と実験値との比較を行ったところ，正確度（Accuracy）約79％と非常に高い正答率であることも示された[3]。図１は，キナーゼタンパク質388種と化合物500種との相互作用の予測結果(A)と実験結果(B)との比較を視覚的に示した一例である。ヒートマップの横軸にキナーゼタンパク質388種を並べ，縦軸に化合物500種を並べており，相互作用活性が有ると予測（計測）されたペアがクロスする位置に点をプロットしている。左右のヒートマップのまだら模様が類似していることから，CGBVS法による予測結果は，実験で得られる相互作用パターンをうまく再現できていることがわかる。

### 4.4　化合物—タンパク質間の相互作用データの機械学習

前項で紹介した世界最大規模の化合物とタンパク質との相互作用予測に用いたChemical Genomics-Based Virtual Screening法（CGBVS法）の原理を実行プロセスにそって以下に説明する[1]。CGBVS法の計算フローは，次の通り５ステップからなる（図２）。

**【ステップ１】化合物とタンパク質との相互作用情報の収集・整理**

CGBVS法は，既知相互作用データを機械学習することにより未知の相互作用を予測するもので

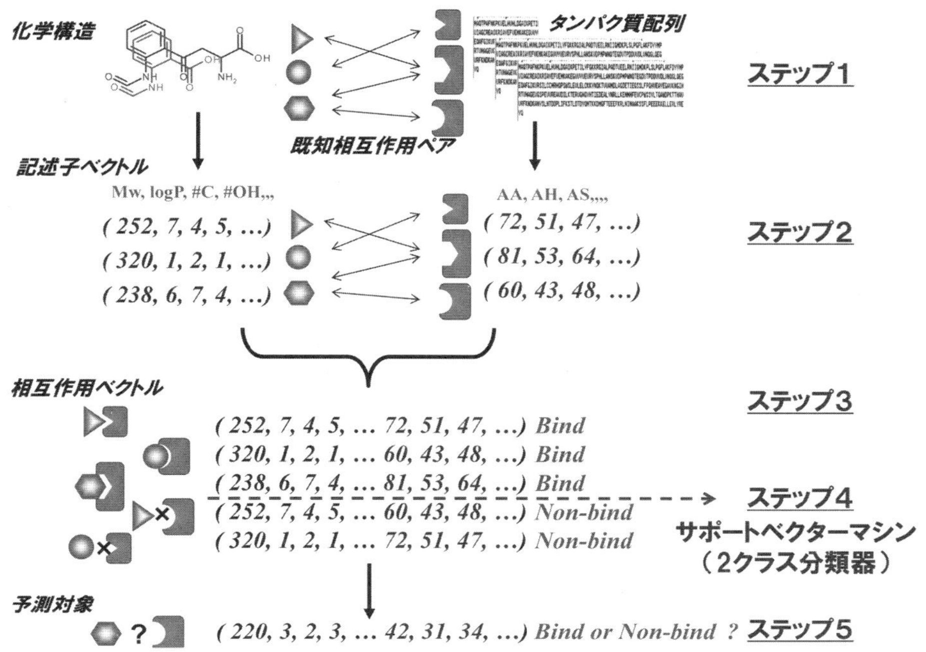

図２　Chemical Genomics-Based Virtual Screening法（CGBVS法）の実行プロセス

あり，最初のステップとしては機械学習を行う際に用いる学習データを収集する必要がある。当然のことであるが，ここで対象とするデータは実験で相互作用の真偽が同定されているデータでなければならない。具体的なデータソースとしては公共データベースや市販データベースなどがあり，筆者が知る限りでは数千万規模の相互作用情報を収集することが可能である。また，製薬企業であれば自社内で過去に行ったアッセイデータを学習データとすることも可能である。ここで，機械学習に必要な情報は，化合物の化学構造（通常２次構造），タンパク質のアミノ酸配列，化合物とタンパク質間の活性情報（相互作用情報）の３種類である。

**【ステップ２】化合物とタンパク質のベクトル表現**

化合物やタンパク質を情報処理する際に，化合物やタンパク質の構造や物性を表現する数値化（記述子表現と呼ぶ）を行い，これらを要素に持つベクトル表現がよく用いられる。例えば，化合物の記述子表現には，分子量，炭素などの構成原子の数，部分構造の有無，疎水性度など，化合物の化学構造から構造的特徴や物性を表す数値化方法が3,000種ほど考案されている[4~6]。また，タンパク質の記述子表現では，アミノ酸配列中の２アミノ酸や３アミノ酸の出現頻度（２アミノ酸であれば20×20＝400種類，３アミノ酸であれば20×20×20＝8,000種類の組合せとなる）[7]や，構成アミノ酸の特性を加味した数値化表現[8]などが用いられている。ここで重要なことは，記述子表現によって構築したベクトルは化合物やタンパク質の構造や物性を定量化したものであり，記述子ベクトルの数値列パターンの類似度が，もとの化合物やタンパク質の類似性を反映していることである。例えば，２種の化合物の記述子ベクトル間のユークリッド距離が非常に近い場合，対応する２種の化学構造や物性も似ている可能性が高いと考えられる。このように，化合物やタンパク質の記述子ベクトルの類似度を用いることで，計算機は化合物やタンパク質の構造や物性を認識できるようになる。

**【ステップ３】相互作用ベクトル（相互作用カーネル）の構築**

化合物とタンパク質の相互作用活性を統計モデル化するための表現方法として，化合物とタンパク質のそれぞれの記述子ベクトルを繋ぎ合せた連結ベクトルを構築する。連結する化合物とタンパク質の記述子ベクトルの組合せは，ステップ１で収集した化合物とタンパク質間の活性情報をもとに決定される。CGBVS法は，２クラス判別型の機械学習法（サポートベクターマシン）を適用しているため，既知のタンパク質と化合物の相互作用の有・無に対応する正例の連結ベクトルと負例の連結ベクトルが必要となる（活性を有する相互作用ペアを正例と呼び，活性の無いペアを負例と呼ぶ）。ここで，化合物とタンパク質との相互作用活性は，IC50など，評価実験系に依存する様々な活性値が用いられていることから，活性値のしきい値を設定することで相互作用するか否かを分類し，正例と負例に割り当てている（例えば，筆者らは通常IC50などの活性値で30 μMをしきい値として用いている）。また一般に，不活性情報は文献や公共のデータベースから殆ど得ることができない。そのため，筆者らは，ランダムに正例のペアリングを入れ替えることによって仮想的な負例を作成し，学習データとして用いている。なお，ここでは化合物とタンパク質の記述子ベクトルを単純に連結した相互作用ベクトルを構築し機械学習する数理的フレームを紹介したが，別の数理的フレームとして化合物とタンパク質のそれぞれの類似度行列（カーネル）を作成し，テンソル積によって相互作用カーネルを構築する方法もある。この方法は，カーネルトリックの特性を活かしたものであり，超高次元のベクトル長データや非ベクトル型データに適用できる利点を有するが，学習データのサンプルサイズに依存した計算負荷を必要とするため，ビッグデータの機械学習に適しているかどうかは今後検証する必要がある。

**【ステップ４】学習モデルの構築（機械学習の実行）**

ステップ３で準備した正例と負例のそれぞれの相互作用ベクトルを入力して機械学習を行い，２クラス判別器を構築する。情報科学分野では種々な機械学習アルゴリズムが開発されているが，CGBVS法はサポートベクターマシン（SVM）[9]を予測器として採用している。SVMは，２クラス分類器の一種であり，与えられた２つのグループに属する特徴ベクトルを高次元空間上に写像し，ソフトマージンを考慮しながら最大マージンで分離するような超平面を構築することで，汎化性に優れた予測を実現する特徴を有している（ここで，最大マージンとは分離した超平面から各サンプル間までの最短距離を指し，ソフトマージンとは許容する誤識別サンプルとの最短距離を指す）。

**【ステップ５】化合物とタンパク質の相互作用予測**

上記ステップ４で構築した予測モデルを用いて，未知の化合物とタンパク質の相互作用の可能性を予測する。予測対象化合物とタンパク質の入力は，化合物の化学構造とタンパク質のアミノ酸配列のみであり，ステップ2とステップ3と同様の方法で相互作用ベクトルとして表現し，SVMの予測モデルに入力する。予測結果は，対象化合物とタンパク質との相互作用の可能性を示すスコアとして算出される。ここで注意すべきは，予測スコアは化合物とタンパク質の物理的な結合強度を表すものではないということである。また，ステップ3で仮想的に作成された負例により予測結果が偏ることを回避するために，負例を数セット作成するため，最終的にはこれら複数の予測モデルから算出されるスコアの平均値を最終スコアとしている。

## 4.5　ビッグデータの機械学習への期待

ビッグデータ創薬への大きな期待の一つに，学習データのビッグデータ化にともなう化合物予測の高精度化が挙げられる。これについては，機械学習に用いる学習データのデータ数が予測精度に与える影響を評価した事例を紹介する。具体的には，機械学習に用いるデータの相互作用数を5,000相互作用と20万相互作用の2通りに分けて，CGBVS法とLBVS法の2種の化合物探索法の予測モデルを構築し，それぞれの予測性能を評価した。LBVS法（Ligand-Based Virtual Screening法）とは，化合物の化学構造や記述子ベクトルを用いて既知活性化合物との類似性に基づいて未知化合物の活性を予測する従来型の化合物探索計算法である。CGBVS法とLBVS法の相違点は，CGBVS法はタンパク質のアミノ酸配列情報を予測モデルの構築に用いており，また2クラス型の機械学習法であるのに対し，LBVS法は化合物の化学構造情報のみしか利用せず，1クラス型の機械学習法であるといえる。図3が評価結果のグラフである。評価方法は，機械学習に

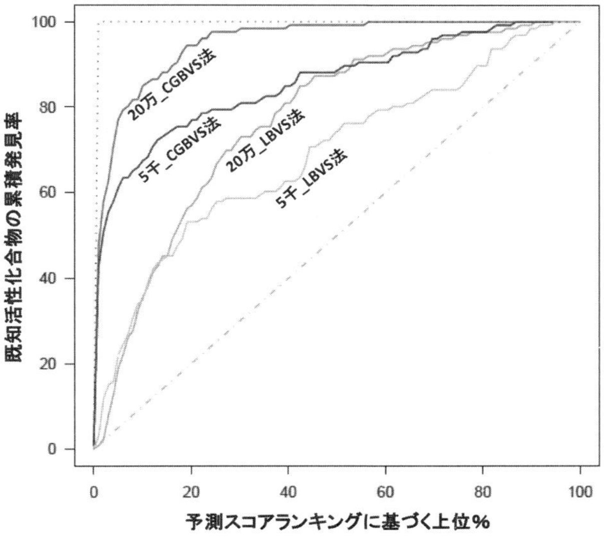


図3　機械学習に用いる学習データのデータ規模による予測精度の変化

用いなかった既知データを評価セットとして予測し，評価セット中の既知活性化合物が予測スコア上位で予測することが可能であったかどうかを評価している。図３のグラフは，横軸が，評価セットを各予測モデルで予測した際のスコアランキングに基づく上位％を表し，縦軸が，予測によって見出した評価セット中の活性化合物の割合をスコアランキングにそって累積した値を表している。我々の分野ではこのグラフのことをエンリッチメントカーブと呼び，予測法の評価によく用いられている。このグラフの見方として，エンリッチメントカーブが左上にシフトすればするほど，予測性能が良い（予測スコア上位に，活性化合物を見出すことに成功している）と考えられる。図３に示すように，CGBVS法，LBVS法ともに，5,000相互作用の学習モデルより，20万相互作用の学習モデルの予測精度が劇的に向上しており，機械学習する学習データのデータ規模が予測精度に大きな影響を及ぼすことが見て取れる。

ここで示した例は，高々20万相互作用の機械学習であるが，筆者が知る限り文献やデータベースから収集できるタンパク質と化合物との相互作用データは1,000万を超えるオーダーになることから，これら全データを機械学習するためにはメモリーの分散化や並列処理などの技術開発が今後の課題である。

## 4.6　おわりに：パーソナルゲノム時代のビッグデータ創薬

上記で，ヒトのバイオ空間を構成する遺伝子の種類は22,000ほどであると説明した。しかしながら，この数値はヒトという生物種で観測された完全長cDNAの種類から概算されたものであり，個人個人の人間の個体差に影響を与える一塩基多型（SNPs）などは区別されていない。したがって，SNPsのような個体差に関連する遺伝子配列の差異を探索空間の要素として加味するならば，世界の人口約70億人×ゲノム配列30億塩基対がバイオ空間となり，10の21乗オーダーのビッグデータ規模となる。特に，近年の高速ゲノムシーケンス技術の進展にともない，個人ゲノム情報をベースとした個人に最適な医療「個別化医療」の実現に向けた動きが世界各国で本格化しつつある。このことから，個人のゲノム情報やオミクス情報を考慮した治療や創薬が近い将来高いニーズとなることは必至であり，ビッグデータ医療，ビッグデータ創薬の計算技術開発が近々の課題であると考えられる。

ここで，筆者は上述のCGBVS法で用いた数理的フレームのコンセプトが，個人ゲノム情報を考慮したビッグデータ創薬の計算手法開発の参考になるものと考えている。何故なら，CGBVS法は数理的フレームにタンパク質のアミノ酸配列を用いていることから（上記ステップ２とステップ３を参照），タンパク質のアミノ酸配列の代わりに個人のゲノム配列を用いることで個人のゲノム情報を考慮した活性化合物構造の予測に拡張できる可能性があるからである。もっとも，究極の個人情報ともいえるゲノム情報や，個人の疾患特性・薬物反応性などの臨床情報を大規模に収集するには，科学技術的な課題以上にインフラやガイドラインなどの様々な領域の仕組み作りが必要であり，それほど簡単なことではない。しかしながら，個人ゲノム情報を用いた個別化医療の推進は世界的な潮流であり，そう遠くない将来に我々は個人のゲノム情報を目の前にした医薬品開発や医療を求められることになるであろう。したがって，世界の全人口約70億人×ゲノム配列30億塩基対あるいは，最低でも日本の全人口約1.3億人×ゲノム配列30億塩基対のバイオ空間と10の60乗オーダーのケミカル空間の組合せとなるビッグデータを解析できる基盤計算技術の開発とその創薬・医療応用に今から全力で取り組まなければならない。

## 文　献


1) H. Yabuuchi *et al.*, *Mol. Syst. Biol.*, **7**, 472 (2011)
2) PubChemデータベースのWebサイト，http://pubchem.ncbi.nlm.nih.gov/
3) J. B. Brown *et al.*, *Mol. Inform.*, **32**, 906 (2013)
4) Dragon 6, TALETE SRL
5) MOE (Molecular Operating Environment), Chemical Computing Group Inc.
6) Open Babel, http://openbabel.org/wiki/Main_Page
7) C. S. Leslie, E. Eskin *et al.*, *Bioinformatics*, **20**, 467 (2004)
8) Z. R. Li, H. H. Lin *et al.*, *Nucleic Acids Res.*, **34**, W32 (2006)
9) V. N. Vapnik, The Nature of Statistical Learning Theory, Springer, New York, USA (1995)

# 5　システムバイオロジー：メタボロームの展開

杉本昌弘*

## 5.1　はじめに

生命の理解のために，まずは研究対象とする生体の観測が必要である。近年は様々なオミックス測定技術の開発が革新的に進み，細胞内の複数の分子の挙動を確認することが可能となってきた。オミックスの中にも様々な技術があり，ゲノム，トランスクリプトーム，プロテオームなどが確立している。慶應先端研では，メタボロームは代謝物（メタボライト）と呼ばれる低分子を網羅的に測定する技術の開発と共に，これら様々なオミックス測定技術のデータ（マルチオミックスデータ）を統合し，さらに分子の相互作用を数理モデルで表現し，シミュレーション技術を活用して生体を分子レベルで包括的に理解するシステムバイオロジーの研究を進めてきた[1,2]。本節では，特にメタボローム分析技術とシミュレーションの両方を融合した研究例と，近年ビッグデータと呼ばれる大規模なオミックスデータの中でのメタボロームの位置づけとして，現在の状況と今後の展開の可能性を紹介する。

## 5.2　代謝シミュレーションはどのように設計するか？

ここからは細胞内の代謝のモデル化とシミュレーションの設計方法を紹介する。代謝パスウェイを表現するために，よく以下の２つのモデル化の方法が利用される（図１）。

①時間と共に刻々と変化する代謝物の濃度を算出する動的モデル

②細胞の状態が変化しない定常状態を前提とし，代謝物の流速を算出する静的モデル

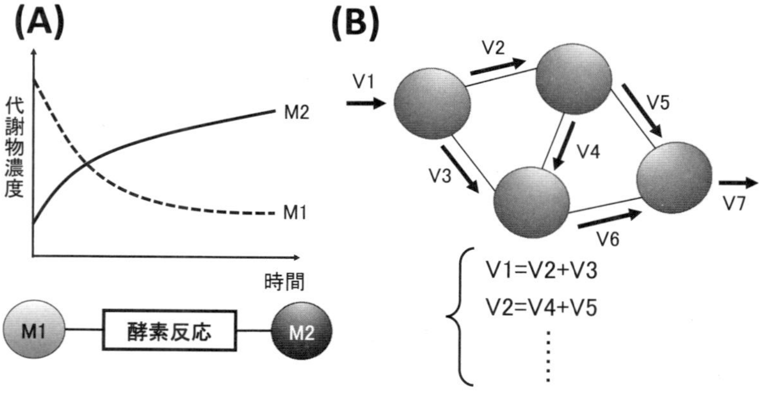


図１　代謝モデルの分類

(A)は動的モデル，(B)は静的モデル

＊　Masahiro Sugimoto　慶應義塾大学　先端生命科学研究所　特任准教授

①の動的モデルは，代謝物を1つの変数として扱い，代謝物の間をパスウェイとして結合させる。酵素反応をミカエリス・メンテンの式で表現して代謝物の変化の規則を規定する。一般にこの酵素反応式の中のkineticsパラメータが文献などから得られないことが多く，代謝物の濃度の時系列的な変化が実験から得られた場合，この時系列をうまく再現できるパラメータ（代謝物の濃度や酵素反応の係数など）の組み合わせ，またはパラメータだけでなく新規パスウェイ経路も含めて推測する方法が開発されてきた[3,4]。このようなデータとの比較に基づいてモデルの妥当性が確認できれば，実験的には難しいような試験をコンピュータ上でシミュレーションに進むことができる。例えば，感度解析からモデル内で特定の要素への影響の大きな変数を探す，様々な環境条件を変えて目的の産物の生産を最大化できる条件を探す，などがよく行われる。また，パスウェイのモデル化に使う数式として，個々の代謝反応ごとに反応機構を考慮したミカエリス・メンテン式などを用いるのではなく，S-Systemといった代謝反応を一般化した表現方法を使い，この中のパラメータの値を工夫することで様々な反応を統一的に表現する場合もある[5]。

②の静的モデルは，代謝物の濃度変化は起きない前提で，むしろ代謝物が他の代謝物に変化する速度のみに着目したモデル化方法である。実験的に必要な情報としては，濃度でなく流速であるため，例えば培養細胞であれば，培地での物質の濃度の減少・増加速度を調べることで，細胞と培地の間の物質の流速を調べることができる。または，培地に安定同位体でラベル化した栄養源を入れておいて，細胞内でどのようにこの物質が流れていくのかをトレースして流速を求めることもできる[6]。一方，このような実験値を用いてモデルの妥当性を評価していくのではなく，別のアプローチで流速を解く方法としては，パスウェイ構造上の制約条件だけを利用し，バイオマスの最大化などの目的関数を設定して，この目的関数を最大化（または最小化）する変数の組み合わせ（正確にはきちんと解が決まらず解がとり得る範囲を示す空間となることが多い）を探すFBA（Flux Balance Analysis）という方法も確立されている[7]。

しかし，本来はこのようなモデルを選択する前に考えるべきことは多数ある。例えば，そもそも粒度として代謝物1つ1つを対象にすべきか，代謝物の局在は考えなくてよいか，酵素の活性の制御因子は何を考慮すべきか，など。生化学の教科書に代謝物1つ1つがパスウェイの情報として記載されており，さらにメタボロームの測定技術でこれらの代謝物が個別に定量できるために，代謝物を1要素として扱いがちだが，本来は「シミュレーションしたい対象と事象」があって，そこから何をどの粒度でモデル化して，どのようなシミュレーションの方法をとるかが順番に決まっていくべきである。従って，個々の代謝物を1変数とするのではなく，例えばある経路に属する代謝物の総和濃度を1変数と表現したり，1つの代謝物でもその分子状態より異なる変数となるような詳細なレベルを表現できるようにしたり，と目的に応じた適切な選択が必要である。

別分野のシミュレーションを例にとって具体例を紹介する。シミュレーションの目的に従って，モデル化の対象・粒度，またシミュレーションの方法が決定していく方法がより明確である。例えば自動車の衝突実験のシミュレーションを考えてみる。目的としては，自動車構造の最適化である。つまり，衝突時の車体の変形を考慮して，シャーシの形状で設計変更可能な箇所に関するパラメータの最適値を探すことである。まず対象とする「モノ」は自動車と壁などの衝突対象が中心となる。また,「現象」としては力学的な性質を対象とする。「粒度」としては自動車や衝突対象を細かいメッシュ状に切りモデル化する。「方法」としては有限要素法を用いて力の電波とメッシュ内の要素の変形をシミュレーションする。「パラメータ」としてはボディーの形状,素材の強度など設計変更できる箇所である。シミュレーションの方法としては,自動車が衝突する直前から,衝突後のボディーの変形が見られるまで,微小時間(短いスパンで区切った時間)で,刻々とどのように対象が変化するかを再現することが一般的である。

上記のストーリーはいくらでもケチをつけられる。例えば,モデル化の対象として,空気抵抗を考えられるよう,空気もモデル化しなくてもよいか?衝突時に熱が発生するために,熱力学的な性質は考えなくてもよいか?メッシュはどのレベルまで細かくすればよいか?分子レベルまで細かい現象をモデル化する必要はあるか?時間はどの程度まで細かく区切ればよいか?そもそもモデルが線形であれば,微小時間ごとの変化を追わなくてもダイレクトに興味ある時間の現象を算出できるのではないか?など本来はきちんと検討すべき疑問が発生する。

例えば,空気抵抗に関しては,今回のボディーの設計に影響が小さく対象外となる。しかし同じボディーの設計でも高速で走った時の設計には空気抵抗を考慮するため,必ずしも「ボディーの設計=空気は考慮しない」というものでもなく,ケースバイケースである。後は設計でパラメータを変更できる範囲に応じてメッシュのサイズなどの粒度が決まる。シミュレーションも,先のストーリーでは問題が非線形であることを前提として,数値解析的に解くことを記載しているが,そもそも問題が線形であれば,数値解析的に解く必要はない。時刻を刻む細かさも,無限に細かくする必要はなく,計算が発散して経験的に考えられないような計算結果を出さなければよい。

例えば,サンプリング理論により,発散しない範囲での微小時間を設定し,発生し得る時系列の特徴を考慮して適切なシミュレーションのアルゴリズムを選択すればよい。

ここで着目すべきは,このようなシミュレーションにおいて,モデルの中の最小単位(メッシュの一つ一つの応力)を実測できるわけではない。力学理論によってモデル化をするものの,実データの検証は応力レベルでなく,実際に破壊したときの形状の変化を用いて評価するなどが一般的である。代謝のモデルを作るときに,現在の測定技術から各代謝物の濃度を変数として扱うことは,ある程度どこかで実測値をモデルの検証に使うことを前提とした設計になっているが,このままモデル化を進めると間違った結論を導き出す可能性もあるため注意が必要である。繰り返しになるが,あくまでも目的ありきでモデル化の対象・粒度,シミュレーションの方法を選択すべきである。一方,実測データの特徴も把握し,どのようにモデルの妥当性を評価していくかの設計も重要である。

## 5.3　メタボロームで測定できるもの

現在,「メタボローム」の用語に厳密に適した分析技術はない。つまり,全代謝物を網羅的に測定できる技術はない[8]。現在は，核磁気共鳴（NMR）と質量分析（MS）が主流の測定装置である。NMRは低感度であるため，一部の物質しか測定できないものの，サンプルを非破壊的に測定することができるメリットがある。MSはサンプルから狙った代謝物（代謝物の中でも一部の特徴を持つ分子）を抽出する工程を要するが，高感度に広い範囲の分子を測定することができる。分子量が同じ分子を別々に分離するためには，MSの前にそれぞれ得意分野が異なる分離装置を接続する（図2）。ガスクロマトグラフィー（GC；Gas Chromatography）を接続したGC/MSは揮発性分子の測定を得意とする。一般に電子イオン化（EI；Electron Ionization）法がMSとの接続部分に利用されることが多く，イオンに強いエネルギーを与えてMSに飛ばすため，得られるスペクトラムはフラグメント化したものになる。古くから広く利用されているために，既にスペクトラムのデータベースが充実しており，ホモロジー検索と同様にフラグメントのパターンの類似性を利用して分子を同定する方法が確立している。液体クロマトグラフィー（LC；Liquid Chromatography）を接続したLC-MSは脂質，アミノ酸，糖類などの広い範囲の分子の測定が可能である。ただし，測定対象の分子群に合わせて，LCのカラムの選択や，前処理の方法を変えなければならないため，一度の測定で広い範囲の分子を測定できるわけではない。接続部分にエレクトロスプレーイオン化（ESI；Electrospray Ionization）法を用いれば，イオンのフラグメント化がEIほどは起きないために，１つの分子から得られるピークの数は少ない。GC/MSに比べてデータベースが充実しておらず分子の同定がボトルネックになることもある。キャピラリー電気泳動（CE；Capillary Electrophoresis）を接続したCE-MSはイオン性代謝物質の測定に向いている。解糖系，クエン酸回路，ペントースリン酸回路，アミノ酸など，どの生物種も共通に持つ１次代謝経路の代謝物を測定することができる。陽イオン用と陰イオン用の２回の測定でイオン性

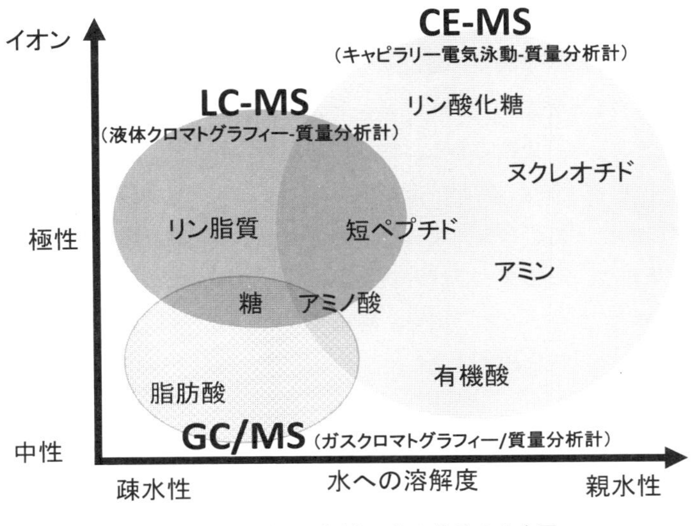


図２　各分離装置が測定できる分子の分布図

物質に関しては網羅的な測定ができる。このように，特に他のオミックスと大きな違いは，単独の測定方法で全ての代謝物を網羅的に測定する技術は現在存在しない点である。定量に関しては，保存期間による分子の分解，サンプルからの回収率，検出器の感度の振れなどだけでなく，多くの分子が混在するクルードなサンプルではイオンサプレッションによるイオンの干渉など様々な要因があるため，絶対定量値は適切な品質評価を行い，慎重に扱う必要がある。シミュレーションにおけるモデルの妥当性の評価に使用するデータも，このような特徴があることを認識して行う必要がある。

## 5.4　メタボロームとシミュレーションの研究例

ここからは，メタボローム測定技術とシミュレーションを活用した研究例を紹介する。赤血球は，血液細胞のうちの1つで血液量の約50%を占める重要な細胞であり，酸素や二酸化炭素などのガスを運搬する役割を果たす。赤血球内のヘモグロビンがこれらガスの運搬屋であり，各組織に必要な酸素を送る役割を果たす。しかし，赤血球がどのように周辺組織の酸素状態を検知し，ガスの積み下ろしをしているのかが不明であった。

赤血球は代謝のシミュレーションの研究に都合のよい点がある。赤血球は成熟時には，酸素の運搬に特化するため核や酸素を消費するミトコンドリアを失う。このため現在のメタボロームの測定技術では細胞質とミトコンドリア内の代謝物質を識別することができず，例えばリンゴ酸などどちらにどれだけの量があるかを測定することができない。しかし，赤血球ではこのような代謝の局在を考慮する必要がなくなる。また，代謝物の濃度変化を時系列に追うようなシミュレーションをする場合，各代謝酵素のkineticsパラメータの情報が必要であるが，グルコース6リン酸脱水素酵素欠損症などの酵素の異常そのものに起因する疾患があるために，酵素パラメータの研究が昔から活発であり，文献などから多くの情報を収集することができる。

このような状況の中，木下らは1細胞の代謝のモデルに向いているシミュレータE-Cell[9~11]を用いて，赤血球内の代謝パスウェイの数理モデルを開発した[12,13]。本モデルは解糖系などの代謝物を変数として，代謝物間をミカエリス・メンテンなどの酵素反応式で定義して代謝の化学的な変化を定義したものである。変数である代謝物に初期濃度を与え，微小時間ごとに各変数の変化を算出することで，代謝物濃度の時間的な変化をシミュレートすることができる。モデルの開発初期時には，モデル内にて酸素と代謝物質との結合強度を変化させることにより，赤血球周辺の酸素濃度の変化を検知し，ヘモグロビンの状態が変化することを表現しようとしたが，実験データを再現することができなかった。そこで，解糖系内のPFK，ALD，GAPDHの3つの酵素とヘモグロビンが，バンド3と呼ばれる膜タンパクの同一部位に結合することに注目し，モデルに組み込んだところ，急激に周辺が低酸素状態になったときの赤血球細胞内の状態を再現することができた。シミュレーションから，低酸素時にはバンド3とヘモグロビンや酵素が結合し，ATPと2,3-BPG（2,3-ビスホスホグリセリン酸）という代謝物質を同時に増加させている可能性が考えられ，実際に実験によって検証した。さらに，エネルギー維持と組織への酸素供給を同時に実現するためには，PFK，ALD，GAPDHの３つの解糖系酵素による活性調節が最も効率的であることをモデルの解析から示した。

輸血パックに保存された輸血用の血液を用いるが，日本で一般的に用いられている血液保存法では，短期間しか保存できない。そこで，限られた血液資源を有効に利用するために，保存期間の長期化，そして保存血液の品質向上が求められている。そこで西野らは，輸血用の血液の有効活用を目的とし，代謝シミュレーションモデルを用いて，保存期間の長期化が可能な条件を探索した[14,15]。先の研究から，長期保存のためには，赤血球内のATPと2,3-BPGの濃度を高く保つことが重要であることは分かっている。しかし，作用機序は分かっていないが，血液の保存中にこれらの物質の著しい減少が起こることが知られている。この現象を再現すべく，温度や血液保存液組成などの血液の保存条件の中から代謝に影響する複数の要素をモデルに組み込んだ。特に，温度とpHによって影響を受ける各酵素の活性レベルが重要であることから，ATP，2,3-BPGの時系列データを文献から取得し，この時系列をうまく再現できるパラメータの組み合わせを，大域的なパラメータ推定法を用いて同定した。さらに，実際に赤血球を同等の保存条件にしてメタボローム解析を実施し，時系列の比較を行い，推測されたパラメータで構成されるモデルの妥当性を検証した。モデルの解析から，血液保存時のATPや2,3-BPGの減少や枯渇は，ヘモグロビンのR型安定化やpHの変化，アンバランスな反応活性低下による可能性であることが分かった。特に，解糖系の律速酵素であるヘキソキナーゼ（HK）やホスホフルクトキナーゼ（PFK）の活性がこれらの代謝物濃度への影響が大きいことも分かった（図３）。

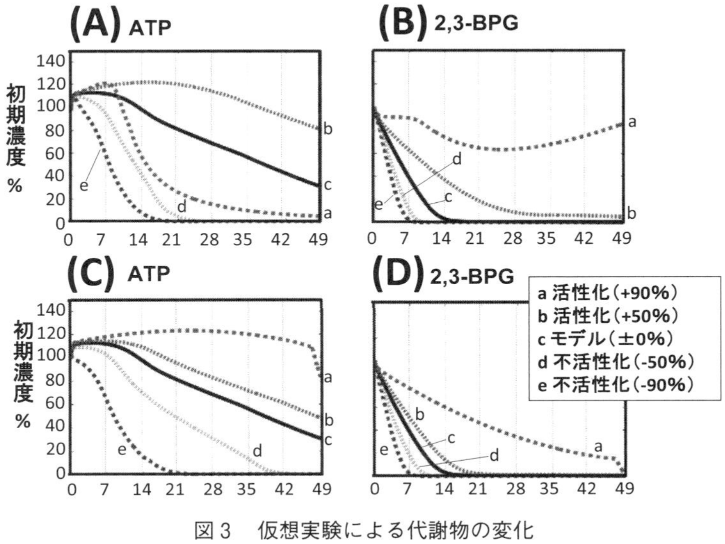


図３　仮想実験による代謝物の変化

(A)と(B)はヘキソキナーゼ，(C)と(D)はホスホフルクトキナーゼを活性化させたときのATPと2,3-BPGの濃度変化

### 5.5　メタボロームはビッグデータではない？

残念ながら現在メタボロームのデータはビッグデータの仲間入りをしていない。ゲノム，トランスクリプトーム，プロテオームでは公開データベースに十分なデータが登録されており，現在もその数は加速的に上昇している。ただ，データといっても定性的なデータと定量的なデータを分けて考えると，各オミックスで定性的なデータは提供されているが，定量データはトランスクリプトームが圧倒的に充実している。特にNIHの運営するGEOでは，ありとあらゆるデータが入手できるために，何か新しい研究を始める前にまず類似した研究のデータをダウンロードして再利用する，あるいは自己の研究データの特異性や一般性を見る，などの使い方が可能となる。

メタボロームでは，まだこれらのオミックスと比較して測定技術が未成熟であり，まだ新しい測定機器や測定方法の開発が行われ続けている。このため，データベースの性質が他のオミックスとは異なる。開発そのものは活発で，様々なデータベースがあるが，以下の２つのタイプに大きく分けることができる。

①代謝パスウェイ上で代謝物や酵素の関係を統合したもの

②質量分析装置（MS）や核磁気共鳴（NMR）などのスペクトラムデータを格納したもの

①のタイプの例としては，様々な生物種の情報を格納したKEGG[16)]，表示する分子の情報量の制御が可能なMetaCyc[17)]，ヒトに特化したReactome[18)]，植物に特化して特に２次代謝物の情報を充実させたMetaCrop[19)]などがある。これらは文献情報などを統合し，それぞれの分子情報そのものと分子間の相互作用をネットワークとして記述したものである。②のタイプの例としては，ガスクロマトグラフィー質量分析装置（GC/MS）のマススペクトルを格納したGMD@CSB. DB[20)]，高感度のタンデム質量分析装置（MS/MS）のスペクトルを格納したMELTLIN[21)]や，同様のデータを分散データベースで実現したMassBank[22)]がある。HMDB[23)]とSMPDB[24)]は①と②の両方を兼ねており，文献情報からヒトの体液中に含まれる代謝物の濃度情報とパスウェイ情報を格納すると共に，様々なタイプのMSの測定データも格納している。またHMDBでは，各文献上に記載のある分子濃度の絶対値も登録しているが，他のオミックスのデータ同様，単独分子の絶対量ではなく，むしろ測定データすべてのプロファイルの中で相対的にどのような値になっているかの情報がなければ生化学的な考察ができない。トランスクリプトームを中心として様々なデータを統合したデータベースとしては，癌を対象としてOncomineが開発されている[25)]。本データベースでは様々なオミックスデータを加工し直し，癌種や組織ごとにデータが整理されている。このため，興味のある遺伝子と相関する遺伝子や，疾患や臓器の特異性を簡便に調べることができる。培養細胞，マウスやヒトの組織の結果との間の整合性なども簡便に調べられる。メタボロームでも本来このようなプロファイルレベルのデータで，どのようなサンプルでどのような条件の時に測定したデータなのかという付帯情報を同時に格納したデータベースがあれば，広くデータの共有化や再利用が可能となる。一方，まだ現状では単なる定量結果だけではなく，分析データも含めて測定データの品質を公開することも重要である。そこで我々はプロファイルデータとマススペクトルデータを格納するデータベースMMMDBを開発してきた（図４）[26)]。本データベースに

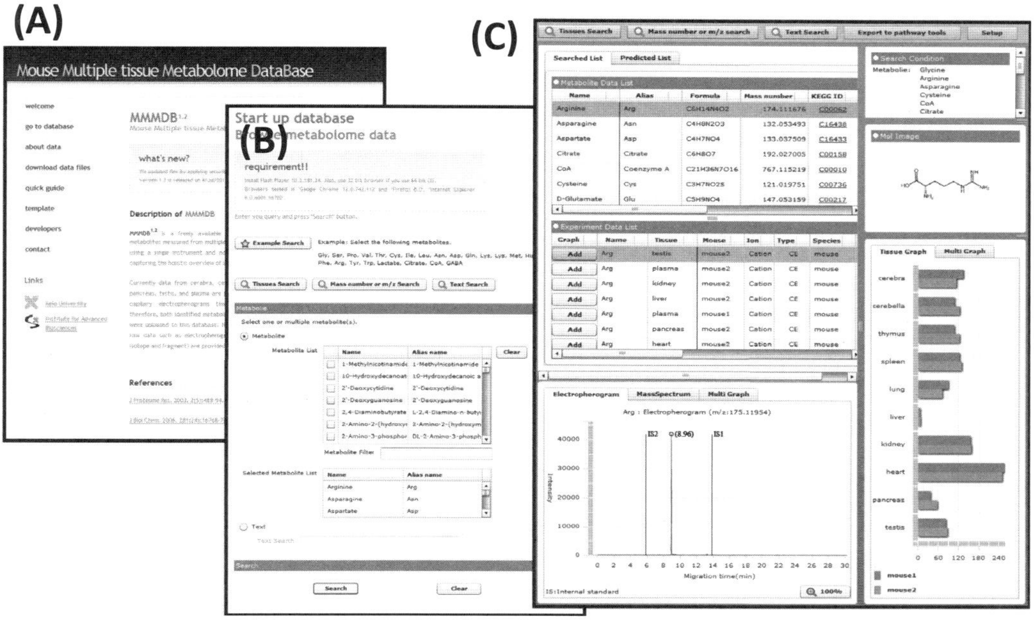


図４　メタボロームのデータベースMMMDBの画面
(A)はログイン画面，(B)は検索画面，(C)は測定データのブラウズ画面

は，１匹のマウスから10種類以上の臓器と血液の代謝プロファイルを測定して，定量値と測定データの両方を含めている。今後，様々な疾患や飼育条件のマウスのデータも含めて，データの再利用を促すフレームワークとしていく予定である。

本節ではメタボロームの測定技術と，メタボロームの測定データをシミュレーションの研究に活用する例，メタボロームのデータベースの紹介を行った。現段階では，まだ測定技術が発展途上であるためにデータの標準化・共有化が不十分な点があるが，徐々に整備されていくことが期待される。特に，システムバイオロジーの研究において他のオミックスとの統合解析を促進させるためには，これらと同様のレベルでデータの共有化が求められていくだろう。

## 文　献

1）N. Ishii *et al.*, *Science*, **316**, 593（2007）
2）N. Ishii *et al.*, *J. Biotechnol.*, **113**, 281（2004）
3）S. Marino *et al.*, *J. Bioinform. Comput. Biol.*, **4**, 665（2006）

4) J. S. Almeida *et al., Genome Inform.*, **14**, 114 (2003)
5) A. Sorribas *et al., Math. Biosci.*, **94**, 239 (1989)
6) Y. Toya *et al., Biotechnol. Prog.*, **26**, 975 (2010)
7) D. McCloskey *et al., Mol. Syst. Biol.*, **9**, 661 (2013)
8) M. R. Monton *et al., J. Chromatogr. A*, **1168**, 237; discussion 236 (2007)
9) K. Takahashi *et al., Bioinformatics*, **19**, 1727 (2003)
10) K. Takahashi *et al., Bioinformatics*, **20**, 538 (2004)
11) M. Tomita *et al., Bioinformatics*, **15**, 72 (1999)
12) A. Kinoshita *et al., J. Biol. Chem.*, **282**, 10731 (2007)
13) Y. Nakayama *et al., Theor. Biol. Med. Model.*, **2**, 18 (2005)
14) T. Nishino *et al., J. Biotechnol.*, **144**, 212 (2009)
15) T. Nishino *et al., PLoS One*, **8**, e71060 (2013)
16) M. Kanehisa *et al., Nucleic Acids Res.*, **38**, D355 (2010)
17) R. Caspi *et al., Nucleic Acids Res.*, **38**, D473 (2010)
18) L. Matthews *et al., Nucleic Acids Res.*, **37**, D619 (2009)
19) E. Grafahrend-Belau *et al., Nucleic Acids Res.*, **36**, D954 (2008)
20) J. Kopka *et al., Bioinformatics*, **21**, 1635 (2005)
21) C. A. Smith *et al., Ther. Drug Monit.*, **27**, 747 (2005)
22) H. Horai *et al., J. Mass Spectrom.*, **45**, 703 (2010)
23) D. S. Wishart *et al., Nucleic Acids Res.*, **37**, D603 (2009)
24) A. Frolkis *et al., Nucleic Acids Res.*, **38**, D480 (2010)
25) D. R. Rhodes *et al., Neoplasia*, **6**, 1 (2004)
26) M. Sugimoto *et al., Nucleic Acids Res.*, **40**, D809 (2012)

# 第2章　解析方法

## 1　大規模データ生産を基盤とするゲノミクスの最先端

藤山秋佐夫*

### 1.1　はじめに

DNAの塩基配列として保存されている遺伝情報は，遺伝子ごとに選択的にRNA（mRNA）に転写され，さらにタンパク質のアミノ酸配列へと翻訳される。これが分子生物学におけるセントラルドグマである。遺伝情報の流れを簡略化してDNA→RNA→タンパク質と表すこともある。ゲノム科学の時代にならって付け加えると，生物種ごとに固有の遺伝情報の1セットがゲノムであり，親から子へと世代を越えて伝えられる具体的な物質がDNAである。我々が普段目にする生物では，一世代前の雄性個体に由来するゲノム（DNA）と雌性個体に由来するゲノム（DNA）の2セットが各細胞に含まれる。つまり，父親由来の遺伝子（DNA）と母親由来の遺伝子（DNA）の各1個をゲノム中に持つのが生物の基本の姿である。

各遺伝子は複雑な調節機構によってmRNAに転写されており，転写産物であるmRNAの量と質は細胞ごと，組織ごとに大きく変動する。つまり，遺伝子の機能を理解するためには，細胞ごと，組織ごとにmRNAを同定し定量した上で調節機構についても考察する必要がある。mRNAから翻訳されるタンパク質については，事情がさらに複雑である。翻訳されたままのタンパク質がそのままの状態で使われることは稀で，多くの場合は翻訳後に切断や化学修飾などを受けて適当な構造に変換される。タンパク分子は，さらに適当な作用部位に輸送され，場合によっては他のタンパク質と複合体を形成するなどした後に活性の調節を受けながら機能できるようになる。不要になれば分解される必要もある。こうした複雑な過程がタンパク質が細胞内で正しく機能するためには必要なのである。

従来の分子生物学の研究手法では，解析対象をできるだけ単純化し要素間の関係を美しく抜き書きにすることで基本的な生物現象に関する理解を進めてきた。しかし，仮説とエレガントな実験に基づく伝統的な手法では，一つの解析対象に対して明確に関連づけることができるのはせいぜい数個の遺伝子までであり，しかも，組換DNA技術とDNAシークエンシング技術が開発されるまでは，遺伝子を特定のDNA領域と塩基配列に関連づけることも不可能であった。そもそも遺伝子は，遺伝地図，連鎖地図上に遺伝子座として記載され，遺伝現象として規定される存在だったのである。

モデル化され単純化された実験系でも十分に複雑だが，現実の生物現象を理解するためには，遺伝子群，RNA群，タンパク群が協調的に働く総合的機能システムとしての生命体を考えねばな

---

*　Asao Fujiyama　国立遺伝学研究所　比較ゲノム解析研究室　教授

らない。そのためには，生命現象の根底に位置するゲノムDNA，mRNA，タンパク質分子についての定性的解析に加え，定量的計測と時系列に基づく解析を行うことが不可欠である（さらにイメージングなどによる高次の相互作用解析や，ゲノム工学的な手法による解析も必要だが，ここでは触れない）。それを可能にした新しいアプローチの一つがゲノミクスである。DNA→RNA→タンパク質の基本の流れは変わらないが，ゲノム→トランスクリプトーム→プロテオームがゲノミクスにおける情報と解析の流れである（細胞内に存在する低分子量機能分子全体の動態を解析対象とするメタボロミクスも重要であるが，これも本節では触れない）。このような研究が可能になった背景には，DNA分子の網羅的定量的観測を可能にする計測技術と，高性能計算機を駆使するバイオインフォマティクスの進歩がある。データベースの整備と高速インターネットの普及も欠かせない要素である。特に，2005年以降の次世代型シークエンサーの開発と普及は，圧倒的なデータ量を短時間で産出することを可能にしており，生物学のデータ中心科学への変革を加速させている。

一方で，生物学は現実の分子と生命現象を扱う科学である。近年のゲノミクスが産出するデータ量は膨大であり，高性能計算機を使わずにはゲノム科学研究は不可能であるが，生物学者を名乗る以上は，DNAは，単に計算機メモリ中のビットの集合で表される電気信号の連なりではなく，親から子へと世代を越えて伝えられる現実の生体分子であることを忘れてはならないだろう。

### 1.2　ゲノム関連データ集積の実情

DDBJ（DNA Database of Japan）は，静岡県三島市にある国立遺伝学研究所が構築公開している核酸塩基配列データベースである。詳細についてはウェブサイト（http://www.ddbj.nig.ac.jp/intro-j.html）を参照して欲しいが，DDBJは，米国NCBIのGenBank，欧州EMBL-EBIのENAとならび，核酸の塩基配列データベースに関する国際協力活動INSDC（International Nucleotide Sequence Database Collaboration，http://www.insdc.org/）の三極の一つである。

2013年12月のDDBJ最新リリース（Rel.95）によると，DDBJデータベースの総エントリー数（データ件数）は169,094,459件で，データ量は156,527,217,715（ヌクレオチド）である。「たった156 Gb？　少ないな，確か最新の新型シークエンサーでは1回の運転で600 Gbは出力されるはずなのに，別にビッグデータではないじゃないか」と思われるかもしれない。この謎を解く鍵は，従来型のキャピラリシークエンサーと，新型シークエンサーから出力されるデータの量と質の違いに基づくデータベースへの格納方式の違いにある。ゲノムの時代が到来して以来，INSDCでは，多様なゲノムプロジェクトが生産する素性の異なる素配列データや部分配列データに合わせていくつかのデータカテゴリーを用意してきた。新しい超並列型新型シークエンサーを使うシークエンシング（New Generation Sequencing，略してNGSと呼ばれることも多い）が塩基配列データ生産の中心になる時代に合わせてINSDCが用意したのが，米国NCBIのSRA（Sequence Read Archive），DDBJのDRA（DDBJ Sequence Read Archive），EBIのERA（EBI Sequence Read Archive）である。詳細は他稿に譲るが，2014年春の本稿執筆時点で，公開済み配列データ量は計1.2 Pb（$10^{15}$塩基）に上っている。登録されているが非公開のデータまで含めるとINSDCが保管しているデータ量は約２Pbである。しかし，世界各地のゲノムセンターには登録前のデータが大量に保管されているはずなので，推定だが実情はこの10倍以上に上るであろう。地球の総人口は約70億人（$7 \times 10^{9}$人）だが，この全員の名前，住所，携帯電話の番号を記録した時のデータ量を想像してみただけでも，1.2 Pbの大きさがわかるだろう。ゲノム情報解析の現場ではこれらのデータを組み合わせたデータや中間計算データも必要となるため，データ総量はさらに増大するのである。2012年春から運用している国立遺伝学研究所スーパーコンピュータは，運用開始後２年で公開しているストレージ容量（２PB）の90％以上が使われる状態になっている（ユーザ数は1,000人程度)。ゲノム科学だけではないが，生命科学がビッグデータといわれる一端が想像できるだろう。

### １.３　ゲノミクスの技術基盤が，新型シークエンシング装置である

科学の進歩と技術の進歩とは，車の両輪のような関係にある。例えば，顕微鏡の開発は細胞の概念を生物学にもたらし，その後の医学の発展にも大きく貢献した。X線の発見は，生体の内部構造の観察を可能にした。現在でも様々なイメージング技術が医学生物学研究や医療現場での強力な武器となっている。ゲノム科学は，長い歴史を持つ生物学の中では新しい学問分野である分子生物学を源流とする。分子生物学は，1970年代の組換えDNA技術とDNAシークエンシング技術の登場によって研究スタイルが一変し，1980年代のPCR法と自動化シークエンサーの出現は，その後のゲノム時代へのプレリュードとなった。ゲノム科学の誕生により，生物学は仮説中心型の科学からデータ中心型の科学へと向かう方向に転じたが，2005年以降に続々と開発が続けられている超並列型新型シークエンサーにより，超大規模データを取り扱うビッグデータサイエンスへと変貌したのである。2005年にキャピラリ型シークエンサーの数倍程度のデータ生産量と，穴だらけで短い読み取り配列長からスタートし，役に立たないともいわれた次世代型シークエンサーは，2014年には，ヒトゲノム専用という但し書きはつくものの，DNA断片の両末端から150塩基の配列を読み取るのに要する時間が約３日，出力される総塩基数が1.6〜1.8 Tb（１Tbは$1 \times 10^{12}$塩基）となった。シークエンシングに要する直接的コストについても，新型シークエンサー開発の目標の一つであった1,000＄／ヒトゲノムを実現するに至っている（図１)。もちろん，これだけの性能の装置は相当に高価であるし，コストを別にしても，この装置を１年間フル運転したとすると，30倍の被覆度のヒトゲノムデータが2,400人分得られることになり，データ生産の下流の情報解析や情報管理の部分に，まさにビッグデータ問題を生じさせることになるだろう。一方で，このようなフラッグシップ型の大型装置以外に，より小型の装置も開発が進んでおり，研究室レベル，学部レベルでの普及も加速されるだろう。国内のあちこちからビッグデータが生産される状況が予測される。

新型シークエンサー開発の技術的ポイントの一つは超並列化である。DNAシークエンシング技術が開発された頃は，一度に配列決定できるDNA分子はせいぜい数種類であった。一度の解析で

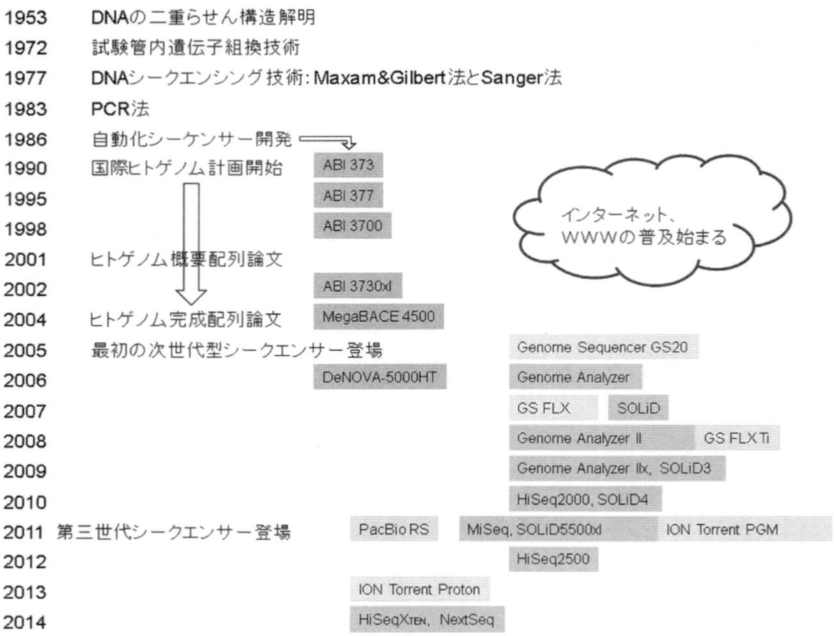


**図１　主要なDNAシークエンサー開発の歴史**

ABI*** (アプライドバイオシステムズ社（現サーモフィッシャー社）と日立製作所の製品), MegaBACE, GS***（ロシュ社の製品), DeNOVA（島津製作所), Genome Analyzer, HiSeq, MiSeq, NextSeq（イルミナ社), ION***（サーモフィッシャー社), PacBiO（パシフィックバイオサイエンス社）

読める塩基数も短く，全行程にかかる時間も長かったため，１年かけて数百塩基程度の配列決定がやっとであった（それでも先見の明のあった先人達により，1980年代の初めには塩基配列データのデータベース化を国際協力で進める機運が生まれていたことは，今にして思えば大きな驚きであると共に幸運なことでもあった)。サンガー法ともいわれる従来手法では，配列決定のためのDNA分子の分離に電気泳動法を利用する。初期の技術では変性ポリアクリルアミドスラブゲル電気泳動法が使われ，後にキャピラリ電気泳動法が導入されて最終型の自動化シークエンサーが出現したのは2003年頃のことであった。2004年に報告されたヒトゲノム完成配列論文は，その技術的集大成でもある[1)]。現在では，基板上に固定化したDNAを増幅し，それを鋳型として逐次的に蛍光標識ヌクレオチドを導入しながらシークエンシングを進める逐次合成方式をとる第２世代シークエンサーが新型シークエンサーの中心となっている（図２，図３)。究極の超並列化は単分子DNAの直接配列決定であろう。単分子DNAのシークエンシングを可能にする第３世代の装置は実用化されたが，第４世代ともいわれる装置については，期待は大きいものの現時点で製品化され市販されているものはない（2014年２月からテスト利用プログラムが始まっている)。

キャピラリ型シークエンサーが使われ続ける理由は，その安定性と出力配列に対する信頼度の評価が確立しているからである。登場してから７年が経過した新型シークエンサー（そろそろ，

図２　国立遺伝学研究所HiSeq2500型シークエンサー室

図３　（左）DNAが固定化され，逐次合成反応が行われる各種のフローセル。左からイルミナGA用，HiSeq2000用，HiSeq2500用，HiSeq2500ラピッドモード用，上がMiSeq用である。（右）逐次合成反応が進行中のフローセル表面の蛍光顕微画像。一つの光点が，固体化されたDNAの位置を示す。

次世代や新型というのもそぐわないような気がするが）であるが，その間に出現したいくつもの方式についてはほぼその評価が定まったように思える。量子効率が高く分離検出が可能な蛍光スペクトルを持つ蛍光標識ヌクレオチドと定量性の高いDNAポリメラーゼの開発がうまくいったことにより，逐次合成法による新型シークエンサーが現時点（2014年）での主流となっている。蛍光標識ヌクレオチドのスペクトル特性を利用して塩基の判定を行うため，他の方法に較べると精度が出やすいのが利点である。原理の詳細については，各メーカーのウェブサイトに詳しいので，ここでは省略する。

## 1.4　ゲノミクスは，総合融合科学である

新型シークエンサーは，配列決定装置であると共に核酸分子の計数装置でもある。分子生物学の中心テーマでもある転写調節，DNA複製，DNA修復に関わる問題で，塩基配列と分子数の問題に還元できるテーマについては，ゲノミクスの新しい手法を適用することにより，細胞レベル，組織レベルでの全体像が見えてくる可能性が高い。欧米を中心に進められているENCODE計画では，これらの伝統的な問題に対し，ゲノミクスの立場からの徹底的なアプローチが試みられている。膨大なデータ量と情報が生み出されているので本節ではあえて解説しないが，興味のある読者は関連サイトを訪問してみると良い（https://genome.ucsc.edu/ENCODE/）。

最後に，筆者が所属する国立遺伝学研究所が中心となって行った，シーラカンスのゲノミクスについて紹介する[2]。個体の入手が困難で既知の遺伝情報がほぼ存在しない野生の生物種に対するゲノム科学のアプローチである。どのようなプロジェクトでも，まず研究の対象と解析のターゲットを定めて，次に，解析に使う試料の状態を知る必要がある。研究室で継代されているモデル研究生物と野生由来の生物材料とではゲノムの状態が大いに異なる可能性があるからだ。野生生物の場合には，生物種そのものに関する知見と生息状況に対する理解も必要である。大部分の野生生物は，それ単独で生活していることはまずない。したがって，得られたゲノム配列の中には，その生物種本来のゲノム配列に加え，共生生物などのゲノム配列が必ず混在する。そのため，それぞれの生物種に適した情報処理が必要となる。これを無視すると，的外れなゲノムを人為的に作り上げてしまうことになるからだ。

シーラカンスの場合には，一時は陸上動物の祖先と考えられ，陸上化のためのプレ段階にある遺伝子群をゲノム中に見つけられることが期待されたこと，進化系統上，条鰭類魚類（メダカなど）と両生類の間を埋めるゲノム情報が得られていなかったこと，形態的にもユニークで個体数の少ない絶滅危惧種であり，インド洋を挟んでアフリカ大陸東岸とインドネシア諸島のみで生息が確認されていること，国内で解析用の材料が入手可能な状態にあったことなどが，プロジェクト推進の原動力であった。とはいうものの，実際のゲノム解読は，試料の状態が予想よりも悪く，理想的とはほど遠い状態で遺伝子モデル作成などの情報解析を行わざるを得なかった。

ゲノム解読は，簡略化して書くと次のように進められることが多い。まず，ゲノム解読用のDNAと遺伝子解析のためのRNAの両方が揃うことが望ましい。ゲノムDNAについては，最終的なゲノム配列を再構成する際に利用するプログラムに合わせて配列データを生産することも考慮する。RNAについても同様である。この段階で，データ量は膨大なものになるのが通例である。シーラカンスゲノムの場合，試行錯誤を重ねたせいもあるが参照用のゲノム配列を構築した個体については900 Gb近い配列データを生産した。配列決定したDNA分子の断片数で90億弱である。シーラカンスの場合には，比較のためにさらに6個体分の配列データも生産したため，データの総量は2.1 Tb，データの個数は200億個を超えた。しかし，これはRNAを含まないゲノムだけについての初期データの量であり，解析が進むにつれてさらに中間データが蓄積する。計算機は，これだけの量のデータについての処理をこなさねばならないのである。通常の生物系研究室では

取り扱うことは不可能な量であり，情報系研究者の協力無しには一歩も進まない。

ビッグデータサイエンスが実をあげるためには，該当分野の研究者と情報系研究者，さらに統計学者との緊密な協力が不可欠であるが，それには相当な時間と，それにもまして双方に相当の忍耐が必要である。

## 1.5　おわりに

19世紀の半ば，オーストリアの修道士が豆の掛け合わせを行い，収穫した豆について色や形の特徴と各々の数とが関係づけられることに気づいた時，生物学は単なる記載の科学を脱却して定量科学の仲間入りを果たした。メンデルが発見したこの関連性は後に20世紀初頭に再発見され，メンデルの「法則」として世に広まることになる。同じ時期にダーウィンが行った生物進化に関する考察が進化「論」として世に紹介されたのとは対照的である。

親から子への生物学的特徴（形質）の受け渡し（遺伝）現象は，かなり以前から人に認識されていたに違いない。理屈はともあれ子は親，兄弟姉妹や親類によく似ているし，人類は家畜や栽培作物を野生生物から作り出し，改良を重ねていた経験の影響も大きいだろう。一方の進化は時間スケールが遙かに大きく，時間の推定には化石頼りの側面もある。おそらく，現在の我々が生きている地球環境は，地球の歴史が試してきた多くの可能性の一つに過ぎないだろうから，再現性も別の意味で困難である。

遺伝情報の流れは，DNA→RNA→タンパク質と表される。もう少し詳しく書くと，DNAの塩基配列として保存されている遺伝情報は，遺伝子ごとに選択的にRNA（mRNA）に転写され，さらにタンパク質のアミノ酸配列へと翻訳される。これが分子生物学におけるセントラルドグマである。ここまでは，どの教科書でも説明されていることであるが，それでは実際の生物種を取り上げたとき，どのような遺伝子をいくつ持ち，それぞれの機能まで完全に解明されている生物は実は存在しない。大腸菌のようなバクテリアでさえ，理解されていないことの方が遙かに多い。むしろ，何がどこまで理解できていないのかということが理解できていないと書く方が妥当かも知れない。生命科学という壮大な謎解きに人々が惹きつけられる大きな理由の一つだろう。

## 文　献

1）International Human Genome Sequencing Consortium, *Nature*, **431**, 931（2004）
2）M. Nikaido *et al.*, *Genome Res.*, **23**, 1740（2013）

## 2 メタゲノミクスの現状と未来

山本 希*1，森 宙史*2，山田拓司*3，黒川 顕*4

### 2.1 メタゲノミクスとは

地球上には動物・植物など，様々な生物が生息している。中でも細菌は，海洋・土壌・大気などの自然環境，食品などの人工環境，ヒトや動物といった宿主内など，多様な環境に生息している。さらに，他の生物が生存困難な熱水などの極限環境を含め，地球上のあらゆる環境に生息可能な生物である。細菌は，ほとんどの環境中で群集を形成しており，個体間および種間さらには環境因子と相互作用し，環境中の物質循環や恒常性維持に重要な役割を果たしている。したがって，環境中での細菌の動態を解明するためには，特定の種を解明するだけでなく，細菌群集を一単位として捉え研究を行うことが必要となる。しかしながら，培養可能な細菌は全細菌の１％未満であるため，培養法により細菌群集の種組成や遺伝子機能およびそれらの動態を明らかにすることは極めて困難である。その解決策として，単一種の分離培養を行わず，群集から丸ごと抽出したDNAを解析することで群集の系統組成や遺伝子機能や動態を明らかにする「メタゲノミクス」が注目されている。この研究の基盤となるメタゲノム解析は，環境を細菌群集の巨大な遺伝子プールと考え，群集を構成する細菌のゲノムを徹底的に解読する手法である。メタゲノム解析では，細菌群集の系統および遺伝子機能組成を明らかにするのみならず，それらが環境変動に伴いどのように変動するかなどの，細菌群集の動態や環境との相互作用などの高度な情報も明らかにすることが可能である。細菌群集由来の遺伝子プールを解析するためには，ハイスループットな次世代シーケンサーの利用が必須であるが，この次世代シーケンサーから産出される塩基配列情報は膨大であるため，細菌群集についての知見を得るためには，高度なバイオインフォマティクス技術が必要となる。

本節では，これまで行われてきたメタゲノム解析によって明らかになった知見を概説した後，メタゲノム解析の手法の概要を解説して現状の課題を明らかにするとともに，それら課題の解決策と今後の展望について述べる。

### 2.2 これまでの研究成果

「メタゲノム」の概念は古く，次世代シーケンサーが登場する以前の1998年に提唱され[1]，2000年には具体的な解析手法の提案がなされていた[2]。これまでに海水，土壌，大気，活性汚泥，発酵食品，動物体内，熱水など，様々な環境において細菌群集のメタゲノム解析が行われている。これらの配列データは公共の塩基配列DBに登録されており，その登録数は，メタゲノム解析デ

---

＊1 Nozomi Yamamoto 東京工業大学 大学院生命理工学研究科 産学官連携研究員

＊2 Hiroshi Mori 東京工業大学 大学院生命理工学研究科 助教

＊3 Takuji Yamada 東京工業大学 大学院生命理工学研究科 講師

＊4 Ken Kurokawa 東京工業大学 地球生命研究所 教授

ータと，細菌群集の系統組成を16S rRNA遺伝子などの系統マーカー遺伝子のみをPCR後シーケンスするメタ16S解析のデータとを合わせると，2,149プロジェクト，42,042サンプルに及ぶ[3)]。

次世代シーケンサーの普及によって様々な環境のメタゲノム解析が盛んに行われているが，最も研究が進んでいるのはヒトの常在細菌群集である。腸内や皮膚など，ヒトの器官の多くには細菌群集が生息しており，宿主であるヒトと密接な関係を築いている。例えば腸内には数百種以上の細菌が生息しており，腸内におけるビタミンや二次胆汁酸の生合成，難分解性多糖類の代謝の一部を担う一方で，特定の腸疾患と深く関連していることも示されつつある[4)]。このため，ヒト常在細菌群集のメタゲノム解析を行うことで，ヒトの健康と細菌群集の関連に基づく健康状態の評価，細菌群集制御による疾患治療や発症予防などへの応用が期待できる。日本国内では，2007年に大規模なヒト腸内細菌メタゲノム解析が世界に先駆けて行われ，乳児から大人までの13人の健常な日本人を対象とし，計727 Mbの塩基配列が得られた[5)]。ヒト間の比較解析では，乳児の腸内細菌群集は単純であるが個人差が大きいこと，乳児以外の場合は複雑な細菌群集を持つがヒト間で系統および遺伝子機能組成が互いに類似していることなどが示されている[5)]。その後，欧米ではヒト常在細菌群集のメタゲノム解析を行う巨大な研究プロジェクトが相次いで立ち上がり，2008年に米国で開始されたHuman Microbiome Project（HMP）[6)]ではPilot Projectとして，242人の米国人から口腔内，皮膚，腸内など18カ所からサンプルを採取し，メタゲノム解析を行った結果が発表されている[7)]。これらの基盤となるヒト常在細菌群集のメタゲノム解析データを基に，これまでに肥満や食生活と腸内細菌との関係[8)]，免疫不全症候群と皮膚細菌[9)]など，様々な関連研究が行われて成果が発表されている。同様に欧州ではMetagenomics of the Human Intestinal Tract（MetaHIT）[10)]が立ち上がり，ヒトの健康と疾患における細菌遺伝子の関連を解明することを目的に，まず欧州人124人の腸内細菌群集のメタゲノム解析を行い，576.7 Gbの塩基配列から330万個の遺伝子が報告された[11)]。疾患としては特にクローン病と潰瘍性大腸炎に注目し，患者の腸内細菌群集は健常人とは大きく異なり細菌群集の安定性が非常に低いことを遺伝子プールレベルで詳細に示した[11)]。またヒト腸内細菌群集が人種や性別に依存せず，大きく3つのタイプ（Enterotype）に分類できることも示している[12)]。

一方，海洋や土壌などの自然環境におけるメタゲノム解析は，2004年にJ. Craig Venterらによって行われたSargasso海の細菌群集を対象とした大規模メタゲノム解析[13)]を筆頭に，その後水圏を中心に，多様な環境においてメタゲノム研究が行われている。特に2011年にはEarth Microbiome Project（EMP）が立ち上がり，海洋，深海，土壌，大気，動物，淡水，極限環境，温泉など地球上20万カ所のサンプルを対象としたメタゲノム解析が現在進行中である[14)]。このEMPでは，地球上の様々な環境に生息する細菌群集の系統組成と遺伝子機能組成，さらには各環境の詳細な環境因子（環境メタデータ）の記述を行うことで，様々な環境メタデータと細菌群集組成の相関解析により，細菌群集の組成に影響を与える環境メタデータの推定を行うことなどを目的としている。現在既に20,283サンプルの解析を実施しており，大規模統計解析により，地球環境とそこに存在する細菌群集との相関関係が明らかになりつつある。

また，ヒトを取り巻く環境に存在する細菌群集を解析し，異なる研究分野へ微生物学の知見を応用する試みも行われつつある。2012年に立ち上がったHospital Microbiome Project[15]では，病院内での患者や病院関係者の移動が，院内環境における細菌群集に与える影響や，建築資材による細菌群集の制御などを明らかにするために，新たに建設される病院の患者および関係者，院内の大気，水，建築物表面の細菌群集の解析を始めている。

### 2.3　メタゲノム解析の手順

メタゲノム解析は，①DNA抽出，②シーケンシング，③配列データのアセンブル，④群集の系統組成および遺伝子機能組成の推定，⑤サンプル間の系統組成および遺伝子機能組成の比較解析，という手順で解析を行う（図１）。以下，それぞれの手順における概要や注意点を記述する。

#### 2.3.1　DNA抽出

同じ環境由来のサンプルであってもDNA抽出法が異なると，特定の系統由来の配列が一方のサンプルではほとんど見つからないなどの影響を解析結果に与える場合もあるため，原則としてDNA抽出法は比較したいサンプル間で同一の手法にすべきである。なお，どのような物理的および化学的な性質を持った環境由来のサンプルなのか，一部の古細菌など細胞の性質によってDNA抽出が難しい細菌が存在するか否か，ヒト皮膚や葉の表面など宿主のDNAがどの程度混ざる可能性があるのかなどの様々な要因によって適したDNA抽出法は変わるため，世界標準となるようなDNA抽出法は今の所存在しないので，例えば比較対象とする先行研究と同一の処理を行うなど，解析対象のサンプル群に適したDNA抽出法を検討し慎重に選択する必要がある。

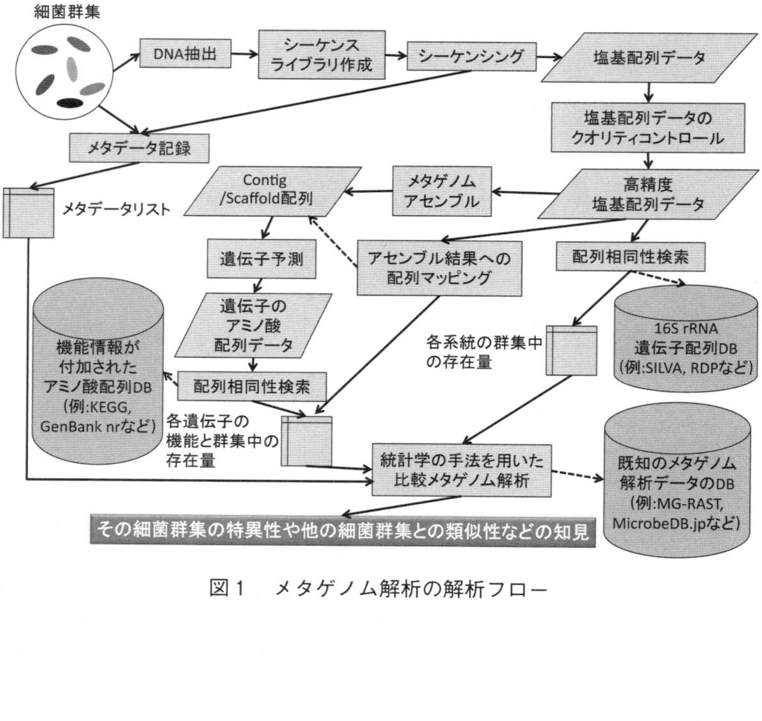


図１　メタゲノム解析の解析フロー

### 2.3.2　シーケンシング

メタゲノム解析でどのシーケンサーを用いてどれくらいシーケンスすべきかは，対象とするサンプルの種の多様性や菌数に大きく依存する。本節執筆時点において，系統組成が単純で配列の多様性が低いサンプルの場合は，シーケンス可能な配列の本数が1 runあたり数千万本程度，各配列の長さが約300～350 base程度でrunあたりのコストも低いIllumina社のMiSeqがよく利用されている。一方，土壌などの系統組成が複雑で配列の多様性が高いサンプルでは，1 runあたり十億本以上シーケンス可能なIllumina社のHiSeqを用いたハイスループットなシーケンサーを利用する場合が多い。MiSeq，HiSeqともに，paired-endやmate pairライブラリーに対応しており，それらpair情報をアセンブルの際に用いることでContig scaffoldingが可能となるので，十分なDNA量が確保できており，コストがそれほど問題にならないのであれば，pairの情報を利用可能なpaired-end，さらにはmate pairライブラリーを用意することが望ましい。また，メタゲノム解析に限った話ではないが，ライブラリーの種類やDNA量によっては，シーケンス前に何十サイクルもPCRを行う場合もあり，その過程で多数のPCR duplicateによる配列が生成されてしまう。PCRによって生成される各配列のPCR duplicateの頻度は，配列ごとのPCRのかかりやすさなどに依存して元のサンプル中の各配列の存在頻度とは大きく異なる場合もあるため，解析を行う過程でPCR duplicateは*in silico*で除外することが必要となる。1 runあたりのシーケンスデータから得られる情報量を増やすために，シーケンスの際は，PCRのサイクル数を可能な限り少なくするか，PCR freeのシーケンス調整試薬を利用することが重要である。

### 2.3.3　配列データのアセンブル

メタゲノム解析では，シーケンシングにより得られた全配列をアセンブルすることなくデータベース相手に配列相同性検索をする場合と，全配列を使用してアセンブルした後に配列相同性検索をする場合の2通りの手法が広く用いられてきた。しかしながら，シーケンサーの性能向上により得られる配列データが大量になったため，全配列を使用してアセンブルする手法が主流となっている。アセンブルに際しては，シーケンス精度が低い配列やPCR duplicate，アダプター配列などが悪影響を与えるため，これらの影響を排除することを目的とした，配列データのクオリティコントロールを適切に行うことが必須である。メタゲノムのアセンブルにおいては，群集中で各細菌の存在量が異なり，それら各細菌に由来する配列の割合も異なるため，一般的なゲノムアセンブルソフトウェアを用いてもうまくアセンブルすることができない。メタゲノムのアセンブルの際は，存在量が異なる多種のゲノムが混在した配列データから，シーケンスデプスを考慮しつつアセンブルを行うことを可能とする，IDBA-UD[16)]やRay-Meta[17)]などのメタゲノム用に開発されたアセンブルソフトウェアを用いることが重要である。しかしながら，それらのメタゲノム用のアセンブルソフトウェアを用いても，アセンブル時のパラメータの最適化はもちろん，アセンブルおよびScaffoldingに用いる配列セットの選択など，解析対象とする群集の組成によってもそれらの条件が大きく異なるため，アセンブル時のパラメータを変えてTry and Errorを繰り返し最良のアセンブル結果を導き出すことが要求される。

### 2.3.4　群集の系統組成および遺伝子機能組成の推定

遺伝子機能組成の推定のためには，アセンブルにより得られたContig配列またはScaffold配列から，高精度に遺伝子領域を予測可能なMetaGeneMark[18]やMetaGeneAnnotator[19]などのツールを用いて，まずは遺伝子領域を予測する必要がある。予測された遺伝子の機能アノテーションには，そのアミノ酸配列を用いて，KEGG[20]やGenBank nrデータベースなどを対象にBLASTP[21]などの配列相同性検索ソフトウェアで配列相同性検索を行い，任意のスコア以上で相同であったデータベース中の遺伝子機能情報を，そのメタゲノム由来遺伝子の機能情報として付加する。さらに，各遺伝子の群集中での存在量を推定するために，全てのContigまたはScaffold配列を対象として，シーケンスされた全配列をBowtie2[22]やBWA-MEM[23]などのソフトウェアでマッピングし，予測された遺伝子が何本の配列によりアセンブルされているかを解析するプロセスが必要になる。

群集の系統組成解析においては，全配列を細菌のゲノム・ドラフトゲノム配列に対してBLAT[24]やBowtie2などでマッピングし，どのゲノムにどの程度配列がマッピングされたのかを集計し，群集の系統組成を推定する手法が一般的である。しかしながら，既に細菌のゲノム・ドラフトゲノム配列のマルチFASTA形式のファイルサイズは50 GBを超えており，これを相手に数十GBの配列をマッピングすることは高度な計算機環境が無い限り困難である。そのため，系統マーカー遺伝子として広く利用されている16S rRNA遺伝子をターゲットとし，全配列をSILVA[25]やGreenGenes[26]，RDP[27]などの16S rRNA配列を中心に蓄積しているデータベースを対象としてBLASTNなどで配列相同性検索し，その結果を基に系統組成を集計する手法が主流となりつつある。ただし，SILVAやGreenGenes，RDPなどの16S rRNA遺伝子配列のデータベースには，16S rRNA遺伝子だけではなく，23S rRNA遺伝子やtRNA遺伝子，16S rRNA遺伝子と23S rRNA遺伝子の間のIntergenic Transcribed Sequence（ITS）領域の一部も少なからず混ざっているため，正確な系統組成の推定を行う際には注意が必要である。正確な系統組成推定のためには，paired-endシーケンスが利用できる場合には，BLASTNの結果からpairの両配列が同じ属や科などの系統に分類できるか否か，pairの情報が使えない場合には，特定のデータベース配列の特定の領域のみに配列が多数Hitしているものがあるか否かなどで，配列相同性検索の結果をフィルタリングする必要がある。

### 2.3.5　サンプル間の系統組成および遺伝子機能組成の比較解析

メタゲノム解析の結果も，ゲノム解析の場合と同様，他のデータと比較することでその群集の特徴をより詳細に明らかにすることが可能となる。したがって，得られた系統組成や遺伝子機能組成を，類似した環境由来の細菌群集のメタゲノム解析データと比較することが重要になる。しかし，公共の配列データベース中に登録されて公開されているメタゲノムデータは既に数万サンプル以上になるため，比較対象とすべきメタゲノムデータをその中から検索し，かつそれらのメタゲノムデータを同様の解析手法により系統組成と遺伝子機能組成を推定した後に比較解析することが困難になりつつある。

## 2.4　メタゲノム解析の課題

比較メタゲノム解析を効果的に行うためには，各メタゲノム解析のデータがどのようなサンプルから得られたのか，どのような実験手法により解析されたのか，といったサンプルに関する環境の情報や実験の情報が必要である。これらの配列に付属する様々な情報はメタデータと呼ばれ，塩基配列データとともにDBに登録される。しかしながら，メタデータの種類や記述方法は個々の研究者によって異なり，複数のメタゲノムプロジェクト間でどのような情報をどのように記述するかが統一されておらず，比較メタゲノム解析を行う上で，現在大きな問題となっている。また，ヒト腸内や海洋といった，メタデータとして必要な環境データの種類が異なる場合，メタデータの統一基準をどのように作成するかという難しさが残っている。現在Genomic Standards Consortium（GSC）が，メタゲノム解析におけるメタデータの記述の統一，およびDBへのメタデータの登録項目として最低限必要な項目リストの作成などを行っているが[28]，公共塩基配列DBにデータを登録する際に，それらのメタデータの項目リストは未だ入力は必須ではないため，あまり利用されていないのが現状である。比較メタゲノム解析においては，配列データのみならずメタデータが特に重要となるため，メタゲノムデータおよびメタデータの整備が急務である。

また，個々のメタゲノム解析データは公共DB中では単なる配列の集合として公開されており，個々の配列がどのような系統のどのような遺伝子由来であるのかなどの情報は付加されていない。したがって，研究者が自らのメタゲノム解析データとデータベース中のメタゲノム解析データを比較する場合には，サンプルあたり数十GBほどの配列データをダウンロードした後，同一のプロトコルで解析して系統組成と遺伝子機能組成を集計するという非常に敷居が高いステップが必要になる。

ゲノム解析においては，公開されたゲノム配列を再利用することで容易に比較ゲノム解析が可能となるが，メタゲノムデータに関しては，上述した通り，公開されているメタゲノムデータを再利用することが困難であるため，比較メタゲノム解析が極めて困難な状況となっている。このことがメタゲノム解析における最大の課題となっている。この再利用性についての課題を解決し，比較メタゲノム解析を容易に行えるようにすることが，メタゲノミクスの将来の発展には不可欠である。

## 2.5　ゲノム・メタゲノム情報を基盤とした微生物統合DB

筆者らは，JST National Bioscience Database Center（NBDC）の統合化推進プログラムで，2011年度〜2013年度までの3年間でゲノムやメタゲノム情報を基盤とした微生物の統合データベースであるMicrobeDB.jpを構築してきた（図2）[29]。MicrobeDB.jpでは，上記のメタゲノム解析データの再利用性を高めることを目標の一つとして研究開発を行ってきた。ここではMicrobeDB.jpでのメタゲノミクス関連の研究開発に焦点を絞って概要を解説する。

### 2.5.1　他のデータとの柔軟な接続性

MicrobeDB.jpでは，微生物学以外の分野のデータと容易にデータを統合できるように，ゲノム

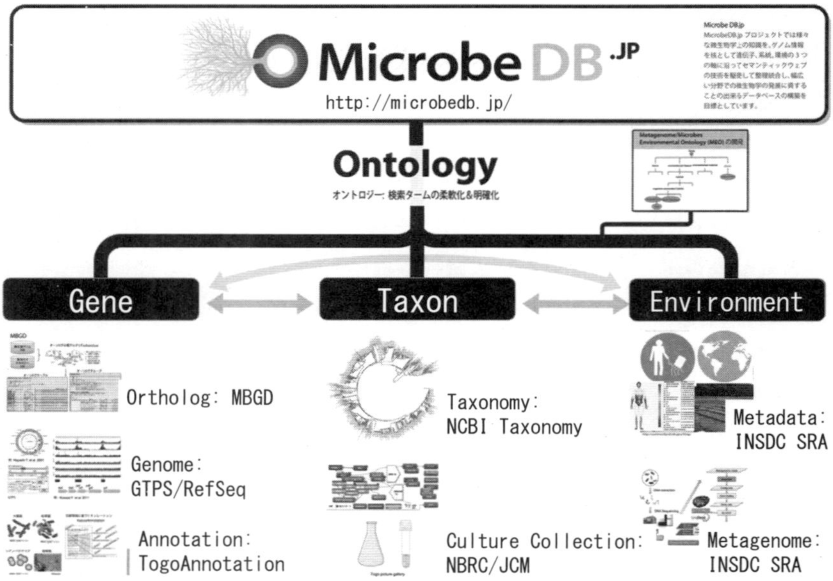


図２　微生物統合DB「MicrobeDB.jp」の概念

やメタゲノム，系統，個別の細菌の株などに付随する様々な情報を，セマンティックWebの技術を用いてResource Description Framework（RDF）で記述した。RDFは，データを主語，述語，目的語の三つ組みで表現するデータモデルであり，様々な分野の多様なデータを記述する際に利用可能なデータモデルである。MicrobeDB.jpでは，全てのデータをRDFで記述し，グローバルにユニークなIDであるUniversal Resource Identifier（URI）を個別のデータを指し示すIDとして用いることで，異なるデータ間のデータ形式の違いの問題とIDが異なることによる問題を解決し，微生物に関する様々なデータを統合する技術的な基盤を構築している。

### 2.5.2　メタデータのオントロジーへの対応付け

比較メタゲノム解析によって細菌群集の系統および遺伝子機能組成に影響を与える環境パラメータの推定を行うなどの研究を行う上で，サンプルによって記述されているメタデータの種類が異なるとともに，同義語や類義語が多数存在するなどの問題があるメタゲノム解析のメタデータを整理するために，メタデータとしてデータベースに登録されている語彙を収集し，語彙の意味から語彙同士の関係性（同義関係や包含関係など）を定義して階層構造で記述したオントロジーを構築した。MicrobeDB.jpで構築したオントロジーとしては，微生物の生息環境に関する語彙を整理したMetagenome and Microbes Environmental Ontology（MEO）[30]，微生物の生息環境を温度やpHなどの数値データでより詳細に記述する際に必要な語彙を整理したMetagenome Sample Vocabulary（MSV），感染症名や症状を記述する際に必要な語彙を整理したPathogenic Disease Ontology（PDO）およびClinical Signs and Symptoms Ontology（CSSO）などがあり，既存の

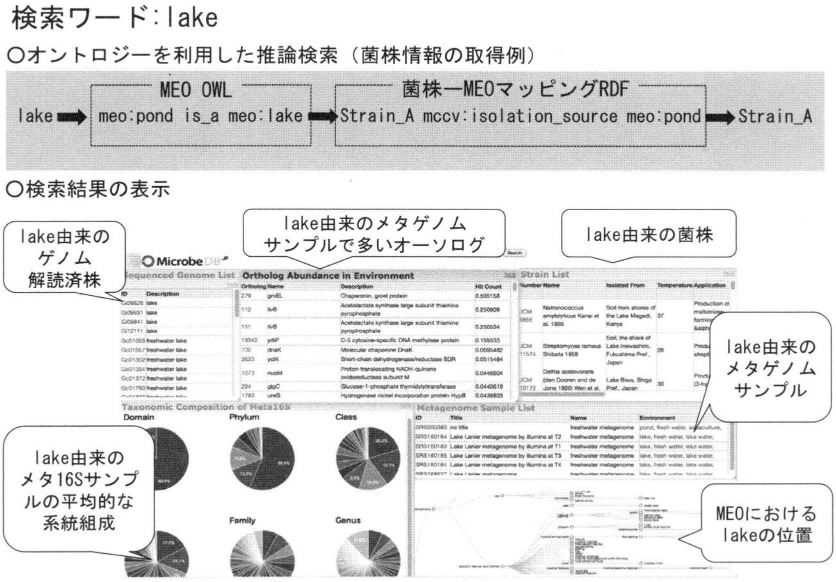


図3　MicrobeDB.jpに対する検索語「lake」での統合検索結果

メタゲノム解析データのメタデータをこれらのオントロジーに対応付けた結果をRDF化することで，環境語句の同義語検索や推論検索による高度な情報検索を可能としている。例えば「lake」で検索した場合，この語句にマッピングされているメタゲノム解析データだけでなく，lakeの関連語句である「pond」に関連するメタゲノム解析データも結果として取得することが可能である（図3）。

### 2.5.3　メタゲノムの統一的な解析

MicrobeDB.jpでは，公共の塩基配列データベースから取得した既存のメタゲノム解析データを，全てのサンプルを同じ解析手法で解析した結果の系統組成と遺伝子機能組成を公開している。また，自分のメタゲノム解析データをアップロードして解析し，MicrobeDB.jp内の既存のメタゲノム解析データと系統組成や遺伝子機能組成を比較解析可能な解析Webアプリケーションである，MetaGenome Annotation Pipeline（MeGAP）[31]も開発して公開しており，自分のメタゲノム解析データと既存のメタゲノム解析データ間で一通りの比較解析を簡便に行うことが可能である。

## 2.6　今後の展望

メタゲノム解析により得られるデータは，細菌群集由来の膨大な遺伝子配列情報のみならず，それら細菌群集を取り巻く環境を表現する環境メタデータにより構成されており，このことがゲノムデータなどこれまでの生命科学における遺伝子配列情報とは大きく異なるメタゲノムデータの性質を特徴付けている。ゲノムデータなどの遺伝子配列情報は，生命科学において基盤となるデータであるため，遺伝子機能や系統分類など様々な生命科学データとリンクすることが可能である。一方で，メタゲノムデータは環境メタデータを保持していることで，生命科学だけでなく，環境を軸として生命科学の枠を超えた異分野のデータとリンクさせることが実現可能となる。すなわち，メタゲノム解析により得られるデータは，これまでの生命科学で利用されている単なる遺伝子配列情報という範疇を超越した，全く新規のデータであるといえよう。我々は，この斬新なデータをいかにして有効に利用することができるか，今後も徹底的に追求していく必要がある。

すでにUSBメモリサイズの次世代シーケンサーも限定的に流通が開始されており，近い将来，我々を取り巻く環境において，気温や気圧といった簡便な環境因子の測定と同様に，日常的かつリアルタイムでの細菌群集のメタゲノム解析が実施されるようになるだろう。例えば，皮膚メタゲノム解析による，その日の肌の状態に適した化粧品の選択や，起床後の唾液をメタゲノム解析することで，最適な歯磨き粉を選択できるようになるだろう。しかし，このようにメタゲノムデータが社会に浸透した場合，本節で解説した解析手法では，科学的に高精度な結果は得られるものの，社会生活で必要とされるリアルタイム性を満足させることは到底実現できない。メタゲノムデータをより有効に社会活用するためには，遺伝子配列が持っている情報を圧縮し，配列相同性検索などで得られる生物学的知識に依存しない，新たな指標を作り出す必要が出てくるであろう。それこそが真の意味でのメタゲノム解析であり，遺伝子情報を生命科学分野から解放し，社会に広く浸透させる「遺伝情報立脚型社会」の構築へと導くものである。

## 文　　献


1) J. Handelsman *et al., Chem. Biol.,* **5**, 245 (1998)
2) O. Béjà *et al., Environ. Microbiol.,* **2**, 516 (2000)
3) The Sequence Read Archive (SRA), http://www.ncbi.nlm.nih.gov/Traces/sra/ (accessed 2-11-2014)
4) C. Manichanh *et al., Nat. Rev. Gastroentero.,* **5**, 599 (2012)
5) K. Kurokawa *et al., Genome Res.,* **14**, 169 (2007)
6) Human Microbiome Project (HMP), http://commonfund.nih.gov/hmp/ (accessed 2-11-2014)
7) B. A. Methé *et al., Nature,* **486**, 215 (2012)
8) P. J. Turnbaugh *et al., Nature,* **457**, 480 (2009)
9) J. Oh *et al., Genome Res.,* **23**, 2103 (2013)
10) Metagenomics of the Human Intestinal Tract (MetaHIT), http://www.metahit.eu/ (accessed 2-11-2014)
11) J. Qin *et al., Nature,* **464**, 59 (2010)
12) M. Arumugam *et al., Nature,* **473**, 174 (2011)

13) J. C. Venter *et al.*, *Science*, **304**, 66 (2004)
14) Earth Microbiome Project (EMP), http://www.earthmicrobiome.org/ (accessed 2-11-2014)
15) Hospital Microbiome Project, http://hospitalmicrobiome.com/ (accessed 2-11-2014)
16) Y. Peng *et al.*, *Bioinfomatics*, **28**, 1420 (2012)
17) S. Boisvert *et al.*, *Genome Biol.*, **13**, R122 (2012)
18) W. Zhu *et al.*, *Nucl. Acids Res.*, **38**, e132 (2010)
19) H. Noguchi *et al.*, *DNA Res.*, **15**, 387 (2008)
20) KEGG: Kyoto Encyclopedia of Genes and Genomes, http://www.genome.jp/kegg/ (accessed 2-11-2014)
21) S. F. Altschul *et al.*, *J. Mol. Biol.*, **215**, 403 (1990)
22) B. Langmead and S. Salzberg, *Nat. Methods*, **9**, 357 (2012)
23) H. Li and R. Durbin, *Bioinfomatics*, **25**, 1754 (2009)
24) W. J. Kent, *Genome Res.*, **2**, 656 (2002)
25) T. Z. DeSantis *et al.*, *Appl. Environ. Microbiol.*, **72**, 5069 (2006)
26) E. Pruesse *et al.*, *Nucl. Acids Res.*, **35**, 7188 (2007)
27) B. L. Maidak *et al.*, *Nucl. Acids Res.*, **29**, 173 (2001)
28) Genomic Standards Consortium, http://gensc.org/ (accessed 2-11-2014)
29) 微生物統合データベースMicrobeDB.jp, http://microbedb.jp/MDB/ (accessed 2-11-2014)
30) Metagenome and Microbes Environmental Ontology (MEO), http://bioportal.bioontology.org/ontologies/MEO (accessed 2-11-2014)
31) MetaGenome Annotation Pipeline (MeGAP), http://fs2.bio.titech.ac.jp/megap (accessed 2-11-2014)

## 3　次世代プロテオーム解析に向けた分離モノリスの開発

森坂裕信*1，水口博義*2，植田充美*3

### 3.1　はじめに

様々な生物のゲノム解読が完了し，ポストゲノム科学への展開が活発になっている。ゲノム情報は多くの知見を与えてくれたが，生体内で実際に分子反応（生命現象）を担っているのは酵素や転写因子などタンパク質であり，より直接的に生命現象を解析するプロテオーム解析が注目を集めている。

### 3.2　プロテオーム解析システムの現状と課題点

現在のプロテオーム解析手法に関しては，液体クロマトグラフィーと質量分析をオンライン接続したLC/MSや2次元電気泳動と質量分析の組み合わせなどによるタンパク質分解ペプチドの測定が主流である。ゲノム完全解読に高性能DNAシーケンサーが必須であったように，完全な次世代プロテオーム解析にも同様に高性能測定システムの開発が重要である。現状のシステムでは，検出器に質量分析計を用いるため，完全な解析を行うためには，「分離」の高性能化が必須である。

2002年度ノーベル化学賞が「生体高分子の同定および構造解析のための手法の開発」に与えられたことを契機に，質量分析計の開発は著しく進み，分解能やスキャン速度が飛躍的に向上した。これらを背景にショットガン法[1)]に代表される高性能解析システムが開発されたが，プロテオーム解析では非常に複雑な試料を測定する必要があるのでイオン化抑制による検出感度の低下が課題となり，完全な高等生物のプロテオーム一斉解析は達成されていない。イオン化抑制とは，現状の質量分析計において最も大きな問題点の一つであり，単一（きれいな状態）ではイオン化される物質であってもイオン化される際に夾雑成分がある場合，イオン化自体が抑制される効果である（図1）。つまり，質量分析では試料中に物質が存在していてもイオン化されなければ結果的には検出されないので，測定試料が非常に複雑，且つ，ダイナミックレンジが広いプロテオーム解析においては，量の少ないタンパク質由来のペプチドが量の多いペプチドにマスクされてしまうリスクが高い。しかし，この抑制効果は，イオン化する瞬間に多数の分子種が存在することにより起こるので，液体クロマトグラフィーなどにより予めイオン化前に試料の複雑さを軽減できれば，回避できることが容易に予想できる。実際に，出芽酵母を対象とし徹底的な前処理を行うことにより発現プロテオームの完全な解析を達成した報告がある[2)]。細胞内分画などによるタンパク質分画，電気泳動によるペプチド分画を行い，試料を400以上にも分画した後，最新鋭の測定システムにより約40日間かけて質量測定を行った結果，別法で発現が確認されている4,000種以上

---

＊1　Hironobu Morisaka　京都大学大学院　農学研究科　応用生命科学専攻　助教
＊2　Hiroyoshi Minakuchi　㈱京都モノテック　代表取締役
＊3　Mitsuyoshi Ueda　京都大学大学院　農学研究科　応用生命科学専攻　教授

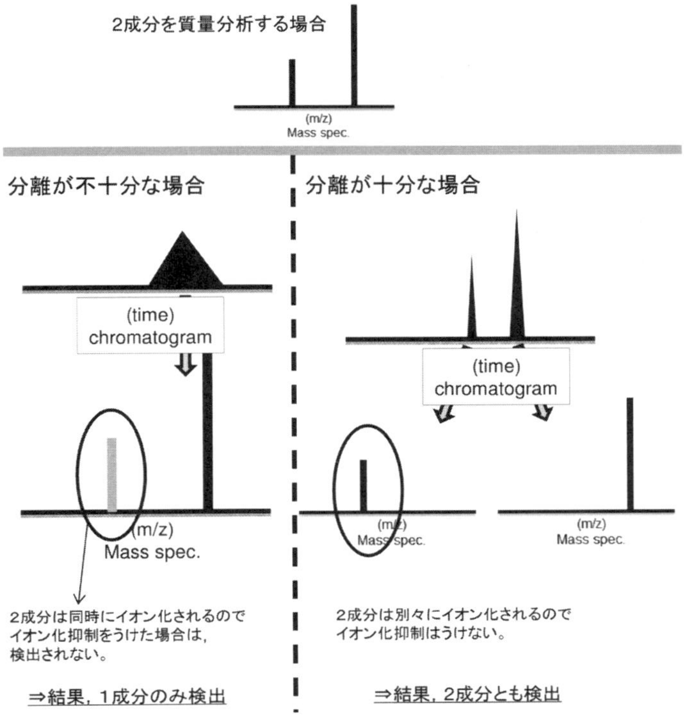


図1　イオン化抑制効果による検出数の減少

のタンパク質の同定・定量を達成している。このように，現状のプロテオーム解析では質量分析計の高性能化だけではなく，細胞分画などの試料調製法や質量分析前の分離技術も非常に重要なファクターである。

## 3.3　液体クロマトグラフィー分離の高性能化

前述したようにプロテオーム解析では「分離」が非常に重要な因子であるが，液体クロマトグラフィーがその代表として挙げられる。その中でも，キャピラリーカラムを用いるnano-LCは質量分析計との相性もよく，ショットガン法にも適用されている。

一般に，液体クロマトグラフィーの分離媒体としては，多孔性の化学修飾型シリカゲルや有機ポリマーの微小粒子をステンレス製のパイプに均一に充填されたカラムが用いられている（図2(A)）。クロマトグラフィーにおいて溶質は移動相中あるいは固定相中での拡散，また固定相との吸脱着を繰り返しながら移動相により輸送される。これらの流れ，拡散，物質移動の三つの要素がピーク拡がりに寄与するが，Giddingsは充填状態に基づく分散と物質移動に基づく分散が独立しないとの考えから，カラム性能の指標となるバンド拡がりを示す理論段高（$H$）と理論段数（$N$）を次式により示した[3)]。

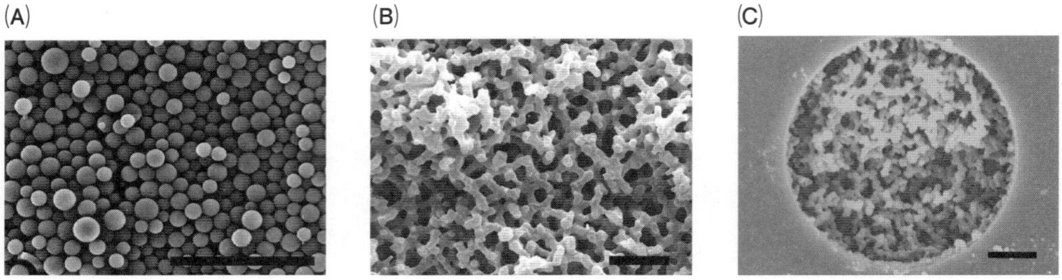


**図２　カラム担体構造の電子走査型顕微鏡写真**

(A)粒子充填カラム（Bar：50 μm），(B)シリカモノリスカラム（Bar：10 μm），
(C)シリカモノリスキャピラリーカラム断面（Bar：10 μm）

$$H = \frac{1}{\left(\frac{1}{C_e d_p}\right) + \left(\frac{D_m}{C_m d_p^2 u}\right)} + \frac{C_d D_m}{u} + \frac{C_{sm} d_p^2 u}{D_m} \quad ; \quad H = \frac{L}{N}$$

$d_p$：粒子径，$u$：線速度，$D_m$：拡散係数，
$C_X$：それぞれの項の物質移動に関する係数，$L$：カラム長

バンド拡がりを小さくするとピーク幅が細くなり分離能が向上する，つまり理論段数の高いカラムを使用すれば良好な分離結果が得られる（図３）。液体クロマトグラフィーにおける性能評価は，一般的に，理論段高と線速度によるvan Deemter plotで示されるが，実験的に最適化された各係数を用い，この式より算出した各粒子径のプロットをみると（図４），充填剤粒子の微粒子化により高性能化（低い理論段高）が達成されることが予想できる。実際に，液体クロマトグラフィーが開発された1970年代は粒子径10ミクロンの充填剤粒子（理論段数：数千段）を用いていたが，現在の汎用的なシステムでは粒子径３～５ミクロンの充填剤粒子を用いて理論段数１～2.5万段を達成している。しかし，微粒子化は移動相の流路となる粒子間隙を狭くしカラム負荷圧の増

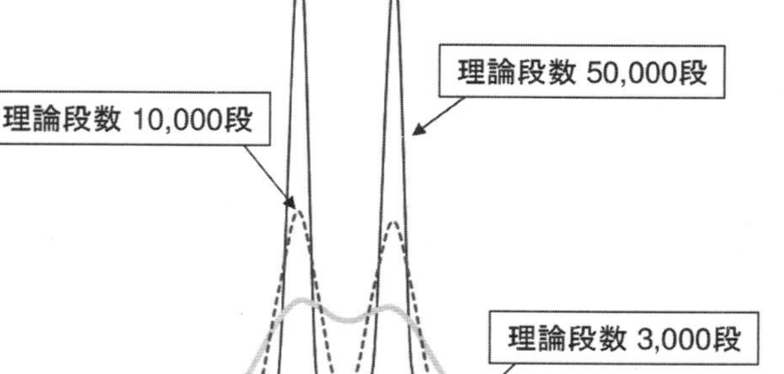


**図３　理論段数増加による分離の改善**

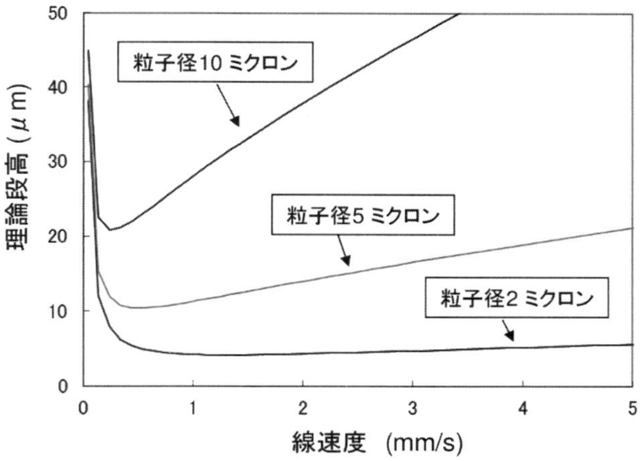


図４　粒子充填型カラムのvan Deemter plot
充填剤粒子径：２，５，10ミクロン

大を伴うので，一般的なシステムにおいては装置的制約から圧力限界が存在し，長さの短いカラムを用いたり移動相流速を遅くした使用条件を用いたりしなければならない。以上のことから，実際的な超高性能分離は困難であったので，これを克服するために新しい分離媒体や高耐圧装置の開発が行われた。

### ３.４　新素材モノリスカラム

従来の粒子充填型カラムに代わる革新的分離素材として注目を集めているのがモノリスカラムである[4)]。モノリスカラムは流路／骨格比が大きなネットワーク構造を有し（図２(B)），その担体素材としては充填剤粒子と同様に有機ポリマー系，シリカ系が報告されている。また，この特徴的な構造から高い空隙率（85％以上）を示すので，粒子充填型カラム（空隙率：約60％）と比較して低圧での送液が可能である。

中西，水口らはアルコキシシランを水溶性高分子共存下で加水分解，重合させ，塩基により多孔質化させることにより，シリカモノリスが調製できることを報告した[5)]。また，フューズドシリカキャピラリー中でも，キャピラリー内壁とシリカモノリス担体を共有結合させ（図２(C)），直接シリカモノリスキャピラリーカラムとして使用できることが報告されている[6)]。また，モノリスの骨格構造と分離性能の相関を解析した結果，シリカ骨格径が細くなるほどカラム性能が上昇する傾向が得られた[7)]。以上のことから，シリカモノリスカラムのシリカ骨格径は粒子充填型カラムの充填剤粒子径に相当するが，モノリスでは骨格径を小径化しても流路径を大きく保てるので（図５），カラム負加圧上昇の影響が少ない高性能化が可能であることが示唆された。

液体クロマトグラフィーにおける性能評価にはvan Deemter plotがよく用いられるが，測定圧力が考慮されていないので，実際の分析時間や限界的な性能を表すことができない。そこで，圧力条件を20 MPa（一般的な装置の上限圧力）に設定し圧力項を加味したkinetic plot[8]により，モノリスカラムと粒子充填型カラムの限界性能評価を行った（図6）。このプロットは目標性能（理論段数）と圧力条件を設定すれば，最適な測定条件が分かるので非常に便利である。例えば，汎用的な5ミクロンの粒子充填カラムを用いて理論段数1万段を達成したい場合，$\log(t_0/N)=-2.13$となるので，$t_0$（保持の無い溶質の溶出時間）は74秒となる。同様に5万段なら約1,000秒，10万段なら約7,000秒というように最適な測定条件が簡単に予想でき，さらに，10万段以上では急激に時間効率が悪くなることもわかる。また，このプロットの漸近線はその条件で達成できる理論段

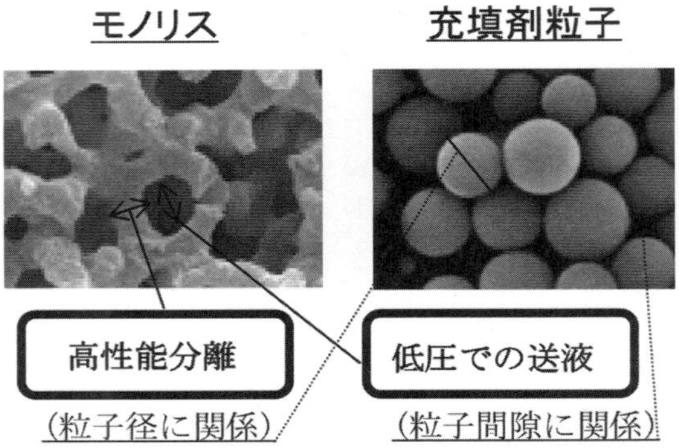


図5　モノリス構造と従来の充填剤粒子の比較

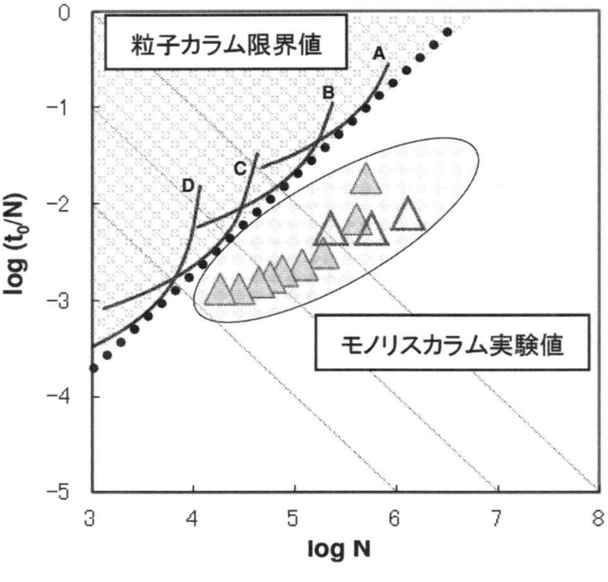


図6　実用的なカラム性能評価のためのkinetic plot
充填剤粒子径A：10，B：5，C：2，D：1ミクロン

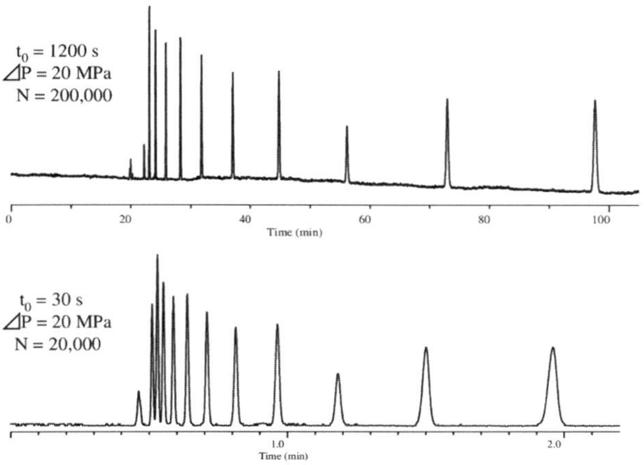


図７　モノリスカラムを用いた高性能，高速分離クロマトグラム

数の最大値を示すので，５ミクロンの粒子充填カラムを用い20 MPaで測定する場合，理論段数100万段は達成できないことを示している。以上のことから，この条件では，理論段数１～10万段の分離を達成するような測定条件が実用的である。一方，モノリスカラムの実験値は，粒子充填カラムのものより右下にプロットされていることから，従来の粒子充填型カラムの限界を超える高性能分離が期待できる。実際に，$t_0$＝1,200秒で理論段数20万段，$t_0$＝30秒で２万段という従来の粒子充填型カラムの限界を超える分離を達成している（図７）。この結果より，一般的な粒子充填型カラムと比較して同等の圧力において約10倍，同等の時間制限において1.5～３倍の理論段数の発現が可能となると期待される。

また，近年開発されたUPLC（Ultra Performance Liquid Chromatography, Waters）の高圧ポンプを併用することにより，ロングモノリスカラム（５メートル以上）が使用可能となり，実用的な保持のある測定条件で理論段数100万段以上を達成している[9)]。このようにモノリスカラムは，kinetic plotから特に，高理論段数領域で有利であることが示唆され，分析時間効率よりも超高性能分離が要求されるプロテオーム解析に最適である。

### 3.5　モノリスカラムを用いた次世代型プロテオーム解析

近年，メートル長のモノリスカラムと緩やかな勾配溶出を組み合わせたプロテオーム解析への適用例が多数報告されており，その測定対象も，大腸菌[10)]，根粒菌[11)]，感染症[12,13)]，バイオマス研究用微生物[14,15)]，線虫[16)]，iPS細胞[17)]と多岐にわたる。これらの報告では，モノリスカラムによる超高性能分離を利用し，より網羅性の高い解析やタンパク質試料調製の簡略化などを達成している。

大腸菌を対象とした例では，3.5メートル長カラムを用いて，１回の測定で推定されている全発現と称されているタンパク質の解析を達成している[10)]。また，同一試料を用いて従来の粒子充填剤型カラムを用いた測定と比較するとダイナミックレンジも約70倍向上しており，定性的な解析だけでなく定量的な解析の面でも有利であることが示されている。

また，根粒菌を対象とした例では，2メートル長カラムを用いて，根粒菌単離を省略した共生状態の発現タンパク質プロファイル解析を達成している[11]。根粒菌は宿主となるミヤコグサに感染し，根粒内でバクテロイドと呼ばれる特殊な形態をとることが知られている。根粒には，植物由来の細胞も多く含まれるので，従来の測定手法では植物由来のバックグランドを下げるために，形態変化や試料ロスのリスクがあるものの根粒菌を単離する必要があった。しかし，モノリスカラムの超高性能分離を適用することにより，植物由来成分との分離が可能となり煩雑で時間のかかる単離を省略した直接分析が可能となった。

さらに，感染研究用カンジダ菌を対象とした例では，4.7メートル長カラムを用いて，カンジダ菌の血清適応の解析を報告している[13]。カンジダ菌は，日和見真菌感染症であるカンジダ症の主原因菌であり，高齢やAIDSなどによる免疫力低下を契機としてヒト免疫細胞を回避し，全身に感染する。敗血症（多臓器不全）など全身性カンジダ症の致死率は50%以上にも達し大きな問題となっている。そこで，安定同位体タグを用いた定量的なプロテオーム解析手法により，カンジダ菌の血清への適応の経時的な変化を解析した。その結果，血清中で特異的に発現する候補群から感染症に関与する新規タンパク質の同定に成功している。

以上のように，モノリスカラムを利用した液体クロマトグラフィーによる「分離」の改善により，試料の複雑さが及ぼす影響を減衰させることでイオン化抑制の悪影響を弱め，結果として高品質な次世代型プロテオーム解析が達成されたと思われる。また，測定対象としても，基礎的な研究から，環境や医療など応用的な研究にも適用されるようになってきている。

### 3.6　今後の展開

プロテオーム解析において，クロマトグラフィー分離と質量分析を主とした測定技術は非常に重要な要素である。質量分析計の開発速度は目覚しく，高性能機器が続々と開発されているが，これ単体では次世代シーケンサーのような完全さには及ばない。しかし，この弱点は，徹底的なプレ分離により克服できることが示されてきている。プロテオーム解析システムでは質量分析計が主役である印象だが，ここで紹介したようにモノリスカラムの超高性能「分離」も非常に重要である。さらに，このような測定システムで得られるデータ容量は膨大となり，ビッグデータ解析を含むこれら全てを包括した完全な次世代型システム構築に展開していく必要がある。

## 文　献

1）J. R. Yates *et al., Annu. Rev. Biomed. Eng.*, **11**, 49（2009）
2）L. M. de Godoy *et al., Nature*, **455**, 1251（2008）

3) J. C. Giddings, Unified Separation Science, Wiley, New York (1991)
4) G. Guiochon, *J. Chromatogr. A*, **1168**, 101 (2007)
5) H. Minakuchi *et al.*, *J. Chromatogr. A*, **762**, 135 (1997)
6) N. Ishizuka *et al.*, *Anal. Chem.*, **72**, 1275 (2000)
7) M. Motokawa *et al.*, *J. Chromatogr. A*, **961**, 53 (2002)
8) J. C. Giddings, *Anal. Chem.*, **37**, 60 (1965)
9) K. Miyamoto *et al.*, *Anal. Chem.*, **80**, 8741 (2008)
10) M. Iwasaki *et al.*, *Anal. Chem.*, **82**, 2616 (2010)
11) Y. Tatsukami *et al.*, *BMC Microbiol.*, **13**, 180 (2013)
12) W. Aoki *et al.*, *Pathogens Disease*, **67**, 67 (2013)
13) W. Aoki *et al.*, *J. Proteomics*, **91**, 417 (2013)
14) H. Morisaka *et al.*, *AMB Express*, **2**, e37 (2012)
15) K. Matsui *et al.*, *Appl. Environ. Microbiol.*, **79**, 6576 (2013)
16) R. Shinya *et al.*, *PLoS ONE*, **8**, e67377 (2013)
17) R. Yamana *et al.*, *J. Proteome Res.*, **12**, 214 (2013)

# 4　二次元電気泳動：技術開発と簡易プロテオーム解析への展開

山本佳宏*

## 4.1　はじめに・プロテオーム解析

生体では数万種ともいわれるタンパク質，ペプチド，脂質，糖が合成され生体の機能を維持している。生体現象がDNA⇒RNA⇒タンパク質⇒代謝のセントラルドグマにより機能していることから，この根幹となる遺伝子情報を網羅的に解析するゲノムプロジェクトが世界規模で展開され，多くの生物種の遺伝子情報が公開され，医，薬，農，工，理学領域の研究に，さらに産業に応用され，広く活用されているところである。

遺伝子データを扱える以前のタンパク質解析，特に研究領域においては活性を持つことが明確なタンパク質，主に酵素を抽出，精製し，精製したタンパク質の機能，pH依存性，温度特性，特異性などを解析しその機能を明確にすることが広く実施されてきた。特に有用な酵素の取得については非常に多様性が高く，広く分布する微生物から，目的に沿った性質のタンパク質を生産する株を探索することがキーとなる技術であった。また，精製したタンパク質のアミノ酸配列を解析することは非常に難易度が高く，200残基の酵素のアミノ酸配列決定に数年を要することも珍しいことではなかった。

これらの研究は今なお非常に重要な課題となっているが，ゲノムプロジェクトの進展により新たなアプローチが実現できるようになった。

その一つ，プロテオーム解析では試料に含まれる多種のタンパク質の種類と量を分離・検出・定量をする必要がある。現在，タンパク質を分離する方法として，大きくカラムクロマト法と電気泳動法が利用されている（図１）。

最先端のプロテオーム解析においても高性能質量分析装置を接続したHPLC（高速液体クロマトグラフィ）で解析を行う網羅解析法が注目を集めているが，ゲル電気泳動法の強みは①並行して分析可能なこと，②装置自体が安価であることであり，①手動操作が多く熟練を要すること，②データベース作成のような全スポット同定にはきわめて多くの時間と工数が必要なことが短所となる。

ここでは電気泳動解析を中心に紹介するが，この分析技術は研究・開発および工程検査で広く用いられている。また，タンパク質のイオンとしての特性を利用し分離する等電点電気泳動とタンパク質の大きさを利用して分離するSDS-PAGE（Poly-Acrylamide Gel Electrophoresis：ポリアクリルアミド電気泳動）法を組み合わせた高分離分析技術・二次元電気泳動法が開発されたのは1970年代[1]であり，決して新しいものではない。しかしながら，分離したスポットをどのように定量・解析するか，スポットを形成するタンパク質をどのように同定するか，その決定的な手法が開発されるまでにはコンピュータによる画像解析技術の進歩とゲノム情報の解明とその情報

*　Yoshihiro Yamamoto　㈸京都市産業技術研究所　加工技術グループ　バイオチーム
研究担当課長補佐

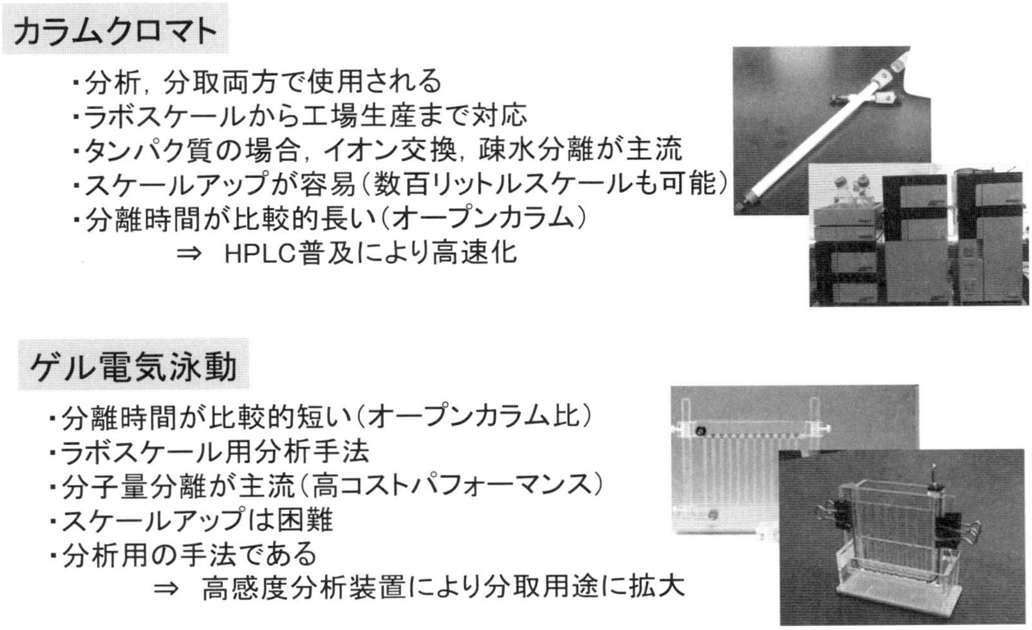
カラムクロマト
・分析，分取両方で使用される
・ラボスケールから工場生産まで対応
・タンパク質の場合，イオン交換，疎水分離が主流
・スケールアップが容易（数百リットルスケールも可能）
・分離時間が比較的長い（オープンカラム）
⇒ HPLC普及により高速化
ゲル電気泳動
・分離時間が比較的短い（オープンカラム比）
・ラボスケール用分析手法
・分子量分離が主流（高コストパフォーマンス）
・スケールアップは困難
・分析用の手法である
⇒ 高感度分析装置により分取用途に拡大

図1　主なタンパク質分離分析手法

の開示が重要な技術革新であった。

二次元電気泳動による解析技術が実用的な結果を得るツールとして注目されると，海外メーカーを中心にハイスループット，高感度，自動解析を目的とした分析試薬キット，分析・前処理・解析装置が開発，商品化され市場に投入され，多くの研究者が利用することになった。しかしながら，再現性の高いデータを得るためには，網羅的と称される解析手法を注意深くデザインし，分析系全体の精度を高める必要がある。本節ではサンプル抽出，前処理，電気泳動，検出について，その取り組みを紹介する。

### 4.2　試料調製

サンプルの調製法は生物種によって大きく異なる。筆者の研究対象とした清酒酵母は非常に硬い細胞壁を持つことから，一般的な凍結，融解程度では破壊できず，タンパク質の抽出効率が上がらないことが分析における課題であった。抽出効率が低い場合，容易に回収できるタンパク質の相対的な存在量が大きくなる。また，抽出操作ごとに抽出効率が変動すると分析結果の操作による変動も大きい。開発初期，サンプル調製法が確立するまで，スポット数およびその大きさは抽出ごとに大きく変動し，スポットが出た，出ないで議論が迷走し，解析は困難を極めていた。

次に，多くの生物は消化酵素を持っている。細胞が破壊されても生体反応は停止せず，自己のプロテアーゼなどでタンパク質が分解し，フラグメント化が進行する。酵素反応に晒される時間は調製手法（ハンドリングを含む）に大きく影響されることになる。これが，研究スタッフの異動などで再現性が取れないなどの不安定な結果を発生する一因となる（図２）。

サンプル調製時に目標とすることは抽出効率を如何に向上させるか，調製時の代謝を如何に停止させるか，の二点を重要視し，分析プロトコールの作成を行っている。

また，二次元電気泳動を使用したタンパク質分析の場合，網羅「的」と言葉通り，生体のすべてのタンパク質を解析できるわけではない。これは，組織または細胞単位で高発現しているタンパク質について，プロトコールに従った等電点レンジ，分子量レンジでのタンパク質を分離検出解析を行うシステムである。

抽出効率が高く，また調製中の分解を低く抑えることができれば，調製試料間のバラつきを最小限にとどめることが可能となる。この場合には，比較する二つの試料の湿重量を揃えることでスポット強度の揃ったゲルセットを調製することができる。逆に，抽出効率が低く，バラつきの大きな場合，また，調製中に代謝によりタンパク質の分解，合成が生ずる場合にはゲルスポットの数，濃度が調製試料ごとに大きく変動し，解析精度が著しく毀損する。

同一試料から調製した抽出物の電気泳動パターンに大きな変動がみられる場合には，基本に戻り抽出，前処理の条件を注意深く構築した方が，結果的に早く，再現性の高い解析ができることが多い。

筆者は定量的な網羅解析を行うためには試料調製時の分画操作はできるだけ避けた方がよいと考えているが，一方で微量な成分，または細胞内器官などで局在するタンパク質を標的とする場合，濃縮，粗精製[2)]を実施する必要がある。この前処理プロセスはタンパク質の精製工程の変形ともいえるが，網羅的解析は不特定多数のタンパク質の同時定量を行う手法であることから，粗分画プロセスは定量性に大きな課題を生じる操作である。標的タンパク質が見つかった場合，分

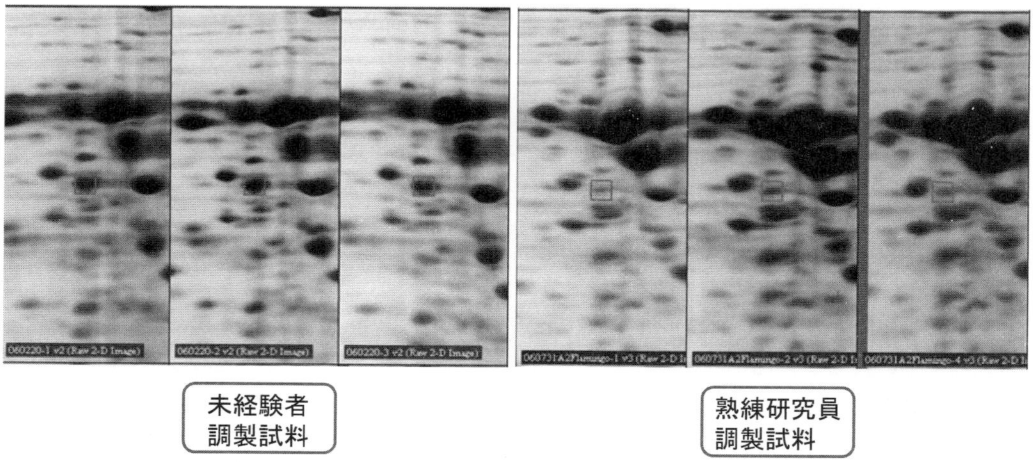


図２　試料調製操作の違いによるスポット変動

画操作によるタンパク質の回収率の確認も含め，検証を注意深く進める必要がある。

分離，検出部分が多数のメーカーからキットとして供給されている現在，試料調製こそが定量解析の大きなキーと考えている。

## ４.３　分離

二次元電気泳動の一次元目となる等電点電気泳動であるが，現在利用できる技術が２つある。一つは両性担体を使用し，電気泳動の通電中に等電点グラジエントを生成する方法[3)]であり，もう一つは新技術である固定化両性担体を利用し，分離開始前にpHグラジエントゲルを調製する方法である。現在では後者のプレキャストゲルが主流であるが，特にサンプル添加量（液量）などの条件の最適化が難しいこと，コストが高いことから，筆者らはキャリアアンフォラインを用いる前者を利用している。酸性タンパク質分析にはIEFを，塩基性タンパク質にはNEpEGEを用いることでP.I.4〜11のレンジで解析を行っている。

また，二次元目となるSDS-PAGEは分子量分離を行うための方法であり，標的とする分子量範囲に応じて総アクリルアミド濃度，アクリルアミド—Bis比を調整しゲルを作製する。分離能については試薬の純度に大きく依存し，近年の試薬の品質向上はその分離性能を大きく引き上げている。高純度試薬は高価であるが，分離能が大きく向上する場合があるので検討が必要である。製品としてキットも販売されていることから，利用を検討するのも一考である。

## ４.４　タンパク質スポット検出・定量

検出手法においては，銀染色，蛍光染色（SYPRO Ruby™，SYPRO Orange™，Flamingo™など），CBB（Coomassie Brilliant Blue：クマシーブリリアントブルー）などの方法が一般的だが，定量解析においては蛍光染色とレーザー蛍光スキャナーの組み合わせが，最もダイナミックレンジの広い解析を可能にするといわれている。感度は銀染色（可視）> SYPRO Ruby（蛍光）> CBB（可視）であるが，蛍光染色には高価な蛍光スキャナー，撮影装置が必要である。また，コスト面と当時のプロトコールでは染色時にタンパク質スポットが脱落することがあった。

銀染色は高い感度を持つが，銀染色の特徴として，ゲル中のタンパク濃度の増加とスポットの濃度の関係に連続性がなく一定以上では退色し無色となる。二次元電気泳動解析では広いラチチュード（濃度直線性）が求められる。銀染色では，高感度を求めると高発現タンパクのスポットが消失し，また，高濃度側に合わせると感度が得られないというジレンマに陥る。また，感度の調整は染色操作の最終，現像工程に依存するが，同じ条件で複数のゲルを染色する（同じタンパク質量のスポットを同じ濃度で染める）ことは非常に難易度が高く，普遍的なルーチン分析には向かない方法であった。

同じタンパク質量をアプライした２枚のゲルを使用し，異なる現像時間でスポットを検出したゲル画像を示す（図３）。

汎用的な検出法としてCBB法は非常に優れた方法であったが，主に脱色液のコンディションを

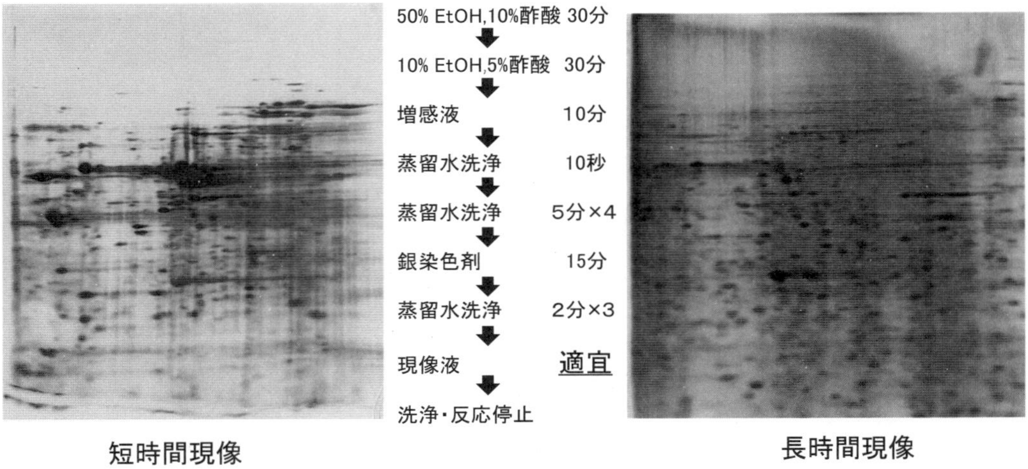


図3　酒造酵母の銀染色によるスポット検出例

安定化できなかったことにより，再現性が低かった。その後，脱色に酢酸・エタノールを使わない１液染色性のCBB法が市販され飛躍的に再現性を向上させることができた。なお，CBB染色によるスポット画像は肉眼では相当「高感度」だが，確認できるスポットがスキャナーなどの取り込み画像に反映されていない部分も多く，CBB系染色剤が「低感度」とされる原因となっていた。この問題は近赤外励起蛍光法（富士フイルム）やデジタルカメラの高感度化，濃度の高分解能化により，CBB法によるスポット濃度を高感度・高分解能で取り込むことができるようになってきている。デジタルカメラのような一般的な機器が，低コストで解析できる高感度の画像取り込み装置として使えることに，機器の進歩を感じている。

### 4.5　解析

二次元電気泳動ゲルのスポット定量解析にはPDQuest Advanced™（バイオラッド），Multi Gauge™（富士フイルム）を用いている。通常，二次元電気泳動では，手持ちのゲルの枚数から，１対１のペア比較が主流となっているが，２枚のゲルを比較してスポットの特異発現を判断しようとした場合，サンプル調製によるバラつき，電気泳動の条件の不備，染色ムラなど多くの条件を考慮する必要がある。また，実験操作による誤差が測定値にそのまま反映されるため，発現量変化の有意性の判断は非常に難しい問題である。試料調製に起因するこの問題は，電気泳動時のバラつきを抑える多色蛍光修飾法を用いても解決できない課題であり，これを解決する１つの方法として，ゲルを多数作製し，再現性を確認したゲルグループ間でスポットのマッチング・定量・統計解析により統計的に優位な差を計算，比較することが挙げられる。

二種のサンプルの比較には，複数回のサンプル調製によりn＝５以上のゲルを作製し，画像解析により得られるスポットの定量値を各群間でT-TESTなどで有意差検定を行うことで，統計的な解析が可能となる。特に変動の大きなスポットについては，目視でも容易に判断できるところである。解析例として，２種類の清酒酵母を用い，2Dゲルを各９枚作製し，PDQuest Advancedを用いて解析した例を示す（図４）。

この例では，定量可能な上位50スポットを抽出し，統計処理を行った。解析操作により $p<0.05$ の有意に差のあるスポットを簡単に抽出することができる。これはMulti Gaugeと表計算ソフト（MS Excel™など）の組み合わせでも可能である。

抽出・前処理工程を最適化することで，スポットの再現性，定量性は飛躍的に向上する。例えば，原核生物を用いた検定試験では同一サンプルから別々の操作で調製した試料を２枚のゲルで分離検出し，100以上のスポットを定量，比較したところ相関係数が0.99以上に達するほどの高い値が得られている[4]（CBB染色，Multi Gaugeによる画像解析・定量）。

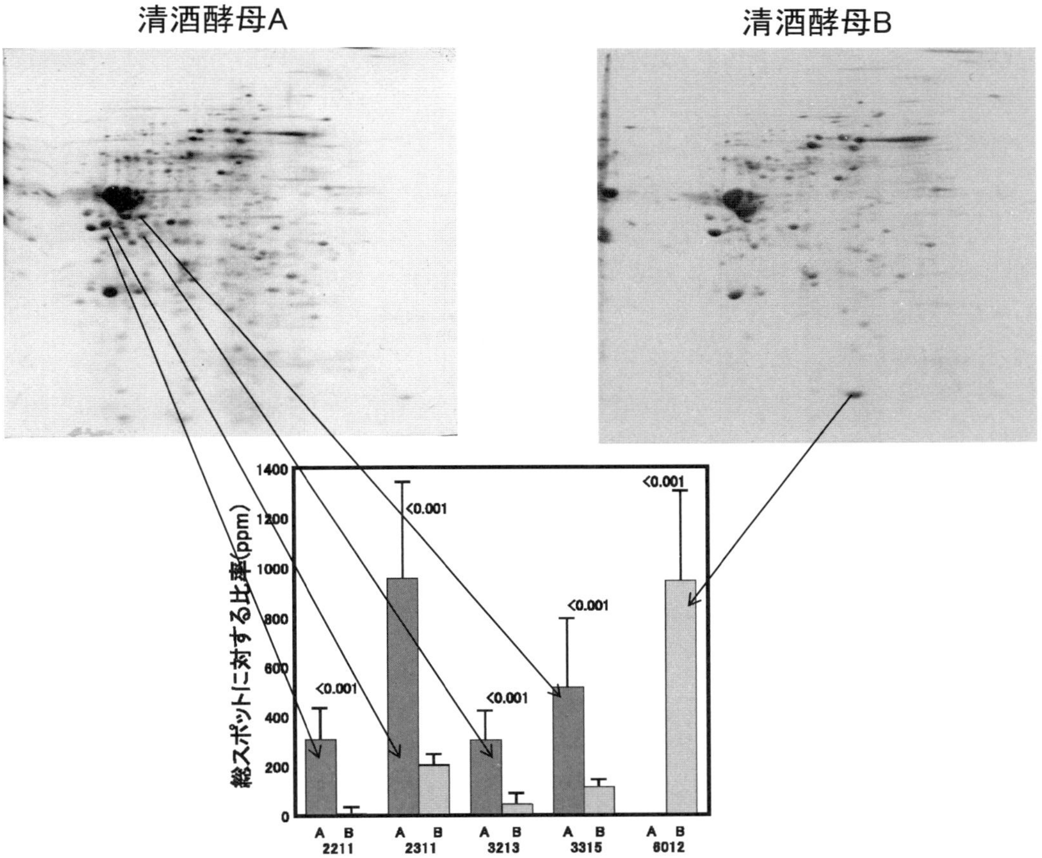


図４　清酒酵母の比較例

### 4.6 同定

各スポットの定量解析，群間比較から選択された標的スポット＝タンパク質の同定では，エドマン分解によるN末端アミノ酸解析とMALDI-TOF質量分析によるPMF，MS/MS解析によるアミノ酸配列解析が利用されている。

最もオーソドックスな方法がエドマン分解によるN末端アミノ酸解析である。エドマン分解は，Pehr Victor Edmanが1950年に発表した方法であり，ペプチド，タンパク質からN末端アミノ酸を分離する方法である。これを自動化したものが自動アミノ酸シーケンサであり，現在では極微量サンプルを高効率で分析，配列解析できるようになっている。

しかしながら，エドマン分解法で一度に解析できる長さはN末端から20残基（アミノ酸）程度，対応する塩基対は60ベース程度になる。これは1,000ベース以上を解析できるDNAシークエンスほど情報を得ることはできない。さらに，二次元電気泳動で回収できるタンパク質は微量であり，回収したタンパク質から多くの配列情報を得ることは非常に困難であった。また，エドマン型自動アミノ酸シーケンサなどの高感度分析が可能となったのちも，試料からのアミノ酸配列については議論に乗せるだけの情報量を得ることは難しかった。従来の方法では，複雑な脱ブロッキングや限定加水分解操作で，断片化したサンプルを20残基ごと解析を行うか，N，C末端側を解析し，遺伝子を釣り上げたのち，塩基配列を決定するなど非常に多くの労力が必要であった。

ゲノムプロジェクトの成果であるゲノムデータベースの公開はこの状況を一変させた。数残基のアミノ酸配列情報をゲノムデータベース（ExPASyなど）の検索サイトに入力するだけでその遺伝子配列などの情報を得ることができ，さらにこれは無料で利用できる。

酵母より抽出した試料から二群の二次元電気泳動ゲルを作製し，差分スポットからアミノ酸配列を得る（図5）。その配列を，データベース検索サイトから配列データを入力，ゲノムデータベースに照会をかけることで遺伝子配列を含む多くの情報が簡単に得られる。これにより，生体内で何が起こっているか，二次元電気泳動ゲルによるタンパク質解析でも網羅的な検討が可能となった。

タンパク質の同定率は大きく向上し，二次元電気泳動＋ペプチドシーケンサの組み合わせでは，解析に十分な量があれば90％以上のスポットを同定することができる。

最近ではMALDI-TOF質量分析装置を利用したペプチドマスフィンガープリンティング（PMF）法[5~7]が導入されている。これは，未知のタンパク質を小さなペプチド断片に分解し，その質量をMALDI-TOF質量分析法によって計測し，測定された質量を既知のタンパク質データベースやゲノムデータ内の配列と比較することで，データベースの理論値と，計測した断片の質量実測値を比較し，統計的に有意なものから順に検索できる。PMF法は，短時間に，高感度に，高い精度で解析できる。しかし，解析対象のタンパク質にリン酸化，糖鎖付加が存在した場合，同定のヒット率が大きく低下することから，現在でも用途に応じてエドマン型シーケンサも併用しているところである。

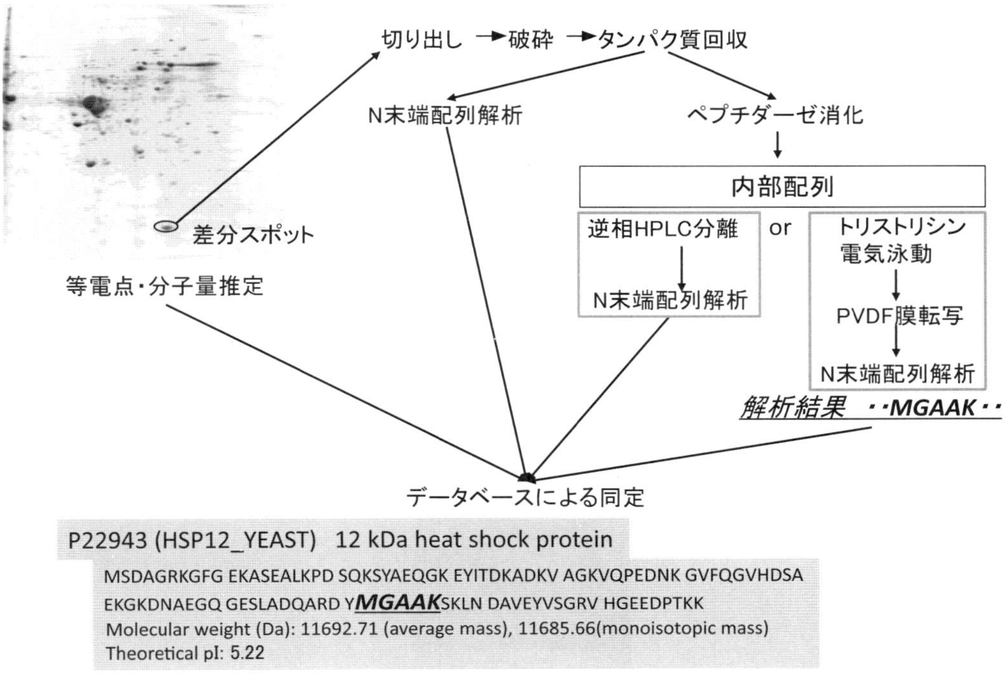


図５　N末端アミノ酸配列分析とデータベースによる解析

### 4.7　結び

京都バイオ計測プロジェクトで実施された分析技術開発の成果の一部は，企業に技術移転後，製品化が行われている。企業から供給される良質な製品により，研究開発が促進され，基礎研究から開発，品質管理など，産業への貢献につながることを期待しているところである。また，タンパク質分析手法についてはマニュアルとしてまとめたものをインターネット上で無償配布している（図６）と共に，京都市産業技術研究所，およびJST京都産学公共同研究拠点「知恵の輪」京都バイオ計測センターでは，このマニュアルを用いた実務講習会を実施している。この講習会は実サンプルを用い，サンプル調製からタンパク質同定までの実習を含むものである。京都バイオ計測プロジェクトで開発した多数の分析技術は，電気泳動分析に限らず人材育成講習会の形で技術移転を行っているが，このような分析技術が新しい知見の礎になることを願っているところである。

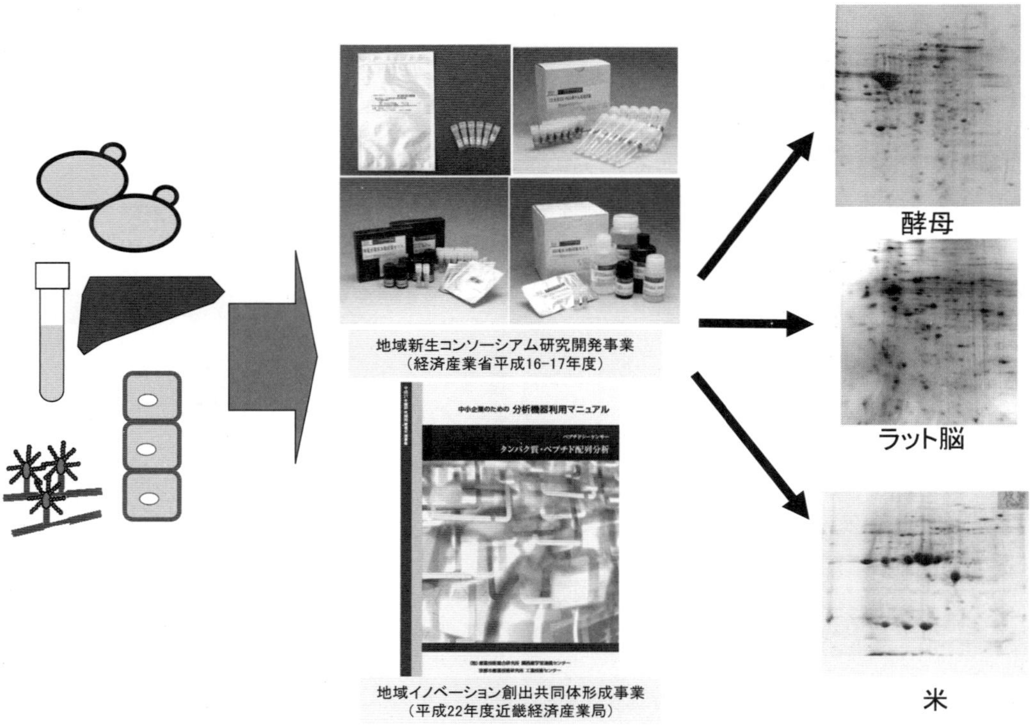


図6　国産二次元ゲル電気泳動試薬での分析例

## 文　　献


1）P. H. O'Farrell, *J. Biol. Chem.*, **250**, 4007（1975）

2）生化学実験講座編集委員会，生化学実験講座1　タンパク質の化学Ⅰ，東京化学同人（1976）

3）平野久，遺伝子クローニングのためのタンパク質構造解析，東京化学同人（1993）

4）和田潤ほか，京都市産業技術研究所報告，No.3，33（2012）

5）M. Mann, P. Højrup, P. Roepstorff, *Biol. Mass Spectrom.*, **22**, 338（1993）

6）P. James, M. Quadroni, E. Carafoli, G. Gonnet, *Biochem. Biophys. Res. Commun.*, **195**, 58（1993）

7）J. R. Yates, S. Speicher, P. R. Griffin, T. Hunkapiller, *Anal. Biochem.*, **214**, 397（1993）

## 5　メタボロームのビッグデータ解析技術の開発と精密表現型解析への応用

馬場健史[*1]，津川裕司[*2]，福崎英一郎[*3]

### 5.1　メタボロミクスにおけるデータ解析の重要性

代謝物の網羅的な解析に基づくオーム科学である「メタボロミクス」は，多岐にわたる分野から構成される学際領域研究である。メタボロミクスの要素技術の中でも，データ解析の情報処理技術は膨大な機器分析のデータから代謝物の同定やその挙動推測などの有意な知見を得るためのメタボロミクス特有のものであり，精度とスループットの両方が必要とされる。メタボロミクスには，大別して，代謝経路の構成メンバーなど目的成分に対象を絞ったターゲット解析と，観測される成分すべてを対象とするノンターゲット解析がある[1)]。ノンターゲット解析の際には多成分の中からいかに目的成分を見つけ出すか，ターゲット分析の際には多成分の中からいかに効率的にかつ正確に成分の同定を行うかが重要になる。いずれにせよ，質量分析計などの分析装置から得られる膨大な情報量のデータが多数のサンプル分積み上がった際に，その中からどのようにして目的成分の変動の情報を選別し見つけ出すことができるかが重要なポイントになる。メタボロミクスにおいては，データ解析によって結果が大きく異なることがあり，得られたデータが宝の山となるかゴミの山となるかは，データ解析の善し悪しによって左右されるといっても過言ではない。実際に解析するサンプルには個体差や環境因子など複雑な変動要因が存在するため，多くのノイズ情報を含むデータの中から目的成分の変動を見つけ出すためには，適切な方法を選択し，また一方向からだけでなく様々な方向からデータを解析することが大切になる。この点に関しては，実際に経験をしないと理解が難しい部分であるが，今後メタボロミクスを実施される際に，是非意識して解析に取り組んでいただきたい。

本節ではメタボロミクスにおけるデータ解析について具体例を示しながら解説するとともに，現状かかえている課題や今後の展開についても言及する。

### 5.2　ガスクロマトグラフィー質量分析を用いたメタボロミクス研究におけるノンターゲット解析

本項ではガスクロマトグラフィー質量分析（以下GC/MS）を用いたメタボロミクス研究に焦点を当て，どのようなビッグデータを扱い，そこからどのようにして情報を抽出するかを説明する。メタボロミクス分野において「ビッグデータ」を扱う行程は大きく分けて２つ存在する。１つは，分析装置より得られる分析生データからピークを検出・同定する「データ処理」行程，そしても

---

＊1　Takeshi Bamba　大阪大学大学院　工学研究科　生命先端工学専攻　准教授
＊2　Hiroshi Tsugawa　(独)理化学研究所　環境資源科学研究センター
統合メタボロミクス研究グループ　メタボローム情報研究チーム
特別研究員；大阪大学大学院　工学研究科　生命先端工学専攻
招聘研究員
＊3　Eiichiro Fukusaki　大阪大学大学院　工学研究科　生命先端工学専攻　教授

う１つは得られた膨大な代謝産物情報から生体試料特異的な代謝産物を抽出する主に多変量解析手法を用いた「データマイニング」行程である。本節では紙面の都合上データ処理にのみ焦点を当てて，やや専門的な事柄を紹介する。

GC/MSのデータ処理行程において，一体どれほどのデータを扱うかをまず概観する。昨今，GC/MSを用いたメタボロミクス研究において頻用される質量分析装置として，高速データ取得が可能な四重極型質量分析もしくは飛行時間型質量分析がある。両分析装置共にスキャンスピードは高速であり最大で500 Hzでのデータ取得が可能であるが，実用的に使用するデータ取得速度は20～30 Hz（scan/second）である。しかしながら一般に$m/z$の捜査範囲は50～1,000 Da，そしてトータルの分析時間は20～30分であることを考えると，１ファイルに格納されるデータポイント数としては50,000,000を超えるものとなる。さらにGC/MSは非常に安定な装置であることから検体試料の連続分析が比較的容易であり，時には1,000を超える検体の分析データを一度に扱う必要がある。まとめると，GC/MSを用いたメタボロミクス研究において１検体あたりのファイルサイズが100～200 MBであり（保持時間情報と信号強度情報を共にfloatもしくはintegerで格納している場合），トータルのファイルサイズは検体数に依存する（100検体でおよそ10～20 GB）。以上概観したように，GC/MSの分析データは１ファイルであれば現在のノートPCのスペックなら十分on memoryに蓄えられるレベルであるため，処理速度は比較的早いといえる。また後で触れるように，多検体を比較する際にはクロマトグラムの重ね合わせ（いわゆるアライメント）処理が必要であるが，現在精通しているメタボロミクスデータ解析法では一度にon memoryに蓄えるファイル数は２つ（アライメントの基準となるreferenceファイルとアライメントされる対象となるsampleファイル）であるため，ここでも十分on memoryに貯めこむことが可能である[2)]。本書ではこのようなファイルの詳細な取り扱いなどは割愛し，次からは具体的にデータ処理行程においてメタボロミクス研究で「解決されている問題」と「解決されていない問題」を見ていくこととする。

メタボロミクス研究において「データ処理」に与えられる最大の課題は，検出された数百ものピークのうち「同定できた・同定できなかった」といった化合物定性情報と，「ピーク強度は○○であった」といったピークの定量情報を全サンプル間で整理し，統計解析に必要なデータ行列を作成することである（図１）。特に「この検体では検出されている化合物が，この検体では検出されていない」といった情報も１つに統合しなければならず，このようなサンプル間での情報を統合する所謂「アライメント」作業も同時に行わなければならない。また，化合物の同定もGC/MSメタボロミクス研究分野では意外に難しく，各研究室もしくは公開されている標準化合物のデータベース中の「保持時間」と「マススペクトル」が検出されたピークのそれと一致しているかを確認し，その一致度を判断してある程度神経質に同定が行われなければならない[3)]。特にGC/MSを用いたメタボロミクス研究分野では，親水性化合物をも気化させるためにメトキシ化（カルボニル基の反応性を低減）およびトリメチルシリル化（反応性プロトンの反応性を低減）が行われるのだが，頻用されるElectron Ionizationハードイオン化法でイオン化された代謝物およびフラ

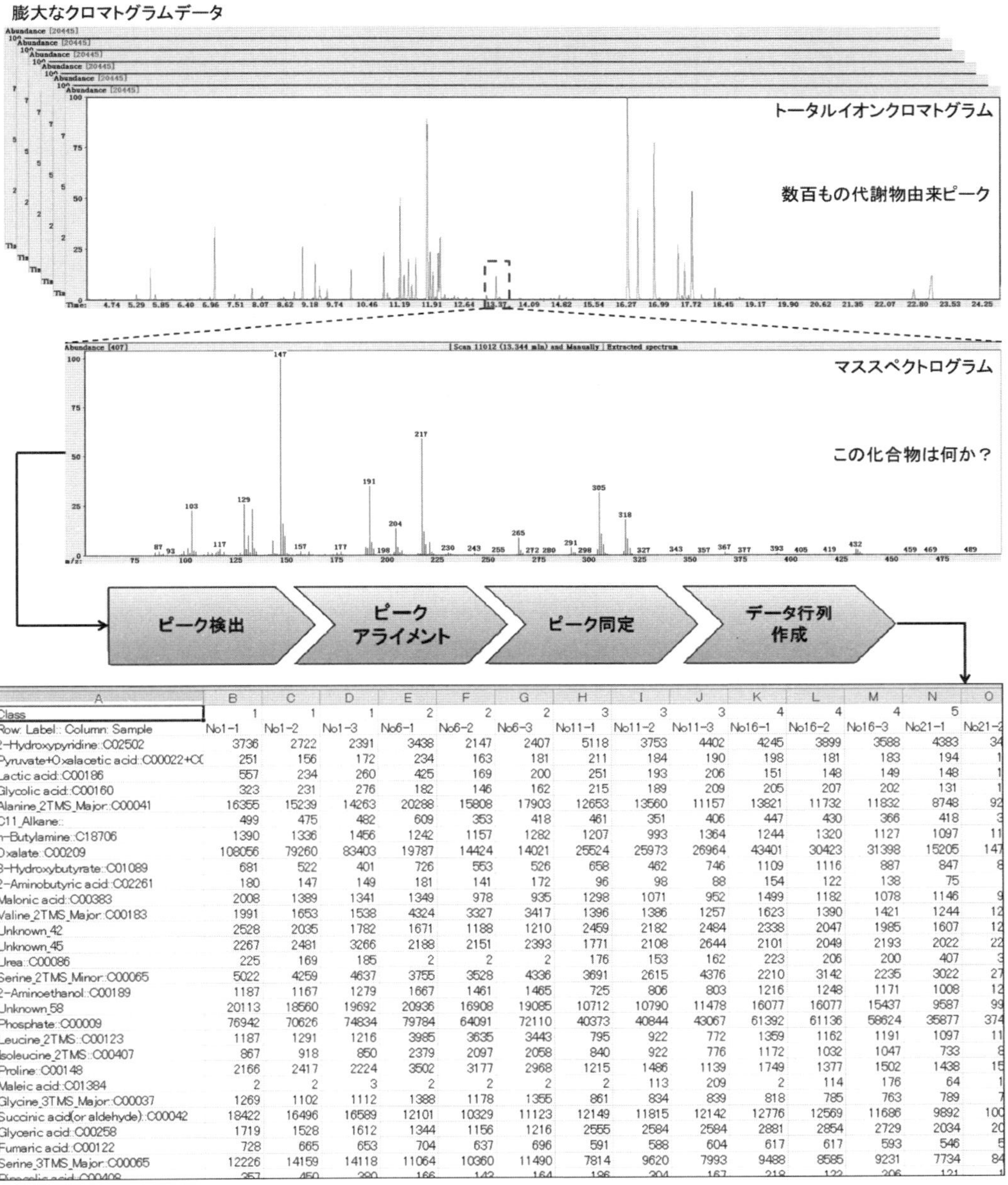


| A | B | C | D | E | F | G | H | I | J | K | L | M | N | O |
|---|---|---|---|---|---|---|---|---|---|---|---|---|---|---|
| Class | 1 | 1 | 1 | 2 | 2 | 2 | 3 | 3 | 3 | 4 | 4 | 4 | 5 | |
| Row: Label:: Column: Sample | No1-1 | No1-2 | No1-3 | No6-1 | No6-2 | No6-3 | No11-1 | No11-2 | No11-3 | No16-1 | No16-2 | No16-3 | No21-1 | No21-2 |
| 2-Hydroxypyridine::C02502 | 3736 | 2722 | 2391 | 3438 | 2147 | 2407 | 5118 | 3753 | 4402 | 4245 | 3899 | 3588 | 4383 | 34 |
| Pyruvate+Oxalacetic acid::C00022+C( | 251 | 156 | 172 | 234 | 163 | 181 | 211 | 184 | 190 | 198 | 181 | 183 | 194 | 1 |
| Lactic acid::C00186 | 557 | 234 | 260 | 425 | 169 | 200 | 251 | 193 | 206 | 151 | 148 | 149 | 148 | 1 |
| Glycolic acid::C00160 | 323 | 231 | 276 | 182 | 146 | 162 | 215 | 189 | 209 | 205 | 207 | 202 | 131 | 1 |
| Alanine_2TMS_Major::C00041 | 16355 | 15239 | 14263 | 20288 | 15808 | 17903 | 12653 | 13560 | 11157 | 13821 | 11732 | 11832 | 8748 | 92 |
| C11_Alkane:: | 499 | 475 | 482 | 609 | 353 | 418 | 461 | 351 | 406 | 447 | 430 | 366 | 418 | 3 |
| n-Butylamine::C18706 | 1390 | 1336 | 1456 | 1242 | 1157 | 1282 | 1207 | 993 | 1364 | 1244 | 1320 | 1127 | 1097 | 11 |
| Oxalate::C00209 | 108056 | 79260 | 83403 | 19787 | 14424 | 14021 | 25524 | 25973 | 26964 | 43401 | 30423 | 31398 | 15205 | 147 |
| 3-Hydroxybutyrate::C01089 | 681 | 522 | 401 | 726 | 553 | 526 | 658 | 462 | 746 | 1109 | 1116 | 887 | 847 | 8 |
| 2-Aminobutyric acid::C02261 | 180 | 147 | 149 | 181 | 141 | 172 | 96 | 98 | 88 | 154 | 122 | 138 | 75 | |
| Malonic acid::C00383 | 2008 | 1389 | 1341 | 1349 | 978 | 935 | 1298 | 1071 | 952 | 1499 | 1182 | 1078 | 1146 | 9 |
| Valine_2TMS_Major::C00183 | 1991 | 1653 | 1538 | 4324 | 3327 | 3417 | 1396 | 1386 | 1257 | 1623 | 1390 | 1421 | 1244 | 12 |
| Unknown_42 | 2528 | 2035 | 1782 | 1671 | 1188 | 1210 | 2459 | 2182 | 2484 | 2338 | 2047 | 1985 | 1607 | 12 |
| Unknown_45 | 2267 | 2481 | 3266 | 2188 | 2151 | 2393 | 1771 | 2108 | 2644 | 2101 | 2049 | 2193 | 2022 | 22 |
| Urea::C00086 | 225 | 169 | 185 | 2 | 2 | 2 | 176 | 153 | 162 | 223 | 206 | 200 | 407 | 3 |
| Serine_2TMS_Minor::C00065 | 5022 | 4259 | 4637 | 3755 | 3528 | 4336 | 3691 | 2615 | 4376 | 2210 | 3142 | 2235 | 3022 | 27 |
| 2-Aminoethanol::C00189 | 1187 | 1167 | 1279 | 1667 | 1461 | 1465 | 725 | 806 | 803 | 1216 | 1248 | 1171 | 1008 | 12 |
| Unknown_58 | 20113 | 18560 | 19692 | 20936 | 16908 | 19085 | 10712 | 10790 | 11478 | 16077 | 16077 | 15437 | 9587 | 99 |
| Phosphate::C00009 | 76942 | 70626 | 74834 | 79784 | 64091 | 72110 | 40373 | 40844 | 43067 | 61392 | 61136 | 58624 | 35877 | 374 |
| Leucine_2TMS::C00123 | 1187 | 1291 | 1216 | 3985 | 3635 | 3443 | 795 | 922 | 772 | 1359 | 1162 | 1191 | 1097 | 11 |
| Isoleucine_2TMS::C00407 | 867 | 918 | 850 | 2379 | 2097 | 2058 | 840 | 922 | 776 | 1172 | 1032 | 1047 | 733 | 8 |
| Proline::C00148 | 2166 | 2417 | 2224 | 3502 | 3177 | 2968 | 1215 | 1486 | 1139 | 1749 | 1377 | 1502 | 1438 | 15 |
| Maleic acid::C01384 | 2 | 2 | 3 | 2 | 2 | 2 | 2 | 113 | 209 | 2 | 114 | 176 | 64 | 1 |
| Glycine_3TMS_Major::C00037 | 1269 | 1102 | 1112 | 1388 | 1178 | 1355 | 861 | 834 | 839 | 818 | 785 | 763 | 789 | 7 |
| Succinic acid(or aldehyde)::C00042 | 18422 | 16496 | 16589 | 12101 | 10329 | 11123 | 12149 | 11815 | 12142 | 12776 | 12569 | 11686 | 9892 | 100 |
| Glyceric acid::C00258 | 1719 | 1528 | 1612 | 1344 | 1156 | 1216 | 2555 | 2584 | 2584 | 2881 | 2854 | 2729 | 2034 | 20 |
| Fumaric acid::C00122 | 728 | 665 | 653 | 704 | 637 | 696 | 591 | 588 | 604 | 617 | 617 | 593 | 546 | 5 |
| Serine_3TMS_Major::C00065 | 12226 | 14159 | 14118 | 11064 | 10360 | 11490 | 7814 | 9620 | 7993 | 9488 | 8585 | 9231 | 7734 | 84 |
| Pipecolic acid::C00408 | 357 | 450 | 380 | 166 | 142 | 164 | 186 | 204 | 167 | 218 | 122 | 206 | 121 | 1 |

図１　メタボロミクスのデータ処理の概要
（生データからデータ行列作成まで）

グメント情報のほとんどが誘導体化試薬由来フラグメントのものとなり得られるフラグメント情報は異性体間で非常に類似したものとなってしまう。さらにハードイオン化法が採用されているため，ソフトイオン化法に比べて分子量イオン（プリカーサーイオン，親イオン）がほとんど検出されない[4)]。そのためGC/MSメタボロミクスではマススペクトルの類似性に加えて保持時間の一致の確認が同定には必須であることが同定の難しさの原因の１つとなっている。従来はこのようなピーク同定およびアライメント作業はすべて目視手作業によって行われてきたが，近年この行程の自動化は（公開されているかは別として）達成されてきており，ハイスループットなデータ解析が可能となってきている。ここでは筆者らが開発した方法を簡単に紹介する。

筆者らはピークの検出およびクロマトグラムアライメントを，無償で公開されているソフトウェアMetAlignにより行っている[5)]。このソフトウェアの最大の長所はマルチコア使用可能であり，可能な限りのデータ削減を行いながら解析を進めるため非常に短時間での解析が可能である上，ピーク検出およびアライメント精度もかなり高いことである。１ファイル100 MBのデータが100検体あった場合，筆者が以前データ処理に要した時間は約30 min程度であった（７core, 16 GB RAM)。また，MetAlignより得られたデータをさらに集約し，公開されている標準化合物の保持時間・マススペクトルを自動的に比較して化合物同定を行うAIoutputを筆者らが独自に開発し，上記で紹介した組織化されたデータ行列を得るために必要な時間はAIoutputでは約15分で可能となっている[6)]。以上のことから現在，GC/MSのデータ処理に必要な時間はトータルで１時間にも満たず，非常にハイスループットにデータを解析していくことが可能になっている状況にある。しかしながら，MetAlign + AIoutputのシステムは「スクリーニング」の域を出ず，所謂「実験バッチ内」でのみ使用可能であり，大規模コホート研究に必要な高精度かつ高再現性の代謝物情報を取得するためには前処理法・分析法・解析法すべての行程においてまだまだ改善の余地があるのは間違いない。

データ処理システムの改良が未だ必要であるものの，ハイスループットかつ高精度な代謝産物情報の取得が可能になっていることは事実である。MetAlign + AIoutputのシステムでは，大阪大学で構築されたデータベース（475代謝産物の保持時間・スペクトル情報を収納）を用いることで*Saccharomyces cerevisiae*では70～90，Japanese green teaでは120～150，mouse plasmaでは120～150の代謝産物が同定可能であることを過去に報告した[4,6)]。このように「ハイスループット」という意味で，従来のような目視手作業によって何日もかけて行われていたデータ解析に比べると，格段に技術が進歩している一方で未だ解決されていない複数の課題が残されている。

１つは，未同定ピークの構造決定である。MetAlign + AIoutputのシステムで（または装置付属のソフトウェアで）300～500ものピークが検出されているにも関わらず同定されているものは100前後と非常に少ない。そこで，マススペクトルや保持時間から構造を推定する方法が筆者らも含めていくつか報告されているが，どれも「推定」の域であり「同定」の域には達していない[7)]。生体内代謝産物の「網羅的」解析を目指すメタボロミクス研究にとって，検出されたピークすべてを同定することは非常に重要な課題である。近年，精密質量測定が可能なAgilent Technologies社のGC-Q/TOFおよびLECO社のGC-HRT（High resolution TOFMS）の使用，誘導体化・イオン化法の工夫，さらにはフラグメンテーション解析によりこれを達成する試みが行われており，今後の報告が待たれるところである。

また,「完全にピークトップ位置が同じの共溶出ピーク」を解決するためのデータ解析法も１例報告があるのみである[8]。このような問題は分析面でカバーするべき課題であるという見方も当然あるが,「網羅的に」測定したいという要求, 化合物データベースの保持時間が（保持指標を使う場合はある程度許容できる）使用できなくなる, 分離が非常に難しいものなど, 様々な理由により上記のような需要は大きい。そこで従来のような混合ガウス分布をEMアルゴリズムもしくは最小二乗法で波形分離（デコンボリューション）するような方法に加えて[9], サンプル軸の情報を踏まえた「濃度変化によるスペクトルの変動」に基づいた波形分離を効率良く行えるための方法論の確立も望まれている。

その他の課題は割愛するが, このようにGC/MSを用いたメタボロミクス研究においてもまだ解決されるべき課題は多く残されており, 今後の研究成果が期待される。

### 5.3　脂質メタボロミクス（リピドミクス）のデータ解析

リピドミクスにおいても, データ解析が結果を大きく左右するといっても過言ではなく, その中でも成分の同定は脂質メタボロミクスの一連のプロセスにおいて大きな部分を占める。解析対象の脂質には, 脂肪酸の鎖長や不飽和度だけが異なる多数の構造類縁体が存在し, 脂肪酸の組み合わせや結合位置が異なるが同じ$m/z$を示す異性体, いわゆる同重体が多数存在するため, 成分の同定作業にはかなりのスキルと膨大な時間を要する。このような状況がリピドミクスを実施しようとしたときの大きなハードルとなり, 脂質におけるメタボロミクス研究が遅れてきた理由の一つである。

脂質は, 結合脂肪酸の組み合わせが異なることにより多様化しているもののクラス（脂質の種類）が20種ほどに限られていることから, 入手可能な脂質標準品を用いて同定に必要な基礎的なフラグメント情報を取得し, データベースを構築することが可能である。実際に生体試料を分析することによってそのデータを脂肪酸鎖長や不飽和結合の数など分子種を形成する種々の要素から生じる多様性を理論的に構築したデータと照合しつつ, データベースを拡張することにより, 標準品の入手ができない脂質の同定も可能なデータベースが構築できる。田口良先生のグループと三井情報との共同研究により, MSデータからの自動ピークピッキング技術と, 蓄積, 開発されてきたデータベースと検索アルゴリズムを合体させることにより, 質量分析による脂質測定データから脂質代謝物を自動同定するためのソフトウェアであるLipid Searchが開発された[10,11]。Lipid Searchは各メーカーの質量分析計により取得された脂質の分析データを読み込み, 脂質を自動同定するWebアプリケーションである。脂質の質量分析の生データを読み込み, 適切な脂質ピークを選択する波形解析モジュール, 脂質の仮想構造から, そのプレカーサーイオンとそこから生じるプロダクトイオンデータ群を保持する脂質データベース, 抽出した脂質ピークと脂質データベースを使用し, サンプル内に存在する脂質を同定するモジュールで構成されている。MS1, ニュートラルロススキャン, プレカーサーイオンスキャンの各スペクトルの同定結果を集計し, 最も確からしい脂質を検索することが可能である。また, Lipid Searchでは, 同定の精度には$m/z$

値の理論値と実測値の誤差，MS2における実測フラグメントデータの予測フラグメントとの一致数，LC溶出時間の実測値と予測値のずれの3つが同定結果の確かさを決定しスコア値が算出されるため，同定結果の信頼性の評価が可能である。また，標準物質から得たデータだけではなく構造相関を利用した仮想構造までも定義することにより解析対象の脂質の網羅性を上げることが可能であり，現在，脂肪酸，アシルグリセロール，リン脂質とその酸化物，スフィンゴ脂質およびスフィンゴ糖脂質，など約100万種の分子が格納された理論データベースが構築されている。開発された自動定量プロファイリングシステムとLipid Searchの自動検索結果を統合できる解析システムはWeb上でも公開されている。最近では，LipidBlast[12]などの脂質同定のためのデータベースも充実してきており，それらを用いたリピドミクス研究が盛んに行われている。

上記の通り，リピドミクス用データ解析データベース，ソフトウェアなどのツールの開発により，これまで膨大な時間をかけて手作業で行っていたボトルネックの成分同定作業が高精度かつハイスループットで行えるようになってきた。今後さらにデータ解析技術の開発が進むことにより，リピドミクスが誰にでも気軽に実施できる身近な代謝解析のツールとなることが期待される。

## 5.4 メタボローム解析に基づくマルチマーカープロファイリングの高解像度表現型・性質解析への応用

最近ではGC/MS，キャピラリー電気泳動/質量分析（CE/MS），液体クロマトグラフィー/質量分析（LC/MS），核磁気共鳴（NMR）などを用いた様々なメタボロミクスの手法が構築され，各主要代謝経路の構成化合物を対象とした代謝変動解析やノンターゲット分析をベースとするマーカー代謝物探索など各種生物においてメタボロミクスが積極的に進められている。我々のグループは，多数の代謝物の量比バランスによって性質の違いを詳細に表現できることがメタボロミクスの最大の利点であるととらえ，代謝物のノンターゲット分析をベースとするマルチマーカープロファイリング（図2）の有用性に着目した。見た目には現れない微細な生体内変動の解析，おいしさなどの複雑な成分の組み合わせにより表現される形質の解析などにおいて，メタボローム解析の手法に基づいたマルチマーカープロファイリングの適用技術の開発と応用研究に取り組んでいる。

複数の変量のデータを同時に扱うメタボロミクスにおけるデータの解析には，複数の変量間の関係（相関）を解き明かすことができる多変量解析の手法を用いることが多い。多変量解析の手法には重回帰分析，判別分析，主成分分析，クラスター分析，因子分析，正準相関分析などがあり，データ構造（目的変数が存在するかどうか）や解析の目的によって選択される。通常のメタボリックプロファイリングにおいては探索的な多変量解析の手法である主成分分析（principal component analysis, PCA）が一般的に用いられる。しかし，個体差や解析目的の表現型や性質と相関のない変動が大きく現れる場合には，目的とするマーカー成分の特定が非常に困難になる。そこで，メタボロミクスにおいては，複数の変数によって一つの量の変数を予測できるPLS（Projection to Latent Structures，回帰分析法の一種）が頻用される。PLSは，代謝物のプロファイルと目的

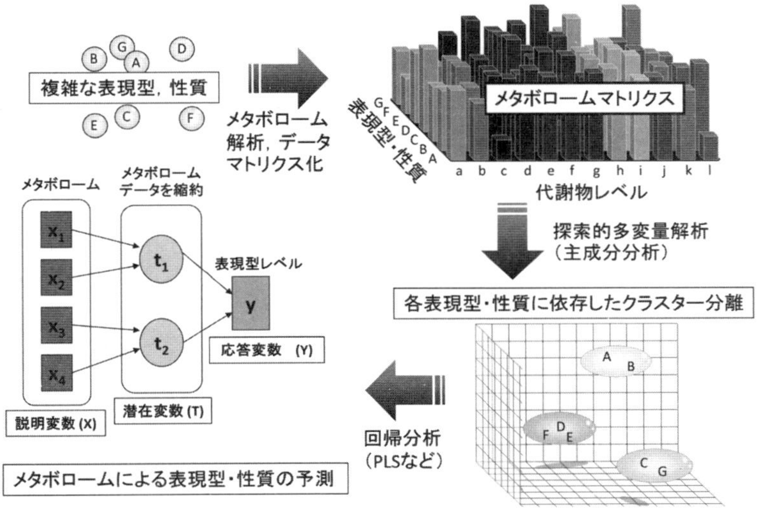


図2　メタボローム解析に基づくマルチマーカープロファイリング

とする表現型，性質に対応する応答変数（例えば，臨床検査値，官能評価得点）との相関関係を解析し，モデルの構築に寄与する代謝物をピックアップすることで，サンプル間の差異がどの代謝物に起因するのかを推測することが可能である。各種生物の表現型解析はもちろん，官能試験が主である食品，生薬などの品質評価にも適用可能であり，メタボロミクス技術の新たな運用方法として注目されている。我々のグループでは，様々な食品や生薬，そして，植物，微生物，動物などの種々の生物における応用研究に取り組んでおり，マルチマーカープロファイリングの有用性を示している[13～16]。このマルチマーカープロファイリングの手法は，メタボロミクスの有用な運用方法として，基礎科学から医療，創薬，農業，環境など幅広い分野での有効利用が期待される。

## 5.5　メタボロミクスデータ解析の今後の展開

現在，分析化学・データ解析両面において，従来に比べてある程度の技術成熟が見られるのは事実である。それは分離・分析・検出技術の進歩，並びに上で述べたようなデータ処理ツールの貢献が非常に大きい。筆者は，今後のメタボロミクス研究のさらなる発展のために必要なテーマとして「同定」「大規模検体（臨床サンプルなど）」「実験間でのデータの統合」「他オミクスの統合解析」の4つが重要になると考えている。「同定」に関してはGC/MSの項で少し述べたが，たとえばリピドミクスにおいては「同定精度」は非常に大きな問題である。近年報告されたようなリピドミクス用*in silico* MS/MSスペクトルライブラリー[12]により，脂質同定のためのデータベース基盤が飛躍的に整い始めたものの，正確な同定のためには精密質量情報の一致度やスペクトル類似度だけでなく，同位体比・保持時間の情報も同定基準に加える技術開発が必要である。

「大規模検体」と「実験間でのデータの統合」は対になる問題であるが，質量分析装置を用いるため分析ごとの感度低下，および装置メンテナンスに起因する感度の増減といったような実験間でのデータ比較を可能にするための方法論も「大規模」解析を行う上で統一化していかなければならない。現在，検体試料の混合液（つまり，100検体分析するなら100検体の検体試料を少しずつ取り，混合する）を用意してquality control（QC）とし，5サンプルに1回の頻度で測定することが推奨されている。これはデータ解析の面から見れば，このquality control（QC）のピーク強度比の変化を追うことで分析毎の感度の増減を評価し，適切に補正するという解析操作を行うために使用する。現在報告されている方法としてはQCに対して局所最小二乗法による平滑化を行い，それをcubic-splineにより内挿することで感度変化を補正する方法がある[17]。しかしながらこのような方法は，実験デザイン・対象とする化合物・平滑化に用いるパラメーターなど各プラットホームによって最適化して行われなければならず，その統一的な方法は未だ定まっていないのが現状である。また，「大規模」になればなるほど，所謂ビッグデータの域に近づくが，従来の方法だと解析時間，精度，メモリーの持ち方に起因するソフトウェアの不安定性など解決しなければならない課題が増えてくる。今後，このような解析を行うための方法論の確立がメタボロミクス技術を実用化していく上で必須である。

最後に，他オミクス，つまり遺伝子レベル・タンパク質レベルの情報と代謝産物の情報の統合解析が今後本格的になされることを期待している。メタボロミクスの技術が成熟していく中で，医学・生物学の研究分野にて新たな仮説立証を行うための重要なヒントをメタボロミクスは常に与え続けてきている。しかしながら，メタボロミクスの技術は考えられうる仮説が多岐に渡り，何から手をつけていけばよいかは生物・医学系研究者の経験によるところが大きい。そこで，他のオミクス情報を統合した解析基盤を今後整えていくことにより，より精度の高い仮説立証を行うことができるようになると考えられる。そのためには，多層階層のオミクス情報を統合する，それこそビッグデータの統計手法の確立が今後重要になってくるのは間違いなく，今後の研究が期待される。

以上概観してきたように，メタボロミクス研究のデータ解析においてまだ解決されるべき課題は多い。筆者は，メタボロミクス研究をさらに発展させるためには「メタボロミクス」を専門とする研究者がもっと増えていかなければならないように思う。メタボロミクスは生物学・分析化学・バイオインフォマティクスの「統合領域」であり，どれが欠けても成り立たない。特に，メタボロミクスを研究する人にとってプログラミングの技術は多少なりとも必須であるように思う。生物のみ，分析のみ，解析のみ，を研究するのではなく，すべてを組み合わせて研究することで未だ解決されていない課題が多数見えてくる。このようなメタボロミクスの専門家が今後，次々に生まれてくるよう，各大学機関において日々教育を続けていっていただきたい。

## 文　　献

1） K. Hiller *et al.*, *Anal. Chem.*, **81**, 3429 (2009)
2） G. Tomasi *et al.*, *J. Chemometrics*, **18**, 231 (2004)
3） H. Tsugawa *et al.*, *Anal. Chem.*, **85**, 5191 (2013)
4） H. Tsugawa *et al.*, *J. Biosci. Bioeng.*, **117**, 9 (2013)
5） A. Lommen *et al.*, *Metabolomics*, **8**, 719 (2012)
6） H. Tsugawa *et al.*, *BMC Bioinformatics*, **12**, 131 (2011)
7） J. Hummel *et al.*, *Metabolomics*, **6**, 322 (2010)
8） P. Jonsson *et al.*, *Anal. Chem.*, **76**, 1738 (2004)
9） S. E. Stein, *J. Am. Soc. Mass Spectrom.*, **10**, 770 (1999)
10） R. Taguchi *et al.*, *Methods Enzymol.*, **432**, 185 (2007)
11） H. Nakanishi *et al.*, *Methods Mol. Biol.*, **656**, 173 (2010)
12） T. Kind *et al.*, *Nat. Methods*, **10**, 755 (2013)
13） R. Yoshida *et al.*, *Aging Cell*, **9**, 616 (2010)
14） W. Pongsuwan *et al.*, *J. Agric. Food Chem.*, **55**, 231 (2007)
15） S. Kobayashi *et al.*, *J. Biosci. Bioeng.*, **114**, 86 (2012)
16） K. Bando *et al.*, *J. Appl. Toxicol.*, **31**, 524 (2011)
17） W. B. Dunn *et al.*, *Nature Protocol*, **6**, 1060 (2011)

# 6　バイオビッグデータに挑む：メタボロミクスからビッグデータ・サイエンスへの展開

中村由紀子[*1]，小野直亮[*2]，佐藤哲大[*3]，森田(平井)　晶[*4]，
杉浦忠男[*5]，Md.Altaf-Ul-Amin[*6]，金谷重彦[*7]

## 6.1　はじめに：ビッグデータ・サイエンス

2009年，Jim Grayが「第4のパラダイム：データ集約型の科学的発見」を提唱した[1)]。この第4のパラダイムとは，科学歴史において，アリストテレスの時代から始まった経験・実験的手法（第1のパラダイム），ライプニッツ，ケプラー，ニュートン，マクスウェル（電磁気学創始者）などの科学者が展開したように，観測データ群を分析し，その背後にある論理・法則を見出していく方法（第2のパラダイム），解析解が得られない非線形方程式をジョン・フォン・ノイマンにより開発されたノイマン型計算機，すなわちコンピュータの演算能力によって数値解の形で解いていく方法，つまり計算機シミュレーションにより解決することを目指した方法論（第3のパラダイム）に続き，大量のデータをもとに統計的な推論モデルにより科学を展開することを目指して提案された。

これまでの科学は，理論に基づいた演繹により事実や現象を解明することを目指しており，このような方法論はこれからもさらに発展するであろう。しかし理論式がないところであっても，氾濫するデータ（ビッグデータ）から関係式を近似的に作ること，すなわち，帰納的推論が可能となった。さらに，ビッグデータをもとに科学の分野間を横断し，現象を解析することにより，政策決定などの意思決定にまでつなぐことを含めてビッグデータ・サイエンスの目標となっている。このような分野横断型の研究対象として，地球環境，医療，ライフサイエンス，生物科学，センサーを介した地球観測や宇宙観測に関する分野が例として挙げられる。すなわち，①データを集約し，②データマイニング，③データに基づいたモデリングを行い，④社会還元するというプロセスを，分野を越えて融合研究を進める科学研究スタイルがビッグデータ・サイエンスである。多くの研究分野において計算○○と○○情報学という二つの発想で研究が進められてきた。これらを学際的に融合し，データベースを中心としたコンピューティングをビッグデータ・サイエンスと位置づけることもできる[1)]。

ゲノム生物学においては，ゲノム情報を中核にトランスクリプトーム，プロテオーム，さらに

---

＊1　Yukiko Nakamura　奈良先端科学技術大学院大学　情報科学研究科　博士研究員
＊2　Naoaki Ono　奈良先端科学技術大学院大学　情報科学研究科　助教
＊3　Tetsuo Sato　奈良先端科学技術大学院大学　情報科学研究科　助教
＊4　Aki Hirai-Morita　奈良先端科学技術大学院大学　情報科学研究科　研究員
＊5　Tadao Sugiura　奈良先端科学技術大学院大学　情報科学研究科　准教授
＊6　Md.Altaf-Ul-Amin　奈良先端科学技術大学院大学　情報科学研究科　准教授
＊7　Shigehiko Kanaya　奈良先端科学技術大学院大学　情報科学研究科　教授

はメタボロームという異なった次元の情報を統合し，生命現象を解明するために発展した分野がバイオインフォマティクスであり，一方，生物システムを数理科学により解明することを試みた分野が計算生物学であった。これらの二つの分野を統合し，新たな分野として提唱されているのがビッグデータ・バイオロジーである。すなわち，大量のゲノム情報，さらにはマルチ・オミックス情報を収集しデータベースを構築し，これらの情報を体系的に整理し，最終的にはシミュレーションにつなぎ，例えば，ヘルスケアなど健康医療分野もしくは農業などの産業への一助となることまでがビッグデータ・バイオロジーに含まれる。

エコロジーにおいても同様であり，エコインフォマティクスでは環境と関係のある情報を収集し解析する。一方，計算エコロジーは環境を数理科学によりシミュレーションする分野であるが，むしろこの二つを統合しデータ・サイエンスすなわち第4のパラダイムとして扱われるべきである[1)]。すなわち，環境科学においても，植物生理学，土壌学，気象学，海洋学，水文学ならびに河川地形学，医学，生物学などを融合し新たなシンセティック科学を規定し学際的に全てのデータを統合・活用し，最終的にはヒトを含む生物の活動を持続することを目標としたデータ科学の進展が望まれている。

本節では，メタボローム研究を中心としたオミックスデータベースKNApSAcK Familyを紹介するとともに，ビッグデータ・バイオロジーとしてのメタボローム研究の今後の展開を検討する。

## 6.2　健康科学とエコサイエンスにおけるKNApSAcK Family DBの役割

オミックス研究において，一つの生物におけるゲノムから遺伝子が発現され表現型へとつながる一連の流れを図1のように表すことができる。生物ゲノムにおける遺伝子集合（図1の最下層）から，特定の条件により遺伝子が転写，翻訳されて，タンパク質が生合成される。これらのタンパク質が複合体をつくり酵素としての機能単位ができあがり，細胞における代謝物が動的に反応

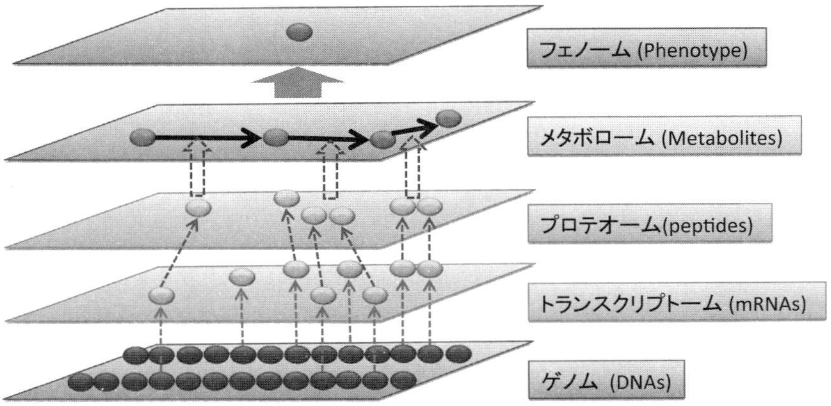


図1　オーム科学の階層構造

を起こす（図１の上から２段目）。このようにして生合成された代謝物の集合により細胞の表現型が決まることとなる。このように生物における分子システムを一つのマルチオミックス空間により表現することができる。さらにマルチオミックス空間を二つ直列につなぐことにより複数の生物の関係を表すことができる（図２(A)）。ここで，図２(A)においては，さらには生薬配合の知識ベ

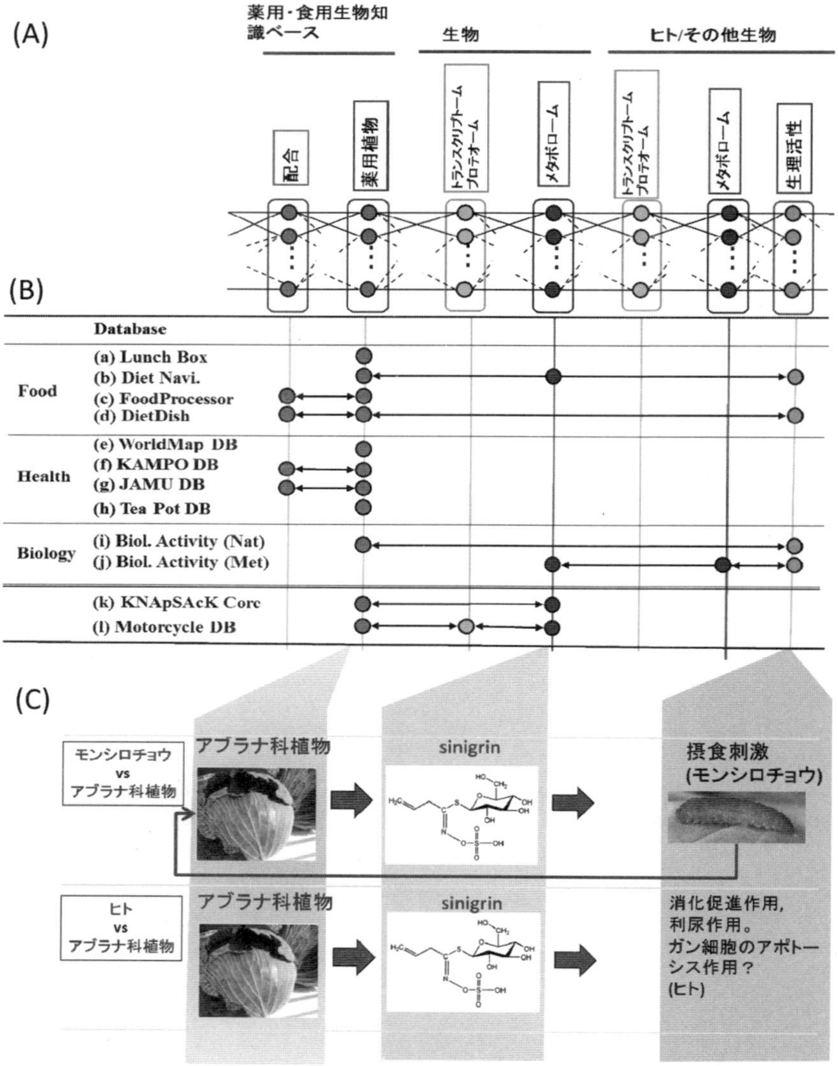


図２　伝統知識と生物間オーム科学の関係図

(A)生物間オーム科学プラットフォーム，(B)KNApSAcK Family DBにおける登録データの属性の関係，(C)化学生態学ならびにヒト・ヘルスケアにおけるデータの生物間オーム科学プラットフォームへの写像

ース（薬用植物知識ベース）をさらに左側につないだ。このように生物相互作用オミックスプラットフォームにより，化学生態学ならびに健康科学において必要とされるオーム科学の関係を記述できる。例えば，化学生態学においてモンシロチョウがアブラナ科植物（キャベツ）に産卵する際の植物の代謝状態の変化が記述される。さらに，孵化した幼虫は，アブラナ科植物の放出するシニグリンが摂食刺激となりこの葉を食べ続ける。つまり，生物１→代謝物→生物２→生物活性という関係により，アブラナ科植物とモンシロチョウの関係を記述することができる（図２(C))。

一方，ヘルスケアとしての健康科学においても，生物相互作用オミックスプラットフォームにより表現することができる。例えば，ヒトはアブラナ科植物（キャベツ）に含まれるシニグリンを摂取すると消化促進，利尿などの効果があることが知られている（図２(C))。これも化学生態学と同様に，生物１→代謝物→生物２→生物活性という関係で記述できる。また，配合生薬における配合方法からヒトの生理活性への分子メカニズムについても，このプラットフォームにより記述することができる。KNApSAcK Family DBでは，このような概念でデータベースの充実を図っている。まずはじめに本データベースの現在の進捗を概説する。

### 6.3　KNApSAcK Family DB

近年メタボローム研究において使用される質量分析装置では，代謝物の精密分子量を測定できるため，精密分子量をもとに分子式さらには代謝物の候補を選択することが可能となった。生物種と代謝物の関係を文献情報から網羅したデータベースがあれば，生物サンプルにおける質量分析をもとに精密分子量から分子式を推定し，生体内の二次代謝物の候補を列挙することができる。そこでメタボローム研究の効率化に寄与する目的で，生物種と代謝物の関係データベースKNApSAcK Core DB（図２(B)の(k)）を開発した[3]。また，質量分析データからの検索エンジン（Search Engine図３(A)）の開発も進め公開している[4]。現在まで，KNApSAcK Core DBには101,500対の生物種―代謝物の関係，５万種の代謝物，２万種の生物が格納されている。

ビッグデータ・サイエンスでは，大量情報をもとに横断的に研究を進めることが一つの目標である。そこで，代謝物をもとに食品・ヘルスケア，生薬学，生物学の様々な分野と対応させて二次代謝物を提供するためのウェブサイト（http://kanaya.naist.jp/KNApSAcK_Family/）の開発を進めている（図２，図３）。図３のPocketにおいては左側から食用生物・健康情報（Food & Health），生薬情報（Crude Drug），ならびに分子生物学情報（Biology）を提供している[3,5]。健康情報として，Lunch Boxにおいては現在までに1,940種の食用生物の情報，DietNaviにおいては食材と健康の病気予防の関係，FoodProcessorにおいては加工食品，DietDishにおいては食品の相乗効果についてが整理されている。

Crude Drugでは，地球のそれぞれの地域で使用している薬用植物と使用国（222地域）の関係（50,000地域―薬／薬用植物の関係），KAMPOにおいては漢方配合法における生薬情報（278薬用生物，336処方），JAMUにおいてはインドネシア配合生薬（1,133薬用植物，5,310処方）さらにはTea Potではハーブ情報（732種のハーブ）が整理されている。

さらに，Biologyにおいて，Biological Activity-Natural Activity DBでは生物が他の生物へ与える活性（2,418種の生物活性における3万対の植物とその活性の関係），Biological Activity-Metabolite Activity DBでは二次代謝物が生物に与える影響（9,584エントリー）を整理し公開を

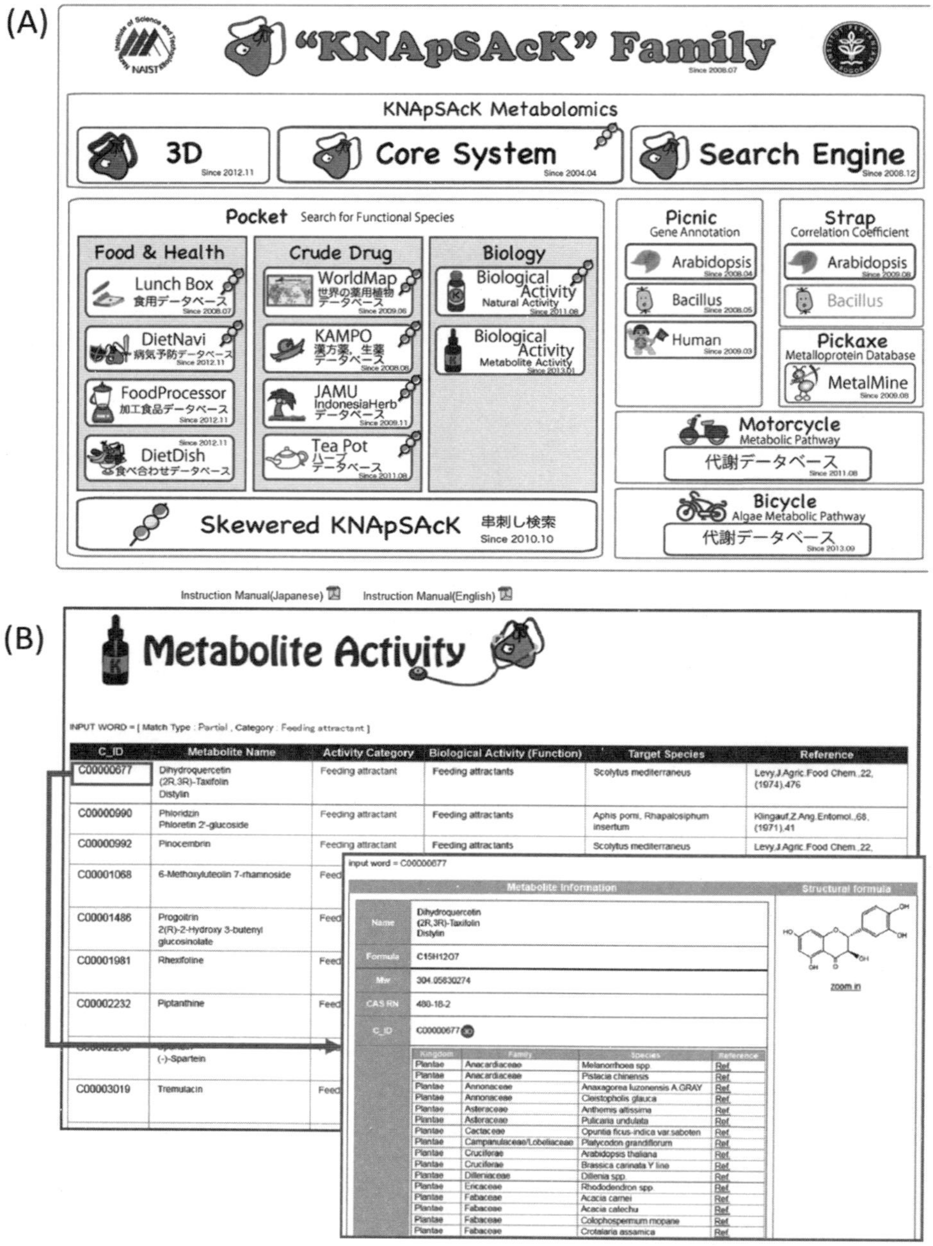


図3　(A)KNApSAcK family DBのメインウインドウと(B)Metabolite Activity DBの説明図

進めている。

一方，遺伝子の機能情報をPicnic，発現相関をStrapとして整理を進めている。また，二次代謝物と遺伝子を関係づける目的から，二次代謝データベース（Motorcycle DB，2,881エントリー）ならびに藻類の代謝反応データベース（Bicycle，96,641エントリー）の開発も進めている。

メタボロミクス，天然物化学，生態学など様々な分野においてKNApSAcK Core DBが使用されており[6]，世界の100を越えるドメインからアクセスされ，月当たりのアクセス数は10万件を超えている。本データベースは，世界のメタボローム研究の中核をなす存在となりつつあり，現在，さらに二次代謝酵素に関するデータの充実を図っている。

今後，これらの情報をもとにどのような成分がどのようにヒトならびに生体系に関わっているかその分子メカニズムを整理することを検討している。これが実現し，図1のそれぞれの階層が連結できれば，まさにメタボローム・ビッグデータ・サイエンスへの一歩を踏み込み，社会へ貢献できると自負する。

### 6.4　ケミカルエコロジーへの展開

地球上のほぼ唯一の生産者は植物である。また，森林のような生態系では地球上では植物自身が放出する様々な物質を介した生物間相互作用によりバランスが成り立っていることがわかってきている。このような二次代謝物を通した生物間の関係を理解することは，地球の生態系を分子レベルで理解するビッグデータ・サイエンスへとつながると期待される。このような二次代謝物を介した生物間の関係を理解することを目的として，現在KNApSAcK Family代謝物活性データベースの開発を進めている[5]。顕花植物に限っても地球上には223,300種の植物が分布する[7]。また，現在までに約10万種の天然物の構造が決定されていることを考慮すると，これらの顕花植物が生合成する二次代謝物種の総数を106万種と推定することができた[3]。一方，我々の研究グループでは世界に先駆けて，プロトタイプとしてKNApSAcK Metabolite Activity DB[5]の開発を進めている。本DBは，天然物—対象生物—生物活性の三組の関係からなるデータベースであり，現在までに，9,584件のこれらの三組の関係を登録した。このうち約半分は生態系における二次代謝物活性である（図4）。生物活性として摂食誘導物質“feeding attractant”によるデータ検索結果を図3(B)に示す。図3(B)において，天然物Dihydroquercetinは生物種*Scolytus mediterraneus*に対して摂食誘導物質としての活性があることを示している。さらに，ここで天然物のID（C00000677）をクリックすることにより，Dihydroquercetinを生合成する生物種のリストが得られるようになっている。このようにして，どのような生物が，どのような天然物を生合成し，どのような対象生物にいかなる生物活性を示すかという四組の関係を把握することができる。今後さらに，地球の生態系を分子レベルで把握することを目指し，植物二次代謝物において同様なデータを蓄積することにより，地球上全体における生物間の関係のDB構築を進めたい。

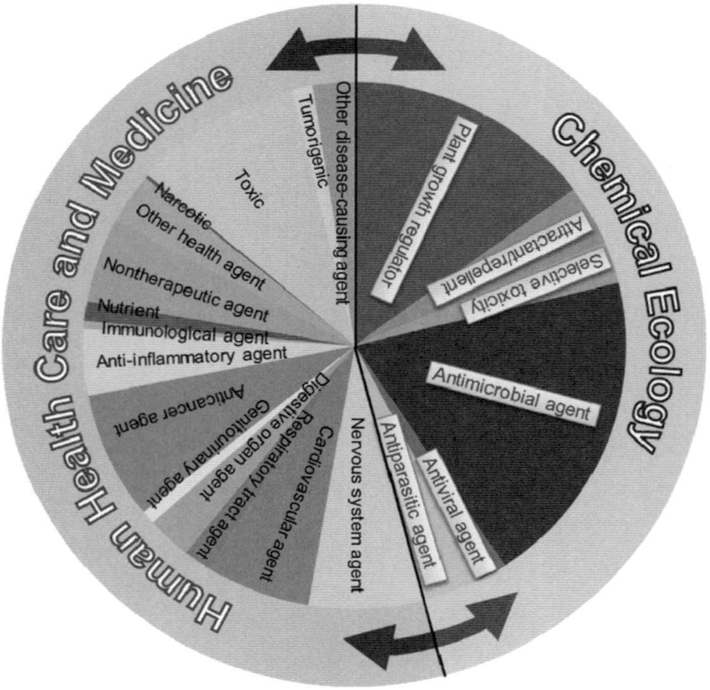


図４　Metabolite Activity DBに蓄積されているデータの統計

## 6.5　データマイニング

ビッグデータ・サイエンスでは，データベースを中心に据えた科学知見のマイニングならびに意思決定が一つの課題である。筆者らの研究室では，自ら構築したデータベースをもとに，積極的に社会貢献を進めている。その一つとして，インドネシアの現在の配合生薬（Jamu）をもとに，ヒトへの効能を考慮し，配合に直接必須の植物と間接的に必要な植物の分類に成功し[3,8)]，現在，配合の再構築プロジェクトがインドネシアのボゴール農大との共同研究として進められている。

一方，分子生物学における科学知見のマイニング例として以下では，代謝反応データベースに基づいた酵素機能と配列類似性について述べる。代謝データベースMotorcycleの情報をもとに，セスキテルペン合成酵素，ジテルペン合成酵素，トリテルペン合成酵素，P450（CYP）酵素，アルカロイド合成，フラボノイド合成経路に関わる酵素のペプチド配列特異性を，ペプチド配列における２ペプチド頻度により特徴づけた。はじめに，タンパク質の生物界全体の多様性を評価することを目的に，植物（59,165種）と微生物（代表的66種）の71万種のペプチド配列をもとに，ペプチド配列を２ペプチド頻度のベクトルで表現した。このデータセットを，独自に開発した一括学習型自己組織化法[8~10)]により二次元格子点上に分離し，ペプチドの多様性を体系化する自己組織化マップを作成した。この自己組織化マップにより本プロジェクトで収集した二次代謝物に関する酵素の分布を検討したところ以下の結果を得た[6)]。(a)４種のテルペンサイクラーゼには固有の配列特性が見られ，さらに，モノテルペンとセスキテルペンサイクラーゼは非常に共通性が高いことが得られた。おおまかにではあるがそれぞれのテルペンサイクラーゼグループは，２，３個の共通配列により構成されていることも自己組織化マップから把握できた。さらに，(b)P450（CYP）酵素，アルカロイド合成，フラボノイド合成経路に関わる酵素の配列特異性を特徴づけることができた。

また，KNApSAcK Family DBをもとに，シロイヌナズナにおけるゲノム上の遺伝子の配置において，二次代謝経路と関連するオペロン様遺伝子クラスターの統計的検出法を提案した[9]。オペロンとは，複数の遺伝子が同一のmRNAに転写される単位をいい，原核生物と一部の真核生物（例えば酵母や線虫）における遺伝子発現において見られるシステムである。細胞における機能単位，例えば，一連の代謝経路に関わる遺伝子がオペロンを構成する傾向がある。植物ゲノムにおいても一連の代謝経路に関わる遺伝子がゲノム上に並置され必要に応じて共発現する。これらは同一のmRNAに転写されるわけではないが，ゲノム上に並置され共発現されることからオペロン様遺伝子クラスターと呼ばれている。本研究では，世界中で報告された1,469枚のアレイデータならびに我々の研究室で独自に開発した遺伝子アノテーションシステムArabidopsis Gene Classifier（図３，PicnicにおけるArabidopsis，http://kanaya.naist.jp/GeneClassifier/top.jsp?fn=arabidopsis）[10]を用いて推定されたシロイヌナズナにおけるオペロン様遺伝子クラスターについては，偽陽性率（FDR）に着目した。隣接遺伝子対における相関係数の分布をランダムな遺伝子対との相関係数の分布と比較することにより，ゲノム中に100個存在することが明らかとなった。その中に含まれる$\alpha=0.01\%$ではFDR=0.07であった。これは，100個中７個の偽陽性を含むということである。いま，この条件で35個のオペロン様クラスターが抽出された。これらは二次代謝経路，細胞内のシグナリングに関わる共通の機能の遺伝子により構成される傾向にあることが示された。

また，マルチオミックスの一環としたシミュレーション要素技術の開発もビッグデータ・サイエンスにおいて必要とされる。分子生物学におけるシミュレーションには，化学反応論における微分方程式もしくはストキャスティック・シミュレーションの適用に成功した。後者については，メタボローム全体を考慮したシミュレーション法として遺伝的アルゴリズムによるパラメータ最適化を含めたプロトタイプが無償で公開されている[11]。

一方，生物の状態間の時間ごとの遷移確率をもとにしたシミュレーション（データ同化）に基づいて，トランスクリプトームやメタボロームにおける細胞の状態遷移を理解することにも成功した[12,13]。このように微視と巨視の両側面からのモデルを構築することができるデータベース技術とシミュレーションならびにマイニング技術をつなぐことによりビッグデータ・サイエンスとしての生態学，ヘルスケアならびに分子生物学に新たな展望を開くことができることは間違いない。

## 6.6　今後の展望

ゲノム，トランスクリプトーム，プロテオーム，メタボロームに代表されるオーム情報をいかに効率よく解釈するかということは，医薬・薬学・栄養学・生物学などの分野の大きな課題でありBig Data Biologyとして取り上げられている[1,2]。情報科学では，例えば世界のウェブ上での情報の集約と情報の流れといったさらに大きな情報をビッグデータと呼び，そこから，統一解釈を導くためのマイニング研究が盛んに行われている。今後，ビッグデータ・バイオロジーに向けたマイニング技術の研究開発を展開したい。

## 文　献


1) T. Hey, S. Tansley and K. Tolle, The fourth paradigm: data-intensive scientific discovery, Microsoft Research (2009)
2) E. Aronova, K. S. Baker and N. Oreskes, *Hist. Stud. Nat. Sci.*, **40**, 183 (2010)
3) M. Afendi, T. Okada, M. Yamazaki, A. Hirai-Morita, Y. Nakamura, K. Nakamura, S. Ikeda, H. Takahashi, M. Altaf-Ul-Amin, L. K. Darusman, K. Saito, S. Kanaya, *Plant Cell Physiol.*, **53**, e1.1 (2012)
4) A. Oikawa, Y. Nakamura, T. Ogura, A. Kimura, H. Suzuki, N. Sakurai, Y. Shinbo, D. Shibata, S. Kanaya and D. Ohta, *Plant Physiol.*, **142**, 398 (2006)
5) Y. Nakamura, F. Mochamad Afendi, A. Kawsar Parvin, N. Ono, K. Tanaka, A. Hirai Morita, T. Sato, T. Sugiura, M. Altaf-Ul-Amin, S. Kanaya, *Plant Cell Physiol.*, **55**, e7.1 (2014)
6) S. Ikeda, T. Abe, Y. Nakamura, N. Kibinge, A. Hirai Morita, A. Nakatani, N. Ono, T. Ikemura, K. Nakamura, M. Altaf-Ul-Amin, S. Kanaya, *Plant Cell Physiol.*, **54**, 711 (2013)
7) R. W. Scotland, A. H. Wortley, *Taxon*, **52**, 101 (2003)
8) M. Afendi, N. Ono, Y. Nakamura, K. Nakamura, L. K. Darusman, N. Kibinge, A. H. Morita, K. Tanaka, H. Horai, Md. Altaf-Ul-Amin, S. Kanaya, *Comput. Struct. Biotechnol. J.*, **4**, e201301010.1 (2013)
9) M. Wada, H. Takahashi, M. A. U. Amin, K. Nakamura, M. Y. Hirai, D. Ohta, S. Kanaya, *Gene*, **503**, 56 (2012)
10) H. Takahashi, M. Kawazoe, M. Wada, A. Hirai, K. Nakamura, M. A. U. Amin, S. Yuji, Y. H. Masami, S. Kanaya, *Plant Biotechnol.*, **26**, 509 (2009)
11) T. Katsuragi, N. Ono, K. Yasumoto, M. Altaf-Ul-Amin, M. Y. Hirai, K. Sriyudthsak, Y. Sawada, Y. Yamashita, Y. Chiba, H. Onouchi, T. Fujiwara, S. Naito, F. Shiraishi, S. Kanaya, *Plant Cell Physiol.*, **54**, 728 (2013)
12) R. Morioka, S. Kanaya, M. Y. Hirai, M. Yano, N. Ogasawara, K. Saito, *BMC Bioinformatics*, **8**, 343.1 (2007)
13) H. Takahashi, R. Morioka, R. Ito, T. Oshima, M. Altaf-Ul-Amin, N. Ogasawara, S. Kanaya, *OMICS*, **15**, 15 (2011)

# 第3章　ビッグデータの解析

## 1　大量シーケンス時代の比較ゲノミクス基盤

内山郁夫*

### 1.1　はじめに

次世代シーケンサをはじめとする技術の進展により，安価に大量の塩基配列が得られるようになり，これらに基づくゲノミクス研究の進展が著しい。その対象は，ヒトをはじめとする，研究の進んだ限られた数のモデル生物から，基礎・応用を問わず様々な観点から興味を持たれる広範な生物へと広がっており，さらに個体レベル，細胞レベルの解析や，生体内や環境中のメタゲノム解析など，無限の多様性を持つ対象へと広がりを見せている。文字列であるゲノム情報はそれ自体では生物学的な意味を持ちえず，相互に照合・比較して，生物学的知見とつきあわせることによって初めて意味のある情報となる。その意味で，比較解析は爆発的なデータの蓄積に基づくゲノミクス研究を支える，最も基盤的な技術といえる。ここでは，比較ゲノム解析の基礎的な戦略について概観した後，主に微生物ゲノムを対象とした筆者らのこれまでの取り組みについて紹介し，今後の展開について展望する。

### 1.2　比較ゲノム解析の基本的戦略

ひとくちに比較ゲノム解析といっても，いくつかの異なる方式があり，対象生物種群の類縁度やゲノムの完成度，あるいは比較の目的によって使い分けられる（図1）。また，情報学的なアプ

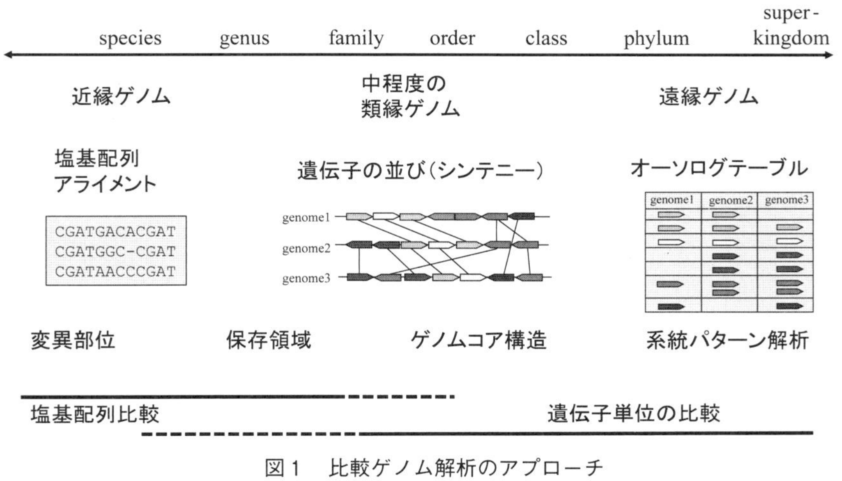


図1　比較ゲノム解析のアプローチ

＊ Ikuo Uchiyama　自然科学研究機構　基礎生物学研究所　ゲノム情報研究室　助教

ローチもそれぞれで異なる。以下，比較ゲノムの戦略について，いくつかの観点から整理する。

### 1.2.1　ゲノム配列比較と遺伝子比較

まず比較の単位として，ゲノムの塩基配列を直接比較するのか，遺伝子単位で比較するのか，という違いがある（図１）。前者はより直接的であり，様々なゲノムアライメントのプログラムが開発されている[1]。しかし，一般に塩基配列の一致度が高いほど高速にかつ正確なアライメントが可能になるのに対し，遠縁になるほど配列の一致度が下がり，塩基配列レベルでの正確なアライメントが難しくなってくる。このような場合でも，遺伝子単位でアミノ酸配列として比較することによって，より正確なアライメントに基づく比較が可能になる。

もちろん，これは目的にも依存する。種内やごく近縁種間のゲノムを比較する場合，その目的は個体間の配列の微妙な違い，すなわち多型を検出することになる。もう少し遠い生物種間の場合は，逆に高く保存されている領域を検出することに力点が移ることが多い。保存領域は遺伝子のコード領域や，非コードRNA，制御領域などの機能上重要な領域に対応し，その予測の手がかりとなるからである。いずれにしても，こうした目的においては遺伝子領域に限らず，全ゲノムを塩基配列レベルで比較することが必要である。一方，ゲノムを遺伝子の集合体と捉えて，種間で遺伝子の有無の違いや，アミノ酸配列上の違いなどを調べたい場合は，遺伝子単位の比較が有効となる。特に，種ごとに遺伝子の有無を1/0で表したものは系統パターン（プロファイル）[2]と呼ばれ，遺伝子の機能推定の手がかりの一つとして使われる。最近では次世代シーケンサを用いたRNA-Seqの新規アセンブリによって，ゲノム配列より先に遺伝子配列の集合を得ることが可能になってきており[3]，こうしたデータに対しても遺伝子単位での比較は効果的である。遺伝子単位での比較においては，後述のオーソログ解析がその基本となる。

### 1.2.2　参照ゲノムを中心とした比較とマルチプルアライメントに基づく比較

自分が着目する生物種で，ゲノム配列の完成度が高く，アノテーションもしっかりしているゲノム（例えばヒトゲノム）があれば，それを参照ゲノムとして他のゲノムを貼り付ける形で比較するのが効果的である。この場合は，参照配列と対象配列の間のペアワイズ比較を行うだけなので効率がよい。また，参照ゲノム配列の完成度が高ければ，対象とするゲノム配列の完成度がある程度低くても，それなりの比較ができる。

近年では，同一種内比較の場合，次世代シーケンサを使って得られた短いリード配列を，参照ゲノム配列に直接マッピングすることによって一塩基多型や挿入欠失部位を同定する方法が主流となっているが，これも参照ゲノム中心型のゲノム比較の一つといえる。大型ゲノムの新規アセンブルはいまだ容易でないので，アセンブルせずに変異を同定できる意義は大きい。ただしリード配列をマッピングするには参照ゲノムとの高い類似性が前提となるため，ある程度離れた種間ではこのアプローチは難しくなってくる。この場合は新規にアセンブルする必要が出てくるが，参照配列を使ってアセンブルを改善する手法も考案されている[4]。いずれにしても，完成度の高い参照配列に貼り付けることによって，完成度の低いドラフト配列が分かりやすく整理され，有用な情報を得やすくなる。もちろん，対象配列の完成度が高い場合でも，目的が参照ゲノム中心の比較であればこの方法は有効である。

一方，この方法では参照配列に含まれない配列は比較対象にならず，またあくまで参照配列と対象配列との間の比較であるので，異なる対象配列間の比較を論じるのは難しい。これらが問題になる場合は，各配列を等価に扱うマルチプルアライメントによって比較する必要がある。一般に，マルチプルアライメントはペアワイズアライメントを累進的に組み合わせることにより作成されるが[5)]，長大なゲノム配列全体をアラインするには計算が膨大になる。そこで，Mauveなどのツールでは，すべての配列に含まれるユニーク部分配列をまずアンカーとして抽出し，それらの配置から大まかな対応付けを行った後，アンカー間の配列アライメントを計算するといった手法が用いられている[6)]。

### 1.2.3　シンテニーとゲノム再編

一般に，配列アライメントでは置換，挿入，欠失の操作を加えることによって配列間の対応付けを行うため，遺伝子の並び順や向きは変わらないことが前提となっている。しかし，ゲノムの進化過程には，この他に転位や逆位といった遺伝子の並び順や向きを変える変化も存在する。対象とする配列間で，遺伝子の並び順や向きが保存されている領域がアライメント可能な領域であり，シンテニーブロックと呼ばれる[7)]。これは配列アライメントにおいては局所的にアラインされた領域を基に，また遺伝子単位の比較の場合はオーソログ遺伝子の対応を基に，それぞれ並び順と向きが保たれた領域をつないで拡張していく形で定義される。シンテニーブロックの境界にはゲノム再編の切断点が存在することになり，シンテニーブロックがゲノム再編を考える際の基本単位となる。転位や逆位を考慮して，ゲノム間での遺伝子やシンテニーブロックの配置の変化から，ゲノム再編の過程を再構築する方法も開発されている[8)]。

### 1.2.4　可視化

長大なゲノムアライメントの結果を人間が解釈する際に，可視化は重要な要素となる。「参照ゲノムを中心とした比較」は，可視化においても簡潔で効果的な表現を可能にする。すなわち，この場合は通常のゲノムブラウザを用いて参照ゲノム上に比較結果を貼り付けていけばよい。代表的なブラウザであるUCSC Genome Browser[9)]の例を図２(A)に示す。ゲノムブラウザは，様々な情報を載せた多数のレーンを並べることによって相互の関係を視覚的に把握できるようになっており，ゲノム比較の結果もその一部として表示される。載せる情報としては，種内比較の場合はSNPなどの多型部位，種間比較の場合は配列一致度のグラフをプロットするなどして視覚化される。

こうした表現は有用だが，ゲノム再編の様子などはよく見えない。そうした目的としては，ゲノム間で対応する座位を線で結ぶとか，対応する領域が同じ色になるよう塗りわける，といった方法がある。筆者らが開発したCGAT[10)]は，ペアワイズ比較専用であるが，ドットプロットとアライメントビューアを並べることで，ゲノム再編の切断点周辺の構造の観察を助けるツールである（図２(B)）。Mauve[6)]に付属するアライメントビューアは，Mauveで作成されたシンテニーブロックごとのアライメントの情報を，各ゲノム上に貼り付けた形で見ることができる（図２(C)）。こ

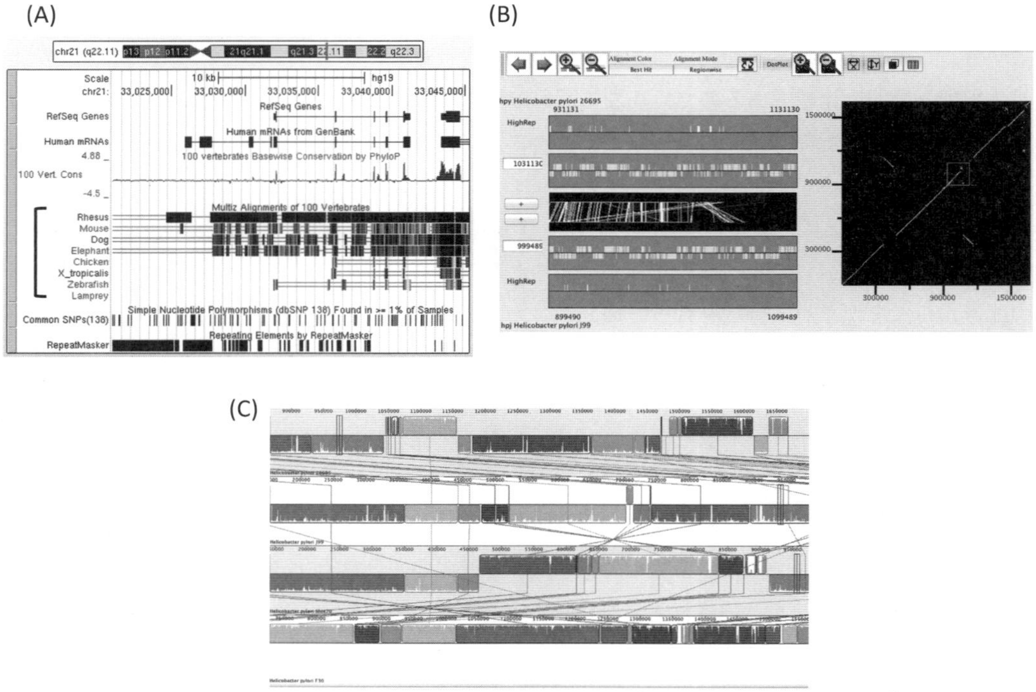


図２　アライメントの可視化

(A)UCSC Genome Browser。左角括弧で示した部分に他の脊椎動物に対してアラインされた領域が表示されている，(B)CGAT，(C)Mauve。(B)と(C)はいずれもピロリ菌の株間比較の様子を表している。

の他，円周上にゲノム配列を並べて描画し，対応する領域を円の内部で対応付けて表示するCircos[11]というツールがある。見やすさには一長一短あるが，通常のゲノムを縦に並べる表現と比べて，各ゲノム間の対応関係を少ない線の交錯数で描画でき，ゲノムブラウザと同様に，円周の上に様々な情報を載せて表示することができる。

### 1.3　オーソログ解析

遺伝子単位の比較ゲノム解析で重要になるのがオーソログ解析である。配列の比較はホモロジー（相同性）に基づいて行われるが，ホモログ（相同配列）には種分化によって生じるオーソログと，ゲノム内の重複によって生じるパラログがあり[12]，ゲノムを比較する際は，オーソログを対応付けるのが基本である。水平移動を考えなければ種分化後に遺伝子が混じりあうことはないから，種分化のタイミングで分岐するオーソログが種間のホモログの中で最も近い関係にある。このため，種間のホモログの中で最も類似性が高いという「双方向ベストヒット」基準を満たす遺伝子対をオーソログとしてとることがよく行われる。ただし，双方向ベストヒットが一対一の関係を想定しているのに反して，実際のオーソログ関係は必ずしも一対一にならない。対象となる種分化以降に重複が起きて，それぞれの種においてパラログ（インパラログという[13]）が生じた場合，これらは区別ができなくなり，オーソログは一対多もしくは多対多の関係となる。

オーソログは遺伝子単位で考えられることが多いが，遺伝子単位に限らず，任意の配列対で定義できる。種間でゲノム配列をアラインする場合，最も長くアラインされる領域を取り出してくるが，これは複数の遺伝子を含む配列断片対としてオーソログを同定することに相当する。近縁種間においては，こうしたシンテニーを利用することによって，遺伝子単位で比較するよりはオーソログの対応付けが明確になることが多い。逆に，遺伝子の部分配列であるドメインを単位としてオーソログを考えることもできる。実際，進化の過程で遺伝子の融合やドメイン単位での融合・分裂が生じることがよくあるが[14]，そういう場合は正確にはドメイン単位で対応付けを行う必要が出てくる。

オーソロジーは種分化によって規定される概念なので，基本的には２種間の関係として定義されるが，多数のゲノムを比較する場合は，オーソロジーを３種以上の関係に拡張することが必要になる。これをオーソロググループと呼ぶが，この場合は対象とする種全体の共通祖先において，種分化する際に分岐して生じた遺伝子群をオーソロググループとして考えるのが自然である。この考えに従えば，遺伝子系統樹を使ってオーソロググループを定義できる。こうした系統樹に基づいたアプローチをツリーベースの方法という[15]。一方，手続き的には双方向ベストヒットによって得られた２種間のオーソログ関係を基に，何らかのクラスタリング手法を用いて３種以上に拡張する方法も有力である。これはオーソログの２項関係を用いて作成されたグラフに基づく方法なので，グラスベースの方法と呼ばれ[15]，初期に開発されたCOGデータベース[16]やOrthoMCLプログラム[17]はこのアプローチでオーソロググループを定義している。オーソログが一対一対応に近い理想的なケースでは，２つの方法は概ね一致することが多いが，インパラログや系統特異的な欠失の影響が大きくなってくると大きな違いが出てくる。一般に，正確な系統樹が得られていればツリーベースの方がより正確であるが，系統樹の作成にはコストがかかるため，大規模な解析には向かないとされる。

筆者らは，階層的クラスタリングに基づいてオーソロググループを作成するプログラムDomClustを開発した[18]。このプログラムは，相同性検索結果のクラスタリングという点ではグラフベースに近いが，階層的ツリーに基づいてオーソロググループを作成する処理においてはツリーベースの考えを用いており，その結果，高速性と妥当性を兼ね備えた方法となっている。さらにDomClustでは，遺伝子ではなくドメイン単位でのオーソログ分類を行えるという特徴を持っており，このために局所アライメントの結果を用いてドメイン分割を行う処理を階層的クラスタリングの枠組みに組み込んでいる。これは，ほとんどのオーソログ分類プログラムが遺伝子を単位としているのに対して，特にユニークな特徴となっている。

### 1.4　微生物比較ゲノムデータベース

すでに高等生物から微生物まで様々なゲノムデータが蓄積しており，オーソログ関係を用いてそれらを整理したデータベースが多く公開されている。特に原核生物は，ゲノムサイズが小さく，イントロンを含まないなど遺伝子構造が単純であることから，シーケンス，アセンブル，アノテーションの各段階が真核生物と比べて簡単であり，また多様性が極めて大きいこともあって，多様な種のゲノムデータが蓄積している。ゲノムプロジェクトに関する情報を集めたGOLD データベース[19]によれば，2014年２月１日時点でcompleteとされるゲノムはおよそ3000あり，その95%ほどが原核生物である（図３）。その数はおよそ２年で２倍のペースで増加している[19]。近年は，不完全のままプロジェクトが完結して公開されるpermanent draftと呼ばれるゲノムがcompleteのゲノムを超える勢いで増加しているが，これも大半が原核生物となっている。

我々は，微生物の比較ゲノムのためのデータベースMBGDを構築している[20]。現在のところ，原核生物と単細胞真核生物，それにヒトを含めた４種の多細胞生物を含めた2500ゲノム以上が登録されており，年に２回のペースで更新している。MBGDではこれらのゲノム中に同定された遺伝子について，総当たりのホモロジー検索を実行して結果を蓄積しており，このデータから前述のDomClustを用いてオーソロググループを作成し，それを各行にオーソロググループ，各列にゲノムを配したオーソログテーブルの形で提供している（図４(A)）。

MBGDでは，利用者が登録されたゲノムから，任意の生物種セットを指定して，それらの間のオーソログテーブルを動的に作成して比較することができる。その際，利用者が自身の持つゲノムデータをサーバに登録して，それらを公開データと合わせてオーソログ解析を行うことも可能になっている（MyMBGD機能）。このような任意の生物種セットに対する動的なオーソログ解析機能は，MBGDが当初から持っているユニークな特徴であり[21]，蓄積したゲノムデータを利用者の興味に合わせて効果的に活用することを可能にしている。

一方，MBGDではいくつかの生物種セットについて，それらの間のオーソログテーブルを事前に計算して保持している。デフォルトでは生物種全体を偏りなくカバーするセットとして，属あたり一つの生物種を代表とした生物種セットが選ばれているが，この他にNCBI Taxonomyデータベースに従って，系統群ごとにそれに属する近縁種間のオーソログテーブル（系統特異的オーソログテーブル）を作成しており，タキソノミーツリーに沿って系統群を選択することによって，

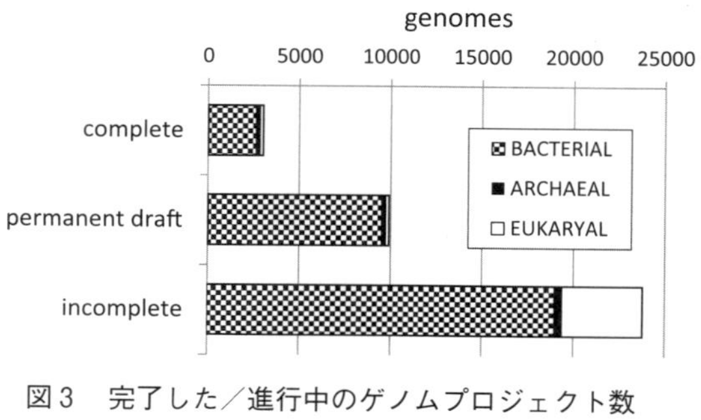


**図３　完了した／進行中のゲノムプロジェクト数**
GOLD データベース（2014年２月１日版）に基づく。

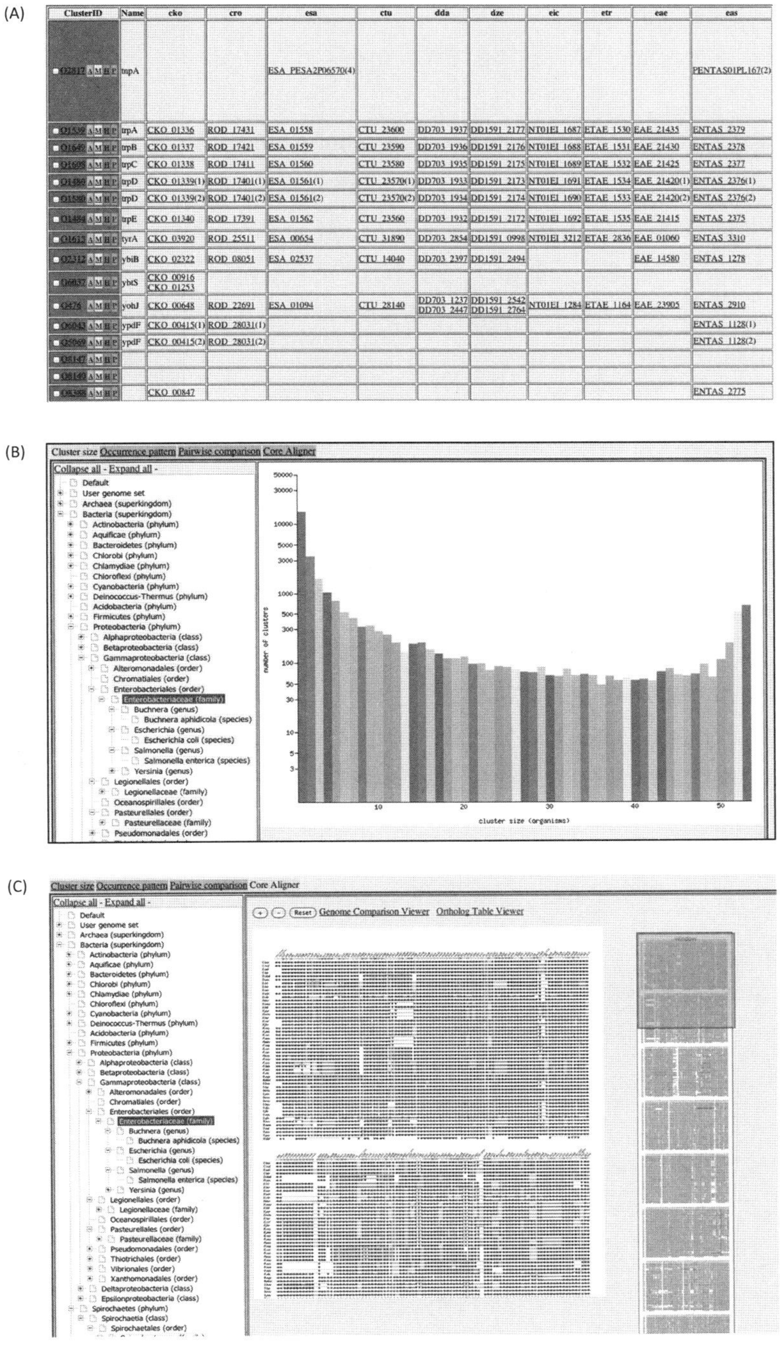

(A)

| ClusterID | Name | cko | cro | esa | ctu | dda | dze | eic | etr | eae | eas |
|---|---|---|---|---|---|---|---|---|---|---|---|
| O2817 A M H P | trpA | | | ESA_PESA2P06570(4) | | | | | | | PENTAS01PL167(2) |
| O1539 A M H P | trpA | CKO_01336 | ROD_17431 | ESA_01558 | CTU_23600 | DD703_1937 | DD1591_2177 | NT01EI_1687 | ETAE_1530 | EAE_21435 | ENTAS_2379 |
| O1649 A M H P | trpB | CKO_01337 | ROD_17421 | ESA_01559 | CTU_23590 | DD703_1936 | DD1591_2176 | NT01EI_1688 | ETAE_1531 | EAE_21430 | ENTAS_2378 |
| O1695 A M H P | trpC | CKO_01338 | ROD_17411 | ESA_01560 | CTU_23580 | DD703_1935 | DD1591_2175 | NT01EI_1689 | ETAE_1532 | EAE_21425 | ENTAS_2377 |
| O1484 A M H P | trpD | CKO_01339(1) | ROD_17401(1) | ESA_01561(1) | CTU_23570(1) | DD703_1933 | DD1591_2173 | NT01EI_1691 | ETAE_1534 | EAE_21420(1) | ENTAS_2376(1) |
| O1580 A M H P | trpD | CKO_01339(2) | ROD_17401(2) | ESA_01561(2) | CTU_23570(2) | DD703_1934 | DD1591_2174 | NT01EI_1690 | ETAE_1533 | EAE_21420(2) | ENTAS_2376(2) |
| O1484 A M H P | trpE | CKO_01340 | ROD_17391 | ESA_01562 | CTU_23560 | DD703_1932 | DD1591_2172 | NT01EI_1692 | ETAE_1535 | EAE_21415 | ENTAS_2375 |
| O1612 A M H P | tyrA | CKO_03920 | ROD_25511 | ESA_00654 | CTU_31890 | DD703_2854 | DD1591_0998 | NT01EI_3212 | ETAE_2836 | EAE_01060 | ENTAS_3310 |
| O2312 A M H P | ybiB | CKO_02322 | ROD_08051 | ESA_02537 | CTU_14040 | DD703_2397 | DD1591_2494 | | | EAE_14580 | ENTAS_1278 |
| O6037 A M H P | ybtS | CKO_00916<br>CKO_01253 | | | | | | | | | |
| O476 A M H P | yohJ | CKO_00648 | ROD_22691 | ESA_01094 | CTU_28140 | DD703_1237<br>DD703_2447 | DD1591_2542<br>DD1591_2764 | NT01EI_1284 | ETAE_1164 | EAE_23905 | ENTAS_2910 |
| O6043 A M H P | ypdF | CKO_00415(1) | ROD_28031(1) | | | | | | | | ENTAS_1128(1) |
| O5069 A M H P | ypdF | CKO_00415(2) | ROD_28031(2) | | | | | | | | ENTAS_1128(2) |
| O8147 A M H P | | | | | | | | | | | |
| O8149 A M H P | | | | | | | | | | | |
| O8388 A M H P | | CKO_00847 | | | | | | | | | ENTAS_2775 |



図４　微生物比較ゲノムデータベースMBGD

(A)オーソログテーブル，(B)系統群特異的オーソログテーブルの選択画面。図では腸内細菌科が選択されており，ヒストグラムはこの系統群において各オーソロググループに含まれる生物種数を表す，(C)コアゲノム構造表示画面。

それらの間の比較を行うことができる（図4(B)）。こうした近縁種間の比較解析はMBGDにおける主要なターゲットの一つであり，次項で詳しく述べる。

### 1.5　種（系統群）内ゲノム比較：コアゲノム（core genome）と汎ゲノム（pan-genome）

原核生物は水平伝搬による遺伝子のやりとりを頻繁に行っていることもあり，同種の株間でも一般に遺伝子構成が大きく異なる。すべての株に共通に存在する遺伝子群を「コアゲノム（core genome)」，どれかの株に含まれる遺伝子全体を合わせたものを「汎ゲノム（pan-genome)」と呼ぶが[22]，多くの種において株数を増やすと新規配列がコンスタントに増大し，汎ゲノムが発散する傾向にあることが観察されている[23]。こうした解析は，オーソログ解析によって容易に行うことができる。また，種に限らず，属や科など上位の系統分類群においても，コアゲノムや汎ゲノムを定義することができる。MBGDの系統群特異的オーソログテーブルはこうした解析の基盤を提供する。

一方，近縁ゲノムの比較解析においては遺伝子レベルのオーソログ解析だけでなく，遺伝子の並び，すなわちシンテニーを利用した解析が効果的である。我々は，遺伝子の並び順をも考慮して，近縁種間で共通に保存された「コアゲノム構造」を構築するプログラムCoreAlignerを開発した[24]。このプログラムは，遺伝子の並び順が一定の割合以上で保存されている領域を抽出し，そのコンセンサスの並び順を決める。この方法は，すべての株に存在するという上述の「コアゲノム」の定義と比べると，遺伝子の並び順の保存性をも考慮する一方で，保存性に対しては一定の割合での例外を許している。その結果，系統群の共通祖先から主に垂直的に伝搬して保存されている遺伝子の集合をよりよく抽出することができる[24]。これは，水平伝搬による遺伝子の伝達が頻繁に行われている原核生物のゲノム解析において，重要な情報を提供すると考えている。また，遺伝子の並びに基づくアライメントは，塩基配列のアライメントがきちんととれないような遠い種を含む系統群においても，全体的なシンテニーがある程度保存されてさえいれば適用可能である。MBGDでは種，属，科に対応する系統群について，CoreAlignerをあらかじめ実行して得たコアアライメントの結果も格納しており，系統群特異的オーソログ解析のページから参照することができる[20]（図4(C)）。

### 1.6　オーソログテーブルブラウザ

我々はさらに，オーソログに基づく比較解析という同様のコンセプトで，より柔軟な解析機能を持つワークベンチRECOGを開発している。RECOGはMBGDに接続してオーソログ解析を行える他，サーバをローカルに立ち上げて独自のゲノムセットの比較解析を行うこともできる。RECOGブラウザの重要な特徴は，オーソログテーブルビューアを用いて，オーソログテーブル全体を見ることができることである（図5）。このビューアでは，各行のオーソロググループに対して，条件を付けてのフィルタリングや並べかえ，色づけなどを柔軟に行える。遠縁の種間比較や原核生物の種内比較など，遺伝子構成が大きく異なるゲノムを多数比較する場合は，可視化も

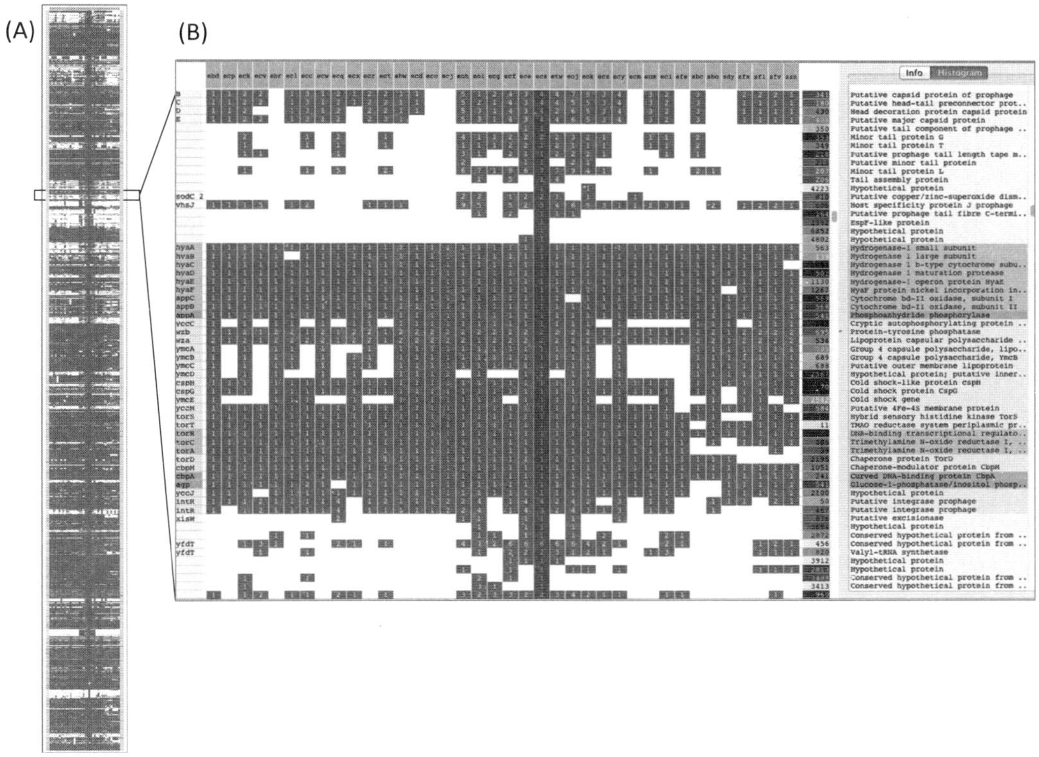


**図５　比較ゲノムワークベンチRECOGにおけるオーソログテーブルビューア**
大腸菌と赤痢菌38株を比較し，O157 Sakai株のゲノム上の並び順に沿ってソートした。(A)オーソログテーブルの全体像，(B)一領域をオーソログテーブルビューアで表示したもの。

ゲノムブラウザやアライメントブラウザのようなツールだけでは不十分であり，このような「汎ゲノム」としてのオーソログテーブル全体を表示するブラウザが必要になってくる。

## 1.7　大量ゲノム解析時代の基盤構築に向けて

シーケンス技術の進展により，大量の配列データがあふれ始めている。微生物のゲノムは短いので，次世代シーケンサの能力を活かせば，全長をカバーするゲノム配列を安価に決めることができる。ただし，ショットガンシーケンスだけではリピート配列の存在などによってどうしてもつながらない部位は残るため，コンティグ一本の完全配列まではならない。こうした配列が，図３のpermanent draft配列として大量に公的データベースに登録されるようになっているが，その多くは同一種内の多数の株のゲノムである。

先にも述べたように，このような不完全なゲノムデータを解析する際には，同種の完全ゲノムデータがあればそれを参照配列として比較するアプローチが有効であり，これによって，全体のどのくらいがカバーされているか，どのあたりが欠けているか，といったことが議論できるようになる。しかし，原核生物の種における汎ゲノムの大きさを考えれば，一本の参照配列へのマッピングだけで不十分である。そこで，種（もしくは他の系統群）内のゲノム全体を使って参照用データを作成するというアプローチが考えられる。こうした目的において，ゲノムアライメントを用いるのは自然なアプローチであろう。遺伝子単位の比較が目的なら，我々の「コアゲノム構造」も，同様に一次元の位置情報を持っているという点で参照用データとして有力である。ただし，多くの場合に病原因子などの興味が持たれる遺伝子は，株ごとに固有な遺伝子であり，コアゲノム上にはマッピングできない。その場合は結局汎ゲノム，すなわち種特異的オーソログテーブル全体が必要であり，そこに既知病原因子の遺伝子機能や各株の病原性などの知識を統合したデータベースを参照データとして使うのが効果的となるだろう。

一方，微生物ゲノムのもう一つの重要な応用としてメタゲノム解析がある。メタゲノムはドラフトゲノムと比べても不完全さが遙かに大きいので，やはり参照データへのマッピングというアプローチが効果的であるが，もちろんメタゲノムは広範な菌種を含むので，グローバルなオーソログテーブルを参照する必要がある。実際，メタゲノム解析において，COGやその後継であるeggNOG[25]などのデータベースと照合するというアプローチは広く行われている。また，KEGG[26]はオーソログデータと代謝マップがリンクされているため，メタゲノムの断片配列を代謝マップ上にマップさせる目的で広く使われている。

このように，オーソログ解析をはじめとする比較ゲノム解析は，大量のシーケンスデータを既知のゲノムデータと対応付けるための基盤を構成するものである。これをさらに効果的にするためには，遺伝子の機能や生物の表現型などの情報が整備され，オーソログテーブルを通じて統合されることが必要である。微生物の分野において，我々は現在，MicrobeDB.jpプロジェクトの一環としてこのような取り組みを進めており，そこではRDF（Resource Description Framework）などのセマンティックウェブ技術を活用して他データベースとの統合を進めている。また，大量データをオーソログテーブルと照合するための，より効果的な方法についても，開発を進めている。

## 1.8　おわりに

安価に大量に生産されるようになったゲノム情報を利用する上で，データベースを参照した解析は必須であり，比較ゲノミクスがその基盤技術を提供する。既知ゲノム自体が大量に蓄積した現在では，クオリティの高い既知ゲノムの情報を比較解析によって整理しておき，それを参照用データとして新規のデータ解析に利用する，というアプローチが効果的である。極めて大きな多様性を持つ微生物のゲノム解析においては，オーソログ解析に立脚した比較ゲノム解析は有効なアプローチであり，既知ゲノムを整理したオーソログデータベースはその基盤となる。

一方，本節ではあまり触れなかったが，爆発的に配列データが蓄積する現在において，こうした比較ゲノムデータベースの構築は，巨大な計算パワーを必要とするという点で常に破綻との背中合わせにある。また，大量に蓄積した不完全で低品質なゲノムデータから，いかにして有用な知見を引き出しうるか，というのも重要な課題である。巨大データ解析技術との融合によってこうした課題が解決され，この分野がさらなる高みへと進展していくことを期待したい。

## 文　献


1） M. Blanchette, *Annu. Rev. Genomics Hum. Genet.*, **8**, 193（2007）
2） M. Pellegrini *et al.*, *Proc. Natl. Acad. Sci. USA*, **96**, 4285（1999）
3） M. G. Grabherr *et al.*, *Nat. Biotechnol.*, **29**, 644（2011）
4） S. Gnerre *et al.*, *Genome Biol.*, **10**, R88（2009）
5） M. Blanchette *et al.*, *Genome Res.*, **14**, 708（2004）
6） A. C. Darling *et al.*, *Genome Res.*, **14**, 1394（2004）
7） P. Pevzner *et al.*, *Genome Res.*, **13**, 37（2003）
8） G. Bourque *et al.*, *Genome Res.*, **12**, 26（2002）
9） D. Karolchik *et al.*, *Nucleic Acids Res.*, **42**, D764（2014）
10） I. Uchiyama *et al.*, *BMC Bioinformatics*, **7**, 472（2006）
11） M. Krzywinski *et al.*, *Genome Res.*, **19**, 1639（2009）
12） W. M. Fitch, *Syst. Zool.*, **19**, 99（1970）
13） M. Remm *et al.*, *J. Mol. Biol.*, **314**, 1041（2001）
14） I. Yanai *et al.*, *Proc. Natl. Acad. Sci. USA*, **98**, 7940（2001）
15） A. Kuzniar *et al.*, *Trends Genet.*, **24**, 539（2008）
16） R. L. Tatusov *et al.*, *Science*, **278**, 631（1997）
17） L. Li *et al.*, *Genome Res.*, **13**, 2178（2003）
18） I. Uchiyama, *Nucleic Acids Res.*, **34**, 647（2006）
19） I. Pagani *et al.*, *Nucleic Acids Res.*, **40**, D571（2012）
20） I. Uchiyama *et al.*, *Nucleic Acids Res.*, **41**, D631（2013）
21） I. Uchiyama, *Nucleic Acids Res.*, **31**, 58（2003）
22） H. Tettelin *et al.*, *Proc. Natl. Acad. Sci. USA*, **102**, 13950（2005）
23） H. Tettelin *et al.*, *Curr. Opin. Microbiol.*, **11**, 472（2008）
24） I. Uchiyama, *BMC Genomics*, **9**, 515（2008）
25） S. Powell *et al.*, *Nucleic Acids Res.*, **42**, D231（2014）
26） M. Kanehisa *et al.*, *Nucleic Acids Res.*, **42**, D199（2014）

## 2　一括学習型自己組織化マップ（BLSOM）を用いた大量メタゲノム配列解析

阿部貴志[*1]，金谷重彦[*2]，池村淑道[*3]

### 2.1　はじめに

次世代シーケンサーに代表されるゲノム解読技術のハイスループット化に伴い，大量のゲノム配列データが国際塩基配列データベース（DDBJ/EMBL/GenBank）に登録・公開されている。多様な環境に生息する多種類の生物種を対象にしたメタゲノム解析も普及しており，全地球レベルでの生物生態系の把握を目標にした大規模解析が世界的に進行中である[1)]。得られたメタゲノム配列の大半は，各配列が由来する生物の系統やそれらの新規性を推定することは困難であり，大半のメタゲノム配列が系統情報や遺伝子機能に関する記述なしに，利用価値が低いままにDDBJ/EMBL/GenBankに収録されている。理由としては，新規性の高い遺伝子類の配列では，信頼性のある系統樹を作成するのに必須となる，広範囲の生物系統をカバーするオルソロガス配列セットが存在せず，配列相同性検索ではもとのゲノムへの再構成が難しく，環境メタゲノム配列にどれだけの生物種がどのような割合で混在しているのか，代謝系遺伝子セットを単独の微生物種が保有しているのかなどを推定することが困難なためである。相同性検索とは全く異なった原理に基づく超大規模データ解析技術の確立が求められている。

我々は，ゲノムに潜む生物種固有の特徴を解明する目的で，大量かつ多次元データの2次元や3次元でのクラスタリングと視覚化法として，ヘルシンキ大学のコホネンらが開発した，教師なし学習アルゴリズム「自己組織化マップ（Self-Organizing Map, SOM）」に着目した[2〜4)]。コホネンSOMの長所を活かしながら，再現性のある分類結果を得るアルゴリズムとして「一括学習型自己組織化マップ（Batch-Learning Self-Organizing Map, BLSOM）」を開発し，ゲノム配列解析に適用してきた[5〜11)]。3連や4連塩基といった連続塩基（オリゴヌクレオチド）の出現頻度に着目することで，生物種の情報を計算の途中で一切与えずに，連続塩基の出現頻度の類似性だけを基に，ゲノム配列断片を生物種ごとに高精度に分離（自己組織化）させる強力なクラスタリング能力を持ち，その結果を容易に可視化できる[5,6)]。さらに，並列計算に適したアルゴリズムになっており，地球シミュレータなどの高性能計算機を用いた超大規模解析もいち早く可能とした[9)]。なお，BLSOM法の詳細なアルゴリズムについては，著者らの他の解説書や原著論文を参照されたい[5,6,10)]。

従来の相同性検索と異なり，連続塩基の出現頻度のみでゲノム配列断片の大半を生物種により高精度に分類できるBLSOMは，オルソログ配列セットや配列間のアラインメントを必要とせず，新規性の高い未知生物に由来するメタゲノム配列に対する系統推定が可能であることを発表して

---

＊1　Takashi Abe　新潟大学　大学院自然科学研究科／工学部　情報工学科　准教授
＊2　Shigehiko Kanaya　奈良先端科学技術大学院大学　情報科学研究科　教授
＊3　Toshimichi Ikemura　長浜バイオ大学　バイオサイエンス学部
コンピュータバイオサイエンス学科　客員教授

きた[7]。日本国内外の研究者との共同研究により，BLSOMを用いた成果も発表している[12~15]。連続塩基組成やSOMに着目して系統推定を行うための別の方法も，他のグループから提案されている[16~22]。

本節では，BLSOMを用いたメタゲノム解析手法として，開発してきた生物系統推定や新規性の高い生物種由来の配列の抽出，機能未知タンパク質に対する機能推定法について紹介する。

### 2.2　連続塩基組成に基づいた一括学習型自己組織化マップ（BLSOM）による全既知生物種を対象にしたゲノム配列解析

ゲノム塩基配列の解読が困難であった時期には，実験で測定可能なGC％が各生物種ゲノムや，さらにはゲノムの内部構造を特徴付ける基本的な量として用いられてきた。多くのゲノムが解読されている現在では，同じGC％を持つゲノムが多数存在し，GC％のみでは特徴を理解するのは困難である。一方，塩基配列を文章のように扱い，単語の出現頻度解析（Word Count）を行うことで，ゲノム配列に潜む多様な情報を効率的に抽出できる。ここで単語とは，２連・３連・４連塩基のような連続塩基（オリゴヌクレオチド）を意味する。同一のGC％を持つ生物種でも，２連塩基の同一な出現頻度特性を持つ生物種は少なく，連続塩基が３連や４連と長くなるにつれ，同一の頻度特性を持つ生物種の可能性は極端に小さくなる。この連続塩基頻度解析を，DDBJ/EMBL/GenBankに収録されているゲノム配列の全体を対象にして，大規模な解析を行うことで，新規視点での知識発見を可能とした。

BLSOMは教師なしのアルゴリズムであり，予備知識なしにゲノム配列に潜む生物種固有の特徴や，ゲノム内の各機能領域に潜んでいる特徴を明らかにできる[6,7]。例えば，図１は，現時点で10 kb以上の配列断片がDDBJ/EMBL/GenBankに収録されている原核生物の約5600種，既知真核生物の412種，既知ウイルス約30000種，ミトコンドリア4479種，葉緑体225種について，塩基配列を5000塩基（５kb）ごとに断片化したゲノム配列断片1120万件（56ギガ塩基）を対象に，縮退４

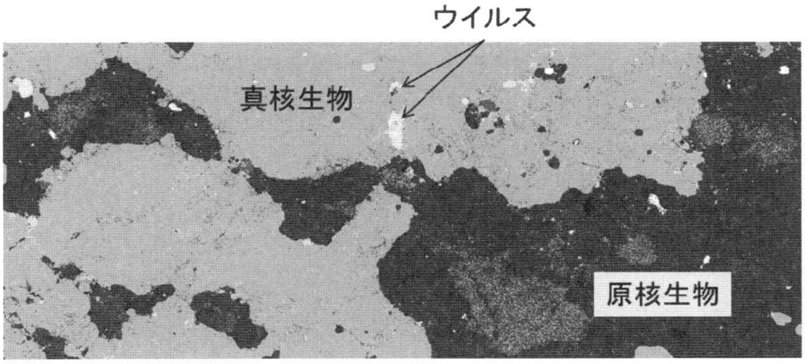


図１　国際塩基配列データベースに収録されている全生物由来塩基配列情報を対象としたBLSOM（Kingdom-BLSOM）

連塩基頻度に基づくBLSOMを地球シミュレータにて解析した結果である（ここでは，Kingdom-BLSOMとする）。DNAデータベースには2本鎖DNAの片方の配列が登録されており，2本鎖配列の選択に関する自由度に起因する影響を除くため，相補的な連続塩基（例えばAAAAとTTTT）を同一のものとみなすことを，「縮退」と定義している。高等生物の巨大ゲノムの断片化配列をそのまま解析に加えると，それらの配列の寄与が大きくなりすぎるため，原核生物や下等真核生物類の分離精度を低下させる傾向が見られた。そのため，ゲノム配列長が200 Mb以上の高等生物種については，200 Mb分を計算機でランダムに抽出した。このことで，原核と真核生物の配列の総量をほぼ等量にしている。BLSOMの計算過程では，各配列断片がどの生物種に由来するのかを，計算機には与えない（教師なし学習アルゴリズム）。BLSOMの学習後に，格子点が同一の生物系統の配列のみからなる場合にはその系統を示す色で，複数の系統の配列が混在する場合には黒色で表示した。真核と原核生物については95％レベルの高精度で分離されており，オルガネラとウイルス相互や，これらと核ゲノムとの分離も80％レベルと高い。

この成果は，比較ゲノム解析による共生微生物間の水平伝播遺伝子の予測とゲノム進化の解明[23,24]，インフルエンザウイルスゲノムの宿主特異的な特徴解明[25,26]や着目した生物が持つシグナルやモチーフを含む特徴配列の探索[27]などに適用しており，全生物の特徴を俯瞰的に理解する手法を提供した意義は大きい。

### 2.3　BLSOMを用いたメタゲノム配列に対する系統推定法

大量のメタゲノム解析により，科学的・産業的に有用な遺伝子を持つゲノム配列断片が見出されており，環境微生物群集をいかに迅速にモニターし，科学的・産業的に興味深い有用遺伝子を体系的に整理し，環境情報や多様な実験データと有機的に結びつけていくことが求められている。予備知識なしにゲノム配列断片の連続塩基組成のみで高精度に生物系統別に分離できるBLSOMを応用したメタゲノム配列に対する生物系統推定法について紹介する[7,14]。原核生物を対象にした系統推定のワークフローを図2に示す。

自然環境試料のメタゲノム解析では，新規性の高い原核生物だけではなく真核生物のゲノムDNAが混入している可能性が考えられ，メタゲノム配列に対して系統推定するためには，現時点で塩基配列が解読されている全ての生物種に対し，連続塩基出現頻度の特徴をBLSOMで予め把握しておく必要がある。そこで，3つの異なる系統レベルに対するBLSOMとして，図1で示したウイルスやオルガネラを含む全ての生物種のKingdom-BLSOM，全原核生物を用いたPhylum（門）レベルでのBLSOM（Prokaryote-BLSOM），各PhylumでのGenus（属）レベルでのBLSOM（Genus-BLSOM）を断片化サイズ5 kb，縮退4連塩基にて作成した。これらのBLSOMによるクラスタリング結果を系統推定のためのリファレンスとして用いる。

まず，300塩基以上のメタゲノム配列を対象に，Kingdom-BLSOM上で最小のユークリッド距離を有する格子点を探索し，マッピングを行い，マップされた格子点とその近傍（±1の格子点）に分類されていた既知生物種情報を用いて，含有する割合が40％以上で最上位の生物ドメイン（真

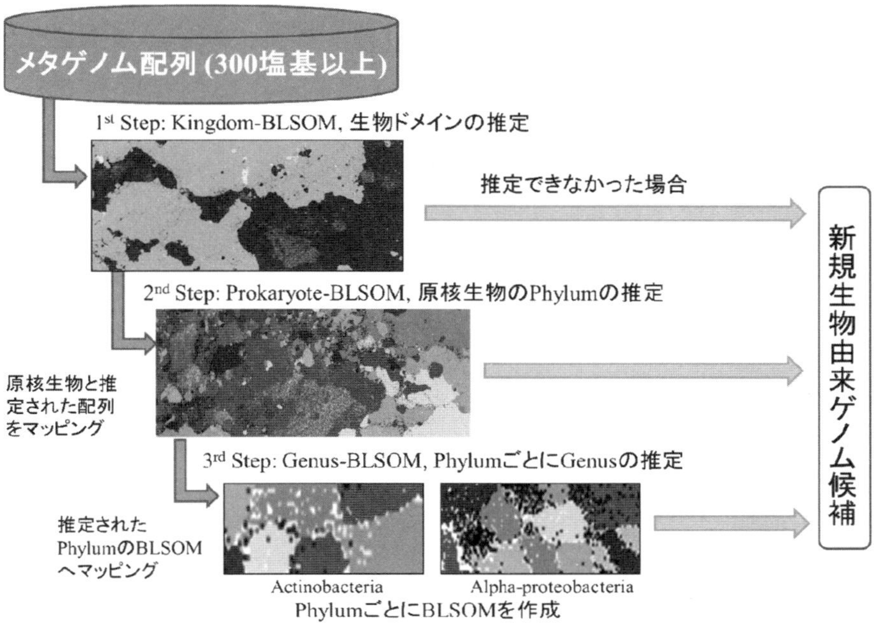


図２　BLSOMを用いたメタゲノム配列に対する生物系統推定ワークフローの概要図

核生物，原核生物，ウイルス，ミトコンドリア，葉緑体）を候補とする。次に，原核生物と推定されたメタゲノム配列を用いて，Prokaryote-BLSOMへマッピングを行い，原核生物のPhylumレベルを推定する。さらに，Phylumを推定できたメタゲノム配列を用いて，各PhylumでのGenus-BLSOMへマッピングを行うことで，属や種レベルでの系統推定が可能となる。ここで，マップされた格子点とその近傍に含まれる既知生物種の含有率を変更することで，より信頼性の高い候補のみの抽出も可能である。真核生物・原核生物などの生物ドメイン，原核生物の系統群，属種レベルと階層的に生物系統を絞り込んでいくことで，より詳細な系統推定を可能としている。さらに，各BLSOMへマッピングを行った際に，生物系統を推定できない場合もあるが，どの系統レベルまで推定できたかを知ることができ，新規性の高いメタゲノム配列の効率的な検出ができる。メタゲノム配列に対する生物系統推定の評価用に公開されている擬似メタゲノム配列セット[28]を用いて，本ワークフローによる生物系統推定の性能評価を行ったところ，生物ドメインレベルでは約90%，Phylumレベルでは約70%，属レベルでは約40～50%と他の手法と同等か，それ以上の精度があり，特に，短い配列に対する精度が高い。

ここで紹介したBLSOMを用いた系統推定のワークフローについては，メタゲノム配列を投入するだけで，上述のBLSOMマップを用いた階層的な系統推定を自動的に実行できるソフトウェアPEMS（phylogenetic estimation of metagenomic sequence using BLSOM）として公開している（http://bioinfo.ie.niigata-u.ac.jp/?PEMS_Soft）（図３）。本ソフトウェアでは，入力画面に

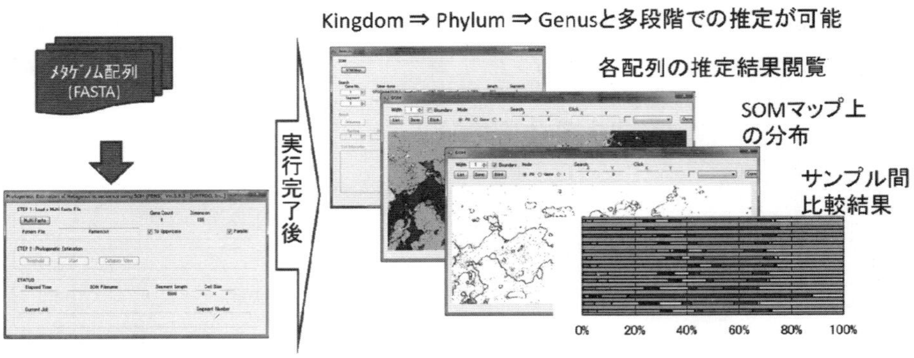


図3　生物系統推定ソフトウェアPEMS

て，マルチFASTA形式のメタゲノム配列を投入し，実行する。その際，STEP2の【Threshold】にて，近傍中に含まれる生物種の割合（デフォルト40）を変更できる。なお，プログラムでの最小長は，300塩基となっており，300塩基未満は取り除かれる。本プログラムの実行時間は利用するPCのCPUとメモリ量で大きく変わるため，大量のメタゲノム配列データを投入する場合には，注意が必要である。実行完了後，【Category View】をクリックすることで，各配列の推定結果一覧，各レベルでのBLSOMマップ上でのマッピング結果，各系統レベルでの推定結果の集計データの取得などができる。

また，マッピングを行うBLSOMマップを換えることで，真核生物やウイルスなどの他の生物系統についても推定可能である。特に，ウイルスゲノムにはrDNAが存在しないので，系統推定法として広く普及しているrDNA配列を用いた従来型の系統推定は困難であるが，BLSOMではウイルス由来のメタゲノム配列の選別と系統推定に活用できる。系統推定における従来法は，広範囲の生物系統をカバーするオルソロガス配列セットを必要とするが，BLSOMは配列のアラインメントフリーな手法であり，配列相同性検索と異なった原理に基づく手法である。また，異なる試料間での生物群集の多様性比較もできる。様々な環境が持つ生物群集システムの比較解析や特定の環境中に生息する各生物が持つ代謝経路の概要の推定を行うことで，難培養性微生物のゲノム資源の活用においても基礎的な有用情報を提供できる。

### 2.4　大量なメタゲノム配列に対するゲノム別の再構築法の開発

メタゲノム解析であっても，優占種が存在する場合には，ショットガン法で大量なゲノム配列断片を蓄積すれば，アセンブルによって一本のゲノムを再構成できる可能性があり，近縁種のゲノムの完全配列が既知であれば，それをテンプレートとして用いて，ゲノムを再構成できる。このようにしてメタゲノム解析で遺伝子システムの全貌が明らかになった生物種は存在するが，それらは往々にして培養可能で研究の進んだ生物種自体か，それと近縁関係にあることが多い。上述のBLSOMを用いたメタゲノム配列に対する生物系統推定においても，既知微生物種の連続塩基組成の特徴を，基盤にしていることから，真に新規性の高い微生物ゲノム類の種類や量比を把握するのは困難である。

優占種ではなく，新規性の高い難培養性の生物種に由来するメタゲノム配列を，情報学的に生物種ごとに再構築（クラスタリング）できれば，新規性の高い生物種に関しても遺伝子システムの一部ないしは概要が把握可能になる。既知生物種の全ゲノム配列と，メタゲノム配列を混合して大規模なBLSOM解析することで，多数のメタゲノム配列をゲノムごとに再構築できる。しかし，既知生物の全ゲノム配列を加える必要があり，地球シミュレータレベルの高機能スパコンの利用が必要となる[7]。そこで，PCレベルの計算機を用いて，新規性の高い生物に由来するメタゲノム配列を対象にゲノムごとに再構築を行う目的で，メタゲノムで得られた各配列に，それらの１塩基組成や２連塩基組成を反映させたランダム配列を数倍量作成し，このランダム配列を混在させたBLSOMを作成し，メタゲノム由来配列をゲノムごとに再構築する手法を開発した[29]。

塩基組成を反映したランダム配列を用いて微生物ゲノムの再構築が可能かを検証するために，既知微生物で完全長ゲノムが解読されている大腸菌，枯草菌，インフルエンザ桿菌を対象に，各ゲノムの２連塩基組成を反映させたランダム配列を加えて，断片化サイズ２kb，縮退４連塩基でのBLSOM解析を行った（図４）。事前の条件検討では，加えるランダム配列の件数は等量ではなく，10倍量程度を追加するのが良いとの結果が得られている。本来のゲノム配列とランダム配列との分離を見てみると，本来のゲノム配列とそのゲノム由来のランダム配列が明瞭に分離しており，表示の際にランダム配列を非表示にすることにより，本来のゲノムのクラスタを容易に検出

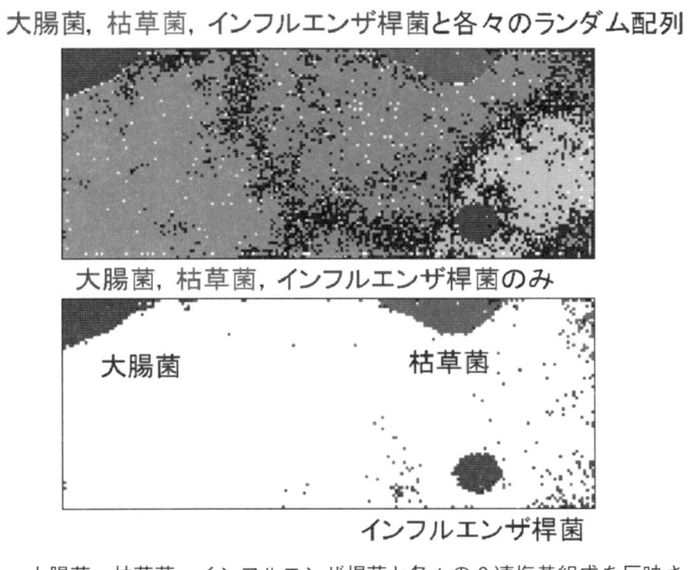


図４　大腸菌，枯草菌，インフルエンザ桿菌と各々の２連塩基組成を反映させたランダム配列を加えた断片化サイズ２kb，縮退４連BLSOM

できた。新規性の高い微生物に由来するメタゲノム配列を対象にしても，ゲノムごとのクラスタを検出することができる。

微生物燃料電池（MFC）の電極周辺に形成された微生物群集構造を解明するために，酢酸またはグルコースを添加して運転したMFCの電極周辺微生物に対するメタゲノム配列データ[15]を対象にした解析結果を図5に示す。図5(A)の各サンプル間のみの結果では，サンプル間での分離や重複が見られはするが，ゲノムごとのクラスタを検出するのは困難である。一方，図5(B)のランダム配列を加えた場合では，良く分離したクラスタが検出され，サンプル間で重複しているクラスタや，サンプルに依存する特有のクラスタも検出されていた。この結果に，BLSOMによる生物推定結果を組み合わせ，推定されたPhylumごとに抽出すると，生物系統が反映された固有のクラスタが形成されており，この結果からサンプル間での共通性や特異性を容易に比較できる（図5(C)）。

新規性の高い微生物種が含まれていても，本手法を用いることでメタゲノム配列を生物種ごとに再構成でき，環境中の未知微生物が持つ遺伝子代謝システムの解明に向けた研究が可能となる。

### 2.5　有用遺伝子探索のためのタンパク質機能推定への応用

配列相同性検索は，新規にゲノム・メタゲノムが解読された際の遺伝子の機能を特定する基本

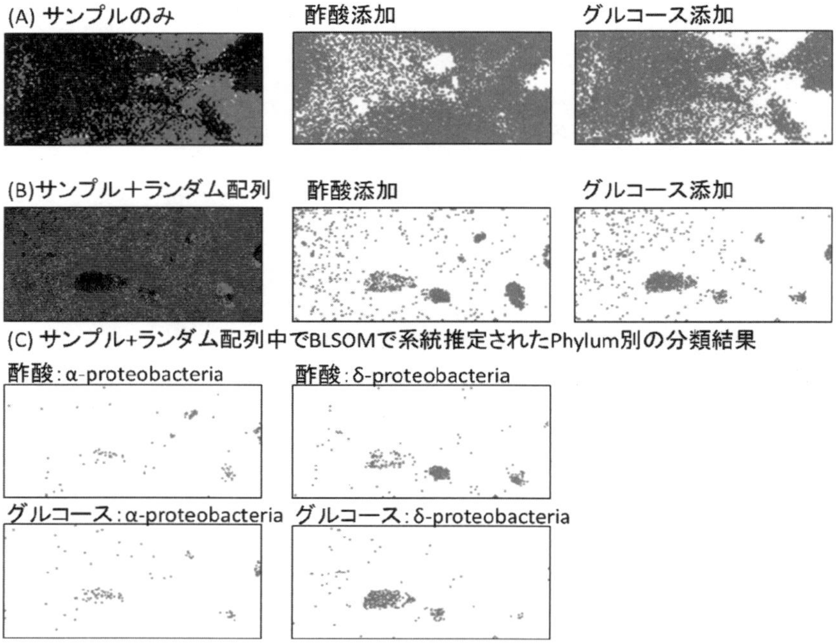


図5　微生物燃料電池の電極周辺微生物叢に対するメタゲノム配列データと2連塩基組成を反映させたランダム配列を加えた縮退4連BLSOM

技術として普及したが，新規性の高いゲノムが解読された際に，この方法で機能が推定できるタンパク質遺伝子は半数程度にとどまっている。タンパク質の機能については，オリゴペプチドが構成する機能部品類の3次元上での立体配置が重要であり，同一ないしは類似の機能を持つタンパク質間でも，アミノ酸の1次元配列上での全域にわたる相同性を見付けられない例が多い。配列相同性検索を補完する異なった原理に基づくタンパク質の機能推定法の確立が重要である。

我々は，ゲノム配列の解析用に開発したBLSOM解析を，タンパク質の構造や機能モチーフを構成する部品である構成部品（オリゴペプチド）の使用頻度の類似度に基づくクラスタリングを基礎にした機能推定法を確立した[30]。COG（Clusters of Orthologous Groups of Proteins）[31]に分類されている機能既知の約11万件のタンパク質を対象に2連アミノ酸頻度ならびに，20のアミノ酸を物理化学的な類似性で11のカテゴリに集約した上での3連アミノ酸頻度（縮退3連），同様に6のカテゴリに集約した上での4連アミノ酸頻度（縮退4連）に基づいて，断片化サイズ200アミノ酸でのBLSOM解析を行ったところ，COGの機能カテゴリが反映された分類が可能であった。

これらの知見を基に，相同性検索に依存しないタンパク質の機能推定法として，複数のBLSOMマップへのマッピングによる多重判定方式による機能推定法を開発した。その概要を図6に示す。上述の2連，縮退3連，縮退4連アミノ酸頻度で作成したBLSOMマップに，対象のタンパク質アミノ酸配列を200アミノ酸ごとに断片化した配列をマップし，各配列断片がマップされた格子点上の最多のCOG機能カテゴリを抽出し，全てのタンパク配列断片のうち，同一タンパク質の配列断片の60％以上が同じCOG機能カテゴリに同定されていたかで判定を行い，各々のマップで同定されたCOGの機能カテゴリが同一かを判定し，最終推定結果としている。

サルガッソ海より取得されたメタゲノム配列データ[32]でCOGと有意な配列相同性が得られたタンパク質をテストデータとして，BLSOMのみでの機能推定を並行して実施したところ，ほとんどの配列が相同性検索と同じ結果であった。さらに重要な点は，相同性検索では機能推定が困難なタンパク質の20％近くに対しても，機能推定が可能であった。メタゲノム解析由来のタンパク

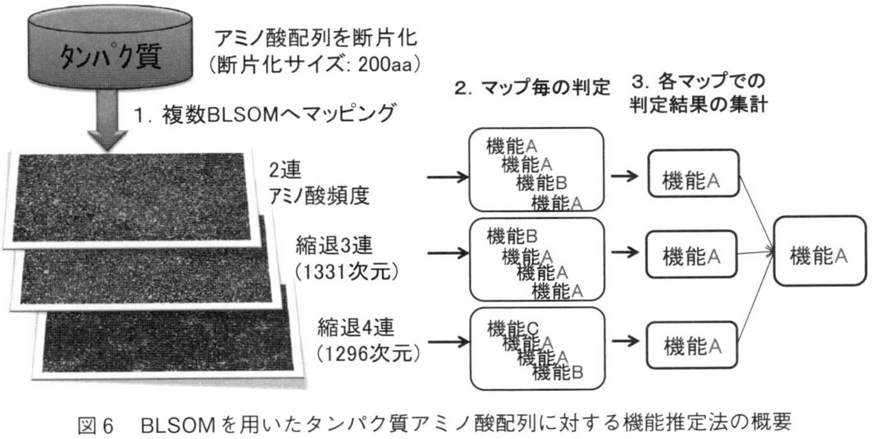


図6　BLSOMを用いたタンパク質アミノ酸配列に対する機能推定法の概要

質アミノ酸配列にも適応可能であり，相同性検索や機能モチーフ検索を補完する適用範囲の広いタンパク質の機能推定法といえる。

## 2.6　おわりに

我々が開発してきたゲノム配列解析手法である一括学習型自己組織化マップ（BLSOM）を要素技術として，メタゲノム解析により取得されたメタゲノム配列データを対象に，微生物生態系理解のための生物系統推定，ゲノムごとの再構築，ならびに有用遺伝子探索のためのタンパク質機能推定手法などを開発してきた。開発した情報解析システムを活用して全地球レベルでの多様な環境における微生物生態系と生物浄化能の全体像が把握できれば，各々の環境に応じた環境の保全や修復を目的とした生物浄化能の最適化が可能となり，グリーン・イノベーションにおける生物浄化能の利用促進にもつながり，さらなる発展が期待できる。

次世代シークエンサーの活用に伴い，ゲノム・メタゲノム解析は情報爆発の時代を迎えている。ゲノムビッグデータに対応するためには，より高速化した解析手法の開発が求められている。BLSOMの可視化や分離能などの特長を活かして，爆発的なゲノム配列データの増加に対応できる新規解析手法を開発しており，ゲノムビッグデータからの効率的なデータマイニング手法として，科学分野のみならず，産業界や医学分野など広い分野でのさらなる応用を目指していきたい。

## 文　献


1) I. Pagani *et al.*, *Nucleic Acids Res.*, **59**, 143 (2012)
2) T. Kohonen, *Proceedings of the IEEE*, **78**, 1464 (1990)
3) T. Kohonen *et al.*, *Proceedings of the IEEE*, **84**, 1358 (1996)
4) T. Kohonen（大北正昭監修），自己組織化マップ，シュプリンガー・フェアラーク東京（2005）
5) S. Kanaya *et al.*, *Gene*, **276**, 89 (2001)
6) T. Abe *et al.*, *Genome Res.*, **13**, 693 (2003)
7) T. Abe *et al.*, *DNA Res.*, **12**, 281 (2005)
8) T. Abe *et al.*, *Gene*, **365**, 27 (2006)
9) T. Abe *et al.*, *Journal of the Earth Simulator*, **6**, 17 (2006)
10) 阿部貴志ほか，自己組織化マップ法・その発展―生物学から社会学まで（徳高平蔵監修），87，シュプリンガー・ジャパン（2007）
11) 阿部貴志ほか，マリンメタゲノムの有効利用（松永是，竹山春子監修），228，シーエムシー出版（2009）
12) T. Uchiyama *et al.*, *Nat. Biotechnol.*, **23**, 88 (2005)
13) H. Hayashi *et al.*, *Can. J. Microbiol.*, **51**, 251 (2005)
14) R. Nakao *et al.*, *ISME J.*, **7**, 1003 (2013)

15）A. Kozuma *et al.*, *PloS One*, **8**, doi:10.1371/journal.pone.0077443（2013）
16）H. Teeling *et al.*, *Environ. Microbiol.*, **6**, 938（2004）
17）D. H. Huson *et al.*, *Genome Res.*, **17**, 377（2008）
18）A. C. McHardy *et al.*, *Nat. Methods*, **4**, 63（2007）
19）C. K. Chan *et al.*, *J. Biomed. Biotechnol.*, doi:10.1155/2008/513701（2008）
20）C. Martin *et al.*, *Bioinformatics*, **24**, 1568（2008）
21）G. J. Dick *et al.*, *Genome Biol.*, **10**, R85（2009）
22）M. Weber *et al.*, *ISME J.*, **5**, 918（2011）
23）T. Kosaka *et al.*, *Genome Res.*, **18**, 442（2008）
24）K. Yasui *et al.*, *Biosci. Biotechnol. Biochem.*, **73**, 1422（2009）
25）Y. Iwasaki *et al.*, *DNA Res.*, **18**, 125（2011）
26）Y. Iwasaki *et al.*, *BMC Infect. Dis.*, **13**, doi:10.1186/1471-2334-13-386（2013）
27）Y. Iwasaki *et al.*, *Chromosome Res.*, **21**, 461（2013）
28）K. Mavromatis *et al.*, *Nat. Methods*, **4**, 494（2013）
29）H. Uehara *et al.*, *Genes Genet. Syst.*, **86**, 53（2011）
30）T. Abe *et al.*, *DNA Res.*, **16**, 287（2009）
31）R. L. Tatsusov *et al.*, *Science*, **278**, 631（1997）
32）J. C. Venter *et al.*, *Science*, **304**, 66（2004）

# 第4章　応用展開―モノづくり・環境への展開

## 1　糸状菌のビッグデータの解釈とモノづくりへの活用

町田雅之*

### 1.1　生命研究最大のデータ　～塩基配列～

#### 1.1.1　DNAシークエンス技術の発展

生命情報には，塩基配列情報をはじめとして，遺伝子発現情報，代謝パスウェイ情報，タンパク質相互作用情報など多種多様な情報が存在する。また，CTスキャナー投影から得られる画像情報のように，1回の解析で膨大なデータが生産される例も存在する。これらの中で，現状で計算機による様々な解析手段が開発され，広範に使用されている生命情報としては塩基配列情報が最大だと思われる。大規模な塩基配列情報を解析する手段として，1998年にキャピラリーアレイ型DNAシークエンサーが実用化され，情報の質・量ともにめざましい向上を果たしてきた。この形式のDNAシークエンサーのスループットは最終的に約2Mb/日に到達し，例えば大腸菌であれば20日あれば全ゲノムのドラフト解析をできる性能であった。最初の大腸菌のゲノム解析は1989年に開始され，約8年の歳月を要した。当時は鋳型DNAの調製法や配列のマッピング法などの多種多様な技術開発も行わなければならなかったが，これらに必要な時間を考慮しても，DNAシークエンスはこの間に革新的な技術的進歩を遂げたといえる。また，2001年にはヒトのゲノム解析が実現され，DNAシークエンス技術とDNAシークエンスそのものは完成の域に達したと考えられていた。

この状況を一変したのが2005年に登場した次世代型シークエンサー（NGS）であった。最初のNGSは454 Life Sciences社によるものであり，当初は解析塩基長は約100 bで$10^6$程度の出力であった。その後に実用化されたSolexa社のNGSでは，当初は25 bで$10^7$～$10^8$程度の出力であり，300 Mb/日程度のスループットであった。これらのNGSで共通する革新的技術のポイントは，鋳型とするDNA断片の調製に，*in vitro*クローニングの一種であるエマルジョンPCRや平板状で行われるブリッジPCRなどの技術を用いることにある。これによって，大腸菌などを用いたクローニングが不要となり，断片化されたゲノムDNAを分離することなく単一の容器中でまとめて反応させることが可能になった。NGS技術はその後も改良が続けられ，現在では解析塩基長700 bで塩基総延長1 Gb程度，あるいは解析塩基長150 bで塩基総延長600 Gb程度と，塩基配列の質，スループットともに驚異的な改良が進んでいる（図1）。また従来型のNGSと並行して，Pacific Biosciences社などによって1分子のDNAから塩基配列を読み取るシークエンサーが開発され（第

---

* Masayuki Machida　㈱産業技術総合研究所　北海道センター　生物プロセス研究部門
生物システム工学研究グループ　総括研究主幹，グループリーダー

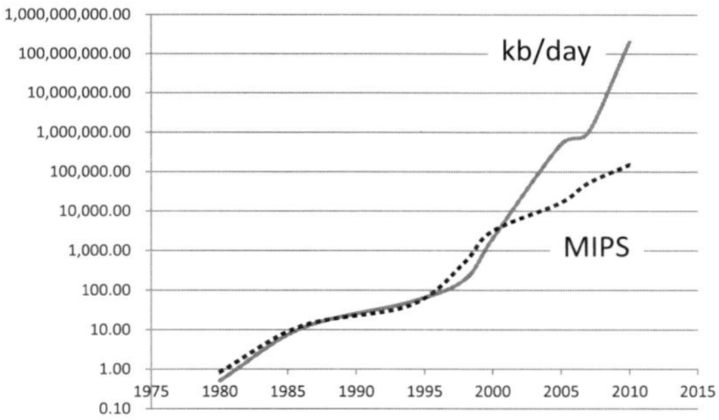


図１　シークエンシング（実線）と計算機（点線）のスループットの向上の比較

二世代型NGS），スループットは現在主流のNGSよりも低いながらもこれまでのシークエンサーでは成し得なかった長い塩基配列解析長が実現されている。

### 1.1.2　DNAシークエンスの課題

上記に述べたように，DNAシークエンス技術は過去20年強の間に革新的な進歩を遂げてきた。これによって，ヒトのゲノムサイズ（約３Gbp）を超えるような新規ゲノムであっても短期間で解析が可能になりつつあり，現在では情報解析の方がより大きな課題を抱えていると考えられる。この理由には，読み取られた塩基配列には必ずエラーが存在すること，ゲノム中には反復配列をはじめとして似た配列が多く存在していることなどがある。同一領域に繰り返し配列が存在する場合には，この領域を一気に読み取ることができる第二世代型NGSのような方策が有効である。しかし，倍数体やファミリー遺伝子のように離れて存在する場合には解析長を長くしてもこの問題を克服することはできない。もう一つの課題は，読取り塩基配列の数の問題である。現在主流の第一世代型NGSは，ハイスループットと引き替えに読取り長が極端に短くなっているために，アッセンブリングに必要な配列の検索で容易に組合せ爆発が起こる。このため，現在のアッセンブリングで最適解を出すことは困難であり，一定条件を設けた近似解で代用せざるを得ない。例えば，既知の解析済のゲノム（参照配列）に対して変異を解析することはNGSの得意とする分野であるが，読取り配列に１％程度以上のエラーが存在することを前提として参照配列に対して解析配列をマッピングする場合，参照配列全体に対する最適解を求めることは時間的に困難であり，一定の閾値をクリアした場合にはそれ以上の計算を行わないようになっている。そこで，酵素の共通触媒部位などのように酷似した配列を有するファミリー遺伝子の場合には，ある遺伝子に由来する読取り配列が類似配列を有する他の遺伝子にマッピングされてしまうことがある。この時，この２つの遺伝子の配列にわずかな違いがある場合には，その部分に変異があるかのように認識されてしまう（図２）。このような配列がゲノム中に２ヶ所存在する場合には変異と非変異の読取り配列がおよそ50：50となるが，３ヶ所以上存在する場合には33：67などの様々なバリエーションが考えられ，実際に変異か否かを判定することが極めて難しくなる。即ち，現在の生物情報解析では，既に完全な解析に対して計算機の能力が不足していることを認識しておく必要がある。

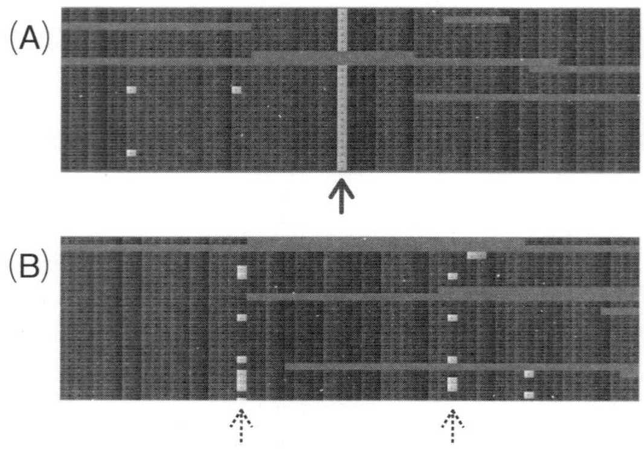


**図２　マッピングエラーと思われる配列のミスマッチ箇所**

(A)正しいマッピングによると思われる変異箇所（↑），(B)マッピングの誤りによると思われるミスマッチ箇所（⇡）。

## 1.2　NGSと糸状菌ゲノム解析

NGSが開発された当初の最大の標的は，ヒトのゲノムに存在する一塩基多型（SNP）を網羅的に解析することであった。一方，微生物のゲノムサイズはヒトの1/1,000～1/20程度であり，比較的長い読取り長を有するNGSを用いることによって，バクテリアをはじめとする新規微生物のゲノム解析（*de novo*ドラフトゲノム解析）が可能になった。その後，50 b以下の読取り長であっても読取り冗長度を100倍程度以上とすることによって，*de novo*ドラフトゲノム解析が可能であることが示された。

筆者らの研究室ではLife Technologies社の5500 xl SOLiDを用いて，糸状菌の*de novo*ドラフトゲノム解析を効率的に行うことができることを示した[1)]。SOLiDは，２塩基の遷移を４色のカラーコードで読み取る独特の方法を用いており，ヒトのSNP解析に最適であるとされてきたが，Mate-Paired Library（MPL）を用いることにより，ゲノムサイズが40 Mb程度の真菌の高品質な*de novo*ドラフトゲノム解析が可能であることが示された（図３）。MPLは*de novo*ゲノム解析を行う上で必要不可欠な方法であるが，この情報を使いこなすための優れたアッセンブリングパイプラインも重要である。上記の筆者らによる実証では，製造元から提供されているソフトウェアを用いたが，筆者らの研究グループの小山らによって開発された読取り塩基配列の信頼性に基づいたフィルタリングとパラメーターの最適化が実施された。これにより，出芽酵母や麹菌などの真菌であれば，50～200程度のscaffold（１kbp以上）で99％以上の領域をカバーしたドラフトゲノム解析が可能である。この方法により，糸状菌程度のゲノムサイズ（約40 Mbp）であれば，２週間程度で12種の*de novo*ドラフトゲノム解析を一度に行うことができる。Illumina社のHiSeq 2000は，比較的長い読取り長（約150 b）を活かして従来の一般的なアッセンブラを用いたアッセンブリングも可能であり，これらの安価でハイスループットな革新的解析技術の実用化を背景として，米国DOE傘下のJoint Genome Institute（JGI）では，1,000種の真菌のゲノム解析を実施

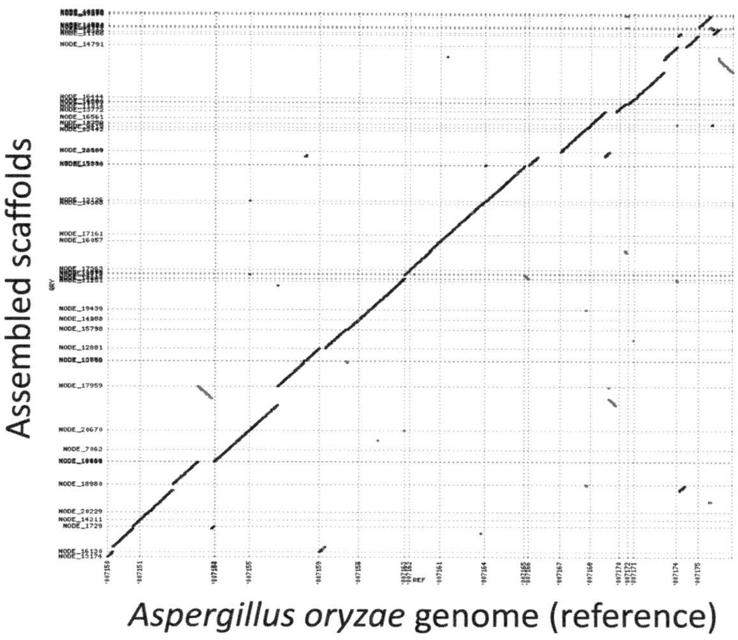


図3　NGSによる*de novo*ゲノム解析の例
Mate-Paired Library（MPL）を作製して5500 xl SOLiDで解析を行った[1]。

している。また，中国のBeijing Genome Institute（BGI）では，10,000種の微生物ゲノムの解析が実施されている。

### 1.3　情報の種類

塩基配列情報は「生命の設計図」と称されるゲノム塩基配列を含むことから，最も基盤的で重要なデータと考えられる。しかし現状では，ゲノム塩基配列に記述されている全ての生物的意味を引き出すことは不可能である。従って，生命現象を正確に理解するためには，より高次な情報である遺伝子の発現情報，代謝物情報などを解析しなければならない。ゲノム塩基配列は，これらのより高次な情報を理解するためにも必要不可欠であり，多様な生命情報を組み合わせて解析することによって，効果的な結果が得られると期待される。

#### 1.3.1　遺伝子発現情報

世界初のDNAマイクロアレイはStanford大学によって作られた出芽酵母用のものであった。筆者らがゲノム解析に注力してきた麹菌の場合には，東北大学の阿部らによってDNAマイクロアレイが開発された。このDNAマイクロアレイはEST解析で作製された約2,000個のcDNAクローンをスライドガラスにスポッティングしたものである。これにより，固体培養である「こうじ」の状態とグルコース存在下の液体培養の状態の比較によって，固体培養では菌体周囲に大量の栄養源（原材料）が存在するにも関わらず，菌体は飢餓状態に近い状態にあることが明かとなった。これは，水分含量が低いために原材料の分解資化能が低下していることが原因であると考えられた。現在から見れば非常に小さなデータ規模であるが，歴史的に使われてきた発酵状態をゲノム科学を使って解き明かした好例であると考えられる。現在では，麹菌ゲノムから予測された約12,000の全遺伝子に対するプローブを搭載したDNAマイクロアレイが利用されている。

近年では，NGSによるRNA-seq（RNA sequencing）が盛んに利用されるようになってきた。現状ではDNAマイクロアレイの方が生物実験と情報解析の簡便さから利用しやすい面もあるが，RNA-seqはゲノム全体の配列がほぼカバーされていれば利用できること，解析量（リード数）を増やすことで発現解析の感度やダイナミックレンジを上げられること，近年のトピックになっているNatural Antisense Transcript（NAT）などの非翻訳RNA（Non-coding RNA：ncRNA）も解析できるなどの利点を有する。

### 1.3.2　プロテオーム情報

プロテオーム情報からは酵素量の変動などを直接読み取ることができることから，例えば，代謝物生産性など，生命活動の結果として産業的にも重要な情報に関して，トランスクリプトーム情報よりもより高い相関関係が得られると考えられる。近年になって，NATのようにmRNAの発現後の制御機構が広範に機能している可能性が示唆されたこともあり，翻訳時の制御も含めた結果としてのプロテオーム情報は細胞の機能をより正確に理解・予測するために重要である。プロテオームの解析手段としては，二次元電気泳動によるものや２次元高速液体クロマトグラフィー（2D-HPLC）と高分解能質量分析計（HR-MS）を用いた方法が考案されている。いずれの方法もゲノム塩基配列やトランスクリプトーム情報に比較すれば網羅性，スループットともに低いといわざるを得ないが，前者は解析の自動化，後者の場合は機器の高性能化などによって問題点が克服されていくと考えられる。

### 1.3.3　メタボローム情報

細胞内外の代謝物の解析は，高速液体クロマトグラフィー（HPLC）やキャピラリー電気泳動（CE）で分離した後，MSなどで解析することで実現されている。この場合にも，使用している装置を使って，あらかじめ既知の化合物と溶出時間・質量電荷比（m/z）との関係を解析しておく必要があり解析の準備に手間と時間を要する。二次代謝物の場合には基本骨格の種類が多様なだけでなく，水酸化やメチル化などの多様な修飾およびその立体異性体が存在することから，あらかじめ上記の関係性を求めておくことは事実上困難である。そこで，LC-MSなどを使用してあらかじめプロファイリングを行っておき，種や生育条件を変えてプロファイルの違いを求めてから，特徴的な化合物についてのみNMRなどを用いて構造解析することで新規な化合物への対応が行われている。

## 1.4　二次代謝の予測

二次代謝は様々な生理活性を有する化合物が多く，従来から医薬品開発などに広く利用されている。一方，二次代謝遺伝子は，多様性が高い上に[2,3]，実験的に発現させることも難しいことが多く，機能が全く予測できない遺伝子が多数残されていると考えられる。NGSの普及によって高速に得られるようになった多数のゲノム情報は，この分野の研究開発の切り札になり得ると考えられる。このような状況を背景として，様々な化合物の生産の整合性に関わる二次代謝遺伝子クラスタを予測するソフトウェアの開発にしのぎが削られている。

### 1.4.1　既知の情報を利用した予測法

既知の二次代謝遺伝子クラスタの多くは，ポリケチド合成酵素（PKS），非リボゾームペプチド合成酵素（NRPS），ジメチルアリルトリプトファン合成酵素（DMAT）などをコードする，種を超えて配列が良く保存された遺伝子を有することが知られている。そこで，これらの遺伝子を「コア遺伝子」として検出し，その周辺にP450，C6-Zn2型転写制御因子，MFS輸送体などの二次代謝遺伝子クラスタに良く存在することが知られている遺伝子を含めることによって，クラスタ全体を予測する方法として，SMURF[4]やantiSMASH[5]が有名である。

### 1.4.2　MIDDAS-M法[6]

筆者らのグループでは，日本で発見され100年以上経っても生合成に関わる遺伝子が不明であったコウジ酸の生産に必須の遺伝子クラスタを同定した。このクラスタ内の生合成に必須と考えられる遺伝子も同定前は機能未知の遺伝子であり，上記のソフトウェアでは発見が困難であった。そこで，筆者らのグループの梅村らは，既知の二次代謝系遺伝子の情報を用いることなく機能が完全に未知な遺伝子クラスタを発見するソフトウェアツールを開発した。この方法は，二次代謝系遺伝子クラスタ内の遺伝子が協調的に発現することを利用したものであり，目的とする化合物が何らかの方法で測定できる場合，その化合物の生産／非生産条件での遺伝子発現の比較によって高い信頼性での予測を可能にする。コウジ酸の生合成遺伝子クラスタの同定は，生産／非生産条件での遺伝子発現プロファイルの比較と研究者の知識を総合することによって，遺伝子の予測と検証の試行錯誤を重ねた結果，１年強をかけて同定したものである。しかし，MIDDAS-Mを用いれば同じ遺伝子発現のデータからこの遺伝子クラスタを正確に予測することが可能であり，試行錯誤を回避することで３ヶ月程度で同定できることが示された。また，筆者らのグループの梅村らはMIDDAS-Mを用いることにより，1915年に発見された化合物であるUstiloxin Bの生合成遺伝子クラスタの同定に成功したが[6]，このクラスタも既知のコア遺伝子が含まれることはなく，SMURFなどの従来のツールで予測が困難なものであった。

これまでの二次代謝系遺伝子クラスタの予測ツールは，いずれも既知の同クラスタとの相同性に基づいた予測を行っていたため，これまでに同定されたことのない種類のクラスタの検出は困難であった。麹菌ゲノム上には，二次代謝遺伝子を含む麹菌に特有な遺伝子が集中する領域が発見されたが[7]，この領域に存在する機能未知の遺伝子の多くが二次代謝に関連すると仮定した場合，実験的に証明された既知の遺伝子クラスタの10倍以上，PKS/NRPSなどのコア遺伝子を含む遺伝子クラスタの３倍程度の二次代謝系遺伝子クラスタが存在する可能性があると考えている。実際に，多数の培養条件から得られた*Aspergillus flavus*のトランスクリプトーム情報を用いた

MIDDAS-Mによる網羅的な解析によって，多数の未知の遺伝子クラスタが発見された[6]。これらの遺伝子クラスタは，進化の過程で二次代謝物を生合成しなくなった可能性や生産する化合物の構造が単純で有用性に乏しい可能性もある。しかし，これらの検出された遺伝子クラスタの多くが局在している領域は，テロメア近傍などの高い変異活性によって新規な遺伝子が作られるところとも考えられていることから[3]，このような遺伝子の解析によって，遺伝子進化の解明や新規な遺伝子の設計法などに関して有用な情報が得られると期待している。

## 1.5　展望

二次代謝遺伝子クラスタの予測方法であるMIDDAS-M，SMURF，antiSMASHは，いずれも遺伝子の位置情報と発現情報あるいは機能情報を組み合わせたものと考えることができる。冒頭でも述べたように，NGSの普及によってゲノム塩基配列情報は爆発的に増加しており，これに伴ってトランスクリプトーム情報をはじめとする様々なゲノム科学的な情報が大量に蓄積されつつある。これらの全ての情報は必ず何らかの誤りを含むと同時に，多くの情報は生物特有の「ゆらぎ」を含んでいると考えられる。コンピューターの計算速度の向上を超えたデータ生産速度の向上にどのように対処するかも重要な課題であるが，誤りやゆらぎを含む情報から如何に効率的に解析するかは生物情報の本質を捉えた最重要課題であると考える。

## 文　献


1） M. Umemura *et al.*, *PLoS ONE*, **8**, e63673（2013）

2） M. Machida *et al.*, *Food Addit. Contam. Part A, Chem. Anal. Control Expo. Risk Assess.*, **25**, 1147（2008）

3） M. Umemura *et al.*, *DNA Res.*, **19**, 375（2012）

4） N. Khaldi *et al.*, *Fungal Genet. Biol.*, **47**, 736（2010）

5） M. H. Medema *et al.*, *Nucleic Acids Res.*, **39**, W339（2011）

6） M. Umemura *et al.*, *PLoS ONE*, **8**, e84028（2013）

7） M. Machida *et al.*, *Nature*, **438**, 1157（2005）

## 2　メタボローム解析の清酒醸造への展開

堤　浩子*

### 2.1　はじめに

2013年に「和食；日本人の伝統的な食文化」がユネスコの無形文化遺産に登録されて記憶に新しい。「和食」の発展に寄与した産物として，味噌，醤油，清酒など発酵食品が挙げられる。また，発酵食品の発展のために，人はその良きパートナーとして醸造微生物を活用してきた。清酒醸造において，２種類の醸造微生物，麹菌*Aspergillus oryzae*（*A. oryzae*）と清酒酵母*Saccharomyces cerevisiae*（*S. cerevisiae*）を活用している。清酒醸造では，原料を米として，麹菌による原料の分解に必須である酵素を生産するだけでなく，ビタミンやペプチドなどの多種の低分子成分を生産している。清酒酵母は，麹菌により分解されたグルコースを主原料として，清酒に欠かせない香味を生成する。これら醸造微生物の特性を把握し，さらなる活用をするためにも，その微生物の特性解析は必要と考えられる。麹菌が生産する代謝物，清酒酵母が生産する代謝物について紹介する。

### 2.2　麹菌の代謝物解析

2005年に麹菌のゲノム解析が終了し，EST情報やマイクロアレイ解析により遺伝子の発現プロファイルが作成されその遺伝子発現の解析が進んできた。ゲノム情報から，*A. oryzae*は一次代謝に関与する遺伝子に加え，二次代謝に関与する遺伝子が多数存在し，実際に発現していることが報告されている[1)]。まさしく，「麹菌は代謝産物の宝庫」であることが実証されてきた。しかしながら，麹菌が生産する代謝物の中で，構造が明らかになっている化合物はそれほど多くはない。村上らの「麹学」[2)]に黄麹菌が生産する代謝物がまとめられている。

近年，これらの代謝物を網羅的に解析する技術が開発され，「メタボロミクス」が様々な生物を対象として行われている。代謝物を網羅的に効率よく測定するために，フーリエ変換イオンサイクロトロン型質量分離装置（FT-ICR MS；Fourier Transform Ion Cyclotoron Resonance Mass Spectrometry）が用いられている。FT-ICR MSの特徴は，極めて高い感度と分解能を持ち，精密質量で化合物を分離することが可能であるため，サンプルを分離する必要がなく網羅的な解析には強力なツールである。そこで，FT-ICR MSを用いて麹菌が生産する代謝産物の網羅的解析を行った[3)]。

麹菌は固体培養や液体培養など培養条件によって遺伝子の発現パターンが大きく異なることが知られている。そこで麹菌*A. oryzae* OSI1013株を用いて，30℃で３日間，液体培養（富栄養培地，貧栄養培地）した菌体を破砕し，細胞内代謝物を抽出した。また，蒸米ならびにふすまを用いた固体培養後のサンプルについても代謝物を抽出した（図１）。複数の培養から得られた菌体抽出物をタンパク質量１mg/mlとしてサンプルを調製した。調製した細胞抽出液ならびに培養後の

---

＊　Hiroko Tsutsumi　月桂冠㈱　総合研究所　主任研究員

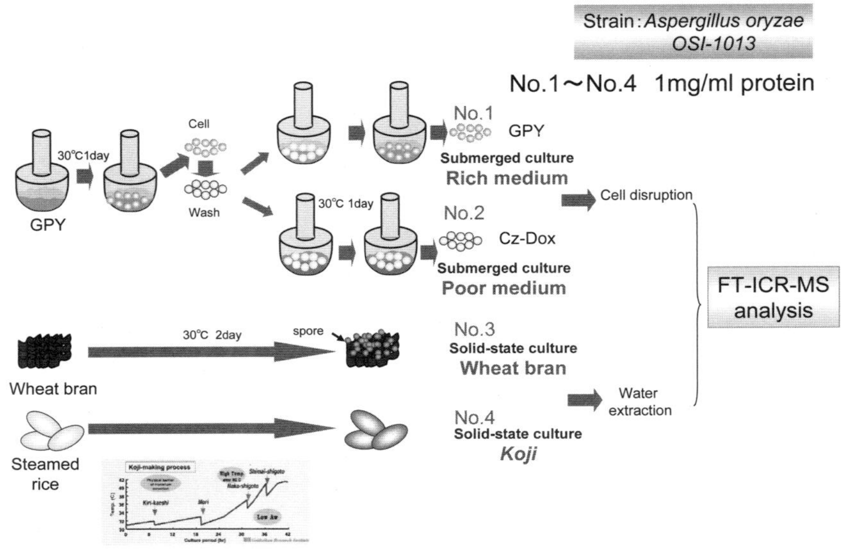


図1　麹菌の各種培養のメタボローム解析サンプル

抽出物をFT-ICR MS分析（Phenomenome Discoveries Inc.）に供した。

各菌体抽出物をFT-ICR MSで分析した結果，検出したMean Mass 109.9899～1314.4358，約600種の分子種が検出した。その精密分子量から代謝物予測を行うために，Discoverarray（Phenomenome Discoveries Inc.）による組成式の候補を抽出した。麹菌培養物から抽出された成分はいずれも天然物と考えられることから，その組成式を候補とした。600種の分子種の中で，アミノ酸などの一次代謝物に属する化合物は50種（33%）であり，組成式予測ができない質量が362種（50%）であった。一次代謝物以外として考えられる化合物は242種（33%）であった。まず，一次代謝物を対象に，代謝経路に検出された代謝物をマッピングすると，麹に特徴のある代謝物として糖が抽出されていた。これは，麹菌の酵素生産により分解された結果，糖が強く検出されたと考えられる（図2）。

次に，液体培地での貧栄養培地，富栄養培地で培養したときの代謝物をPCAを行った（図3）。その結果，貧栄養培地，富栄養培地での特徴のある代謝物が検出した。これらの結果をさらに詳しく調べるために，LC-MS分析での分子量の検証を行った。新たに，貧栄養培地で培養し，培地中，菌体中の代謝物を測定した結果を示した（図4）。その結果，ターゲットとした2種類の代謝物は，菌体内で経時的に減少しており，培養液中には代謝物として検出されなかった。

今回，麹菌の代謝物を培養別に比較し，FT-ICR MS分析によりビッグデータといえる多くの代謝物情報を得ることができたが，その代謝物の検証は培養時間，培養方法を変化させながら検証を行っていく必要がある。

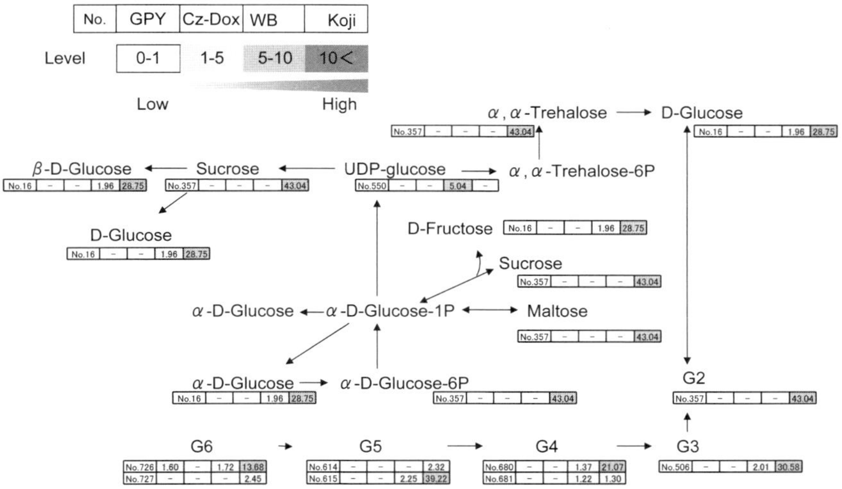


図2　麹菌の各種培養の違いによる糖代謝物

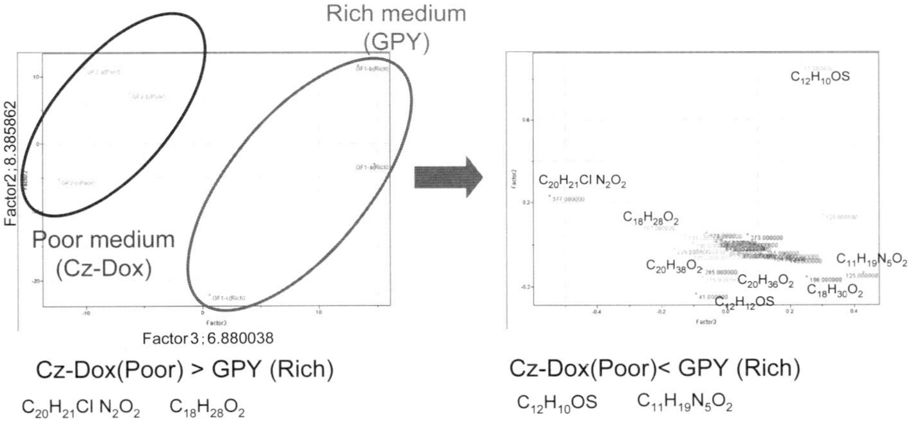


図3　富栄養培地と貧栄養培地での代謝物比較

## 2.3　清酒酵母の代謝制御による香気生成

清酒醸造に欠かせない清酒酵母は，アルコールだけでなく生成する香味にも清酒に優良な特徴を有する。清酒の香味がフレーバーホイール[4]として示され，花様，果実様，ナッツ様，カラメル様，脂質様と様々な成分に分けられ各成分のバランスにより清酒の「香り」は特徴づけられる。吟醸香などのナッツ様の香りとして酢酸イソアミルとリンゴ様の香りのカプロン酸エチルがあるが香気成分の多くは，清酒酵母により生成される。清酒酵母での各香気成分生合成経路や代謝制御が明らかになり，それらの成分を高生産させる酵母の育種方法が開発されたことで実用化に至

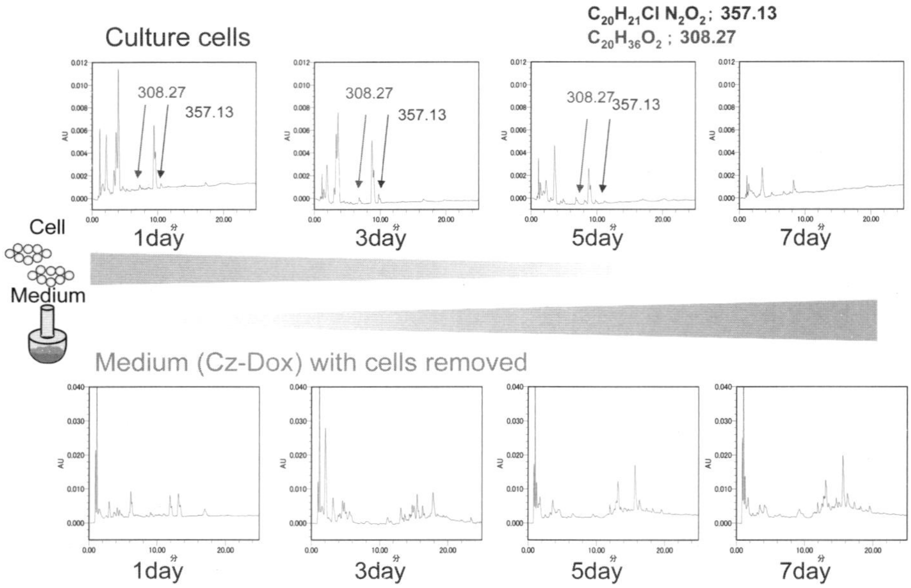


図４　麹菌の貧栄養培養条件代謝物の経時変化

っている。吟醸香の生合成経路と酵母育種からみた代謝物制御を紹介する。

### 2.3.1　カプロン酸エチル生成

カプロン酸エチルはリンゴ様の香りを有し，カプロン酸エチルはカプロン酸を前駆体として，エステル化することで生成される。カプロン酸は，主に清酒酵母の脂肪酸合成経路で生合成（図５）され，脂肪酸合成酵素は*FAS1*遺伝子産物（Fas1p）と*FAS2*遺伝子産物（Fas2p）からなりFas1pは$\beta$サブユニット６量体，Fas2pは$\alpha$サブユニット６量体からなる多量体（$\alpha6\beta6$サブユニット）の酵素である[5]。この酵素は，アセチルCoAとマロニルCoAを基質として脂肪酸の鎖長を伸ばしながら脂肪酸を生合成する過程で，カプロン酸（C6:0）を生合成する。カプロン酸エチルを高生産させるための方法として，前駆体であるカプロン酸を高生産させる育種方法が開発されている[6]。*Cephalosporium caerulens*が産生する抗真菌剤セルレニンは脂肪酸合成酵素の$\beta$-ケトアシル-ACP合成を阻害し，セルレニンを含有する培地で酵母を選択することで，実用酵母育種が行われている。セルレニン耐性となる酵母は多剤耐性酵母を除いて，Fas2pのGly1250Ser変異により脂肪酸合成の長鎖脂肪酸への生合成から長鎖脂肪酸合成が減少し，カプロン酸が多量に生成できる酵母である。YPD10培地（10％Glucose，２％Polypeptone，１％Yeastextract）にセルレニン耐性株と親株を15℃５日間静置培養し，細胞内の脂肪酸含有量を測定した結果，親株に比べてセルレニン耐性株はカプロン酸の含有量が多く，長鎖脂肪酸の含有量が少ない（図６）。

そこで，きょうかい９号酵母（K9）からセルレニン耐性酵母（K9CerR）を取得し，総米１Kgの仕込み試験（三段仕込み；15℃一定）を行った結果を表１に示す。その結果，カプロン酸エチ

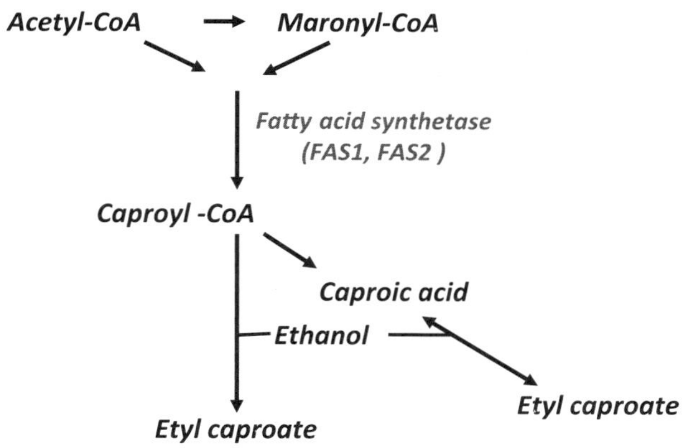


図5　カプロン酸エチルの生成経路

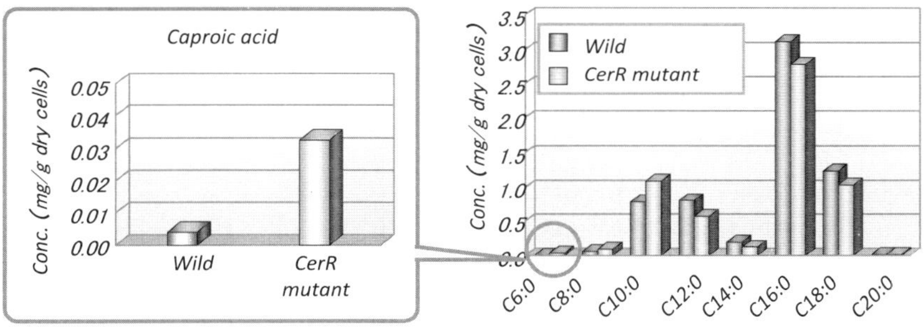


図6　セルレニン耐性酵母の細胞内脂肪酸含有量

表1　セルレニン耐性酵母で醸造した上槽酒の成分分析

| | K9 | K9CerR |
|---|---|---|
| 日本酒度 | −1.0 | −2.0 |
| エタノール（%） | 18.7 | 18.5 |
| 総酸 | 3.1 | 3.2 |
| アミノ酸度 | 2.6 | 2.5 |
| カプロン酸エチル（ppm） | 1.1 | 5.7 |

ルの含有量が約5倍の生成が認められ，官能評価でも香りの高い清酒であった。

### 2.3.2　酢酸イソアミル生成

酢酸イソアミルはバナナ様の香りを有し，前イソアミルアルコールを前駆体として，6位の炭素鎖がアセチル化され酢酸イソアミルとなる。イソアミルアルコールはロイシン生合成経路で生合成され，この合成経路ではロイシンによるフィードバック制御が存在している（図７）。この２つの酵素は，ロイシンによりフィードバック制御され，ロイシンなどのアミノ酸生成量が調節されるとともにイソアミルアルコールの生成量も調節されている。イソアミルアルコールから酢酸イソアミルへの変換は，*ATF1*と*ATF2*にコードされる２種類のアルコールアセチルトランスフェラーゼ（AATFase）が関与している。いずれそのKmは25 mMと高くイソアミルアルコールを基質とすることができる[7)]。清酒醸造では，イソアミルアルコールから酢酸イソアミルへの変換は，主にAtf1pによるものである[8)]。Atf1pはエタノールを基質とし酢酸エチルを生成してしまうのに対し，Atf2pは基質とはしないことが明らかである。また，*ATF1*，*ATF2*の発現調節も異なり*ATF1*は酸素と不飽和脂肪酸による発現抑制を受け，*ATF2*は酸素のみの発現抑制を受けるが，不飽和脂肪酸では逆に発現が促進されるという違いがある。

酢酸イソアミルを増やすためには前駆体であるイソアミルアルコールの生産を増加させた株を取得することで，実現可能である。そこで，細胞内の代謝経路を変換させることを行うため，ロイシンアナログである，5',5',5'-トリフルオロロイシン（TFL）耐性株を取得することで，ロイシンによるフィードバックが解除された変異株を取得できる。詳細にはLeu2，Leu9がコードする酵素α-イソプロピルリンゴ酸シンターゼに変異が生じることで３倍以上のイソアミルアルコール生産性が上昇し，結果として酢酸イソアミル量も多くなる[9)]。しかしながら，イソアミルアルコールを多く含む清酒は，溶媒様臭や酸化によりイソバレルアルデヒドに変換されるオフフレーバーとなることからも，酢酸イソアミルへの変換率であるE/A比（酢酸イソアミル量／イソアミ

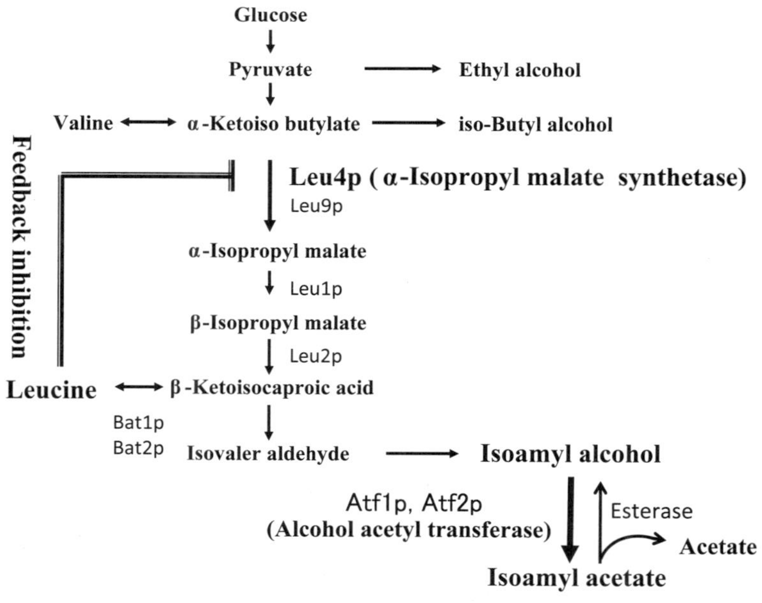


図７　イソアミルアルコールおよび酢酸イソアミルの生成経路

表2　TFL耐性酵母で醸造した上槽酒の成分分析

| | K7 | K7 TFL |
|---|---|---|
| 日本酒度 | −1.0 | −1.0 |
| エタノール（%） | 18.8 | 18.6 |
| 総酸 | 1.7 | 1.7 |
| アミノ酸度 | 2.6 | 2.5 |
| 酢酸イソアミル（ppm） | 1.8 | 3.4 |
| イソアミルアルコール（ppm） | 192.0 | 370.0 |
| E/A比 | 0.94 | 0.92 |

ルアルコール量×100）を上昇した酵母はオフフレーバーが低減される利点がある。

酢酸イソアミル高生産酵母を育種するためには，E/A比が上昇した酵母育種が望ましい。そのためには，イソアミルアルコールから酢酸イソアミルに変換するAATFaseに着目し*ATF1*，*ATF2*の調節機構の違いによる酵母育種方法がある[10)]。Atf2pのみステロイドホルモンの前駆体であるプレグネノロンをエステル化し無毒化することが報告されている[8)]。そこで，プレグネノロン耐性となる酵母を取得することで，Atf2p高発現株の育種が可能となっている。

## 2.4　おわりに

清酒造り，特に，吟醸造りにおいて，吟醸香の主要成分とされているカプロン酸エチルと酢酸イソアミルはその含有量に重きを置かれてきた。しかしながら，香りのみならず味とのバランスで評価されるため，高香気生成酵母の育種でも味・香り・発酵力といったトータルで評価される。清酒醸造は並行副発酵として2種類の微生物により醸造されており，その複雑な機構は，未だ解明されていない。清酒造りで「一麹，二もと，三造り」といわれ，杜氏の感と経験により培ってきた技術が，分析技術の発展により多くの代謝物の結果を得ることが可能となった。加えて，微生物の代謝物のビッグデータを解析し活用していくことも可能となるであろう。今後，醸造微生物の巧妙なモノづくりをさらに発展させることで，微生物からの「発酵」という恩恵を受けることができる。

## 文　　献

1)　M. Machida *et al.*, *Nature*, **438**, 1157 (2005)
2)　村上英也編著，「麹学」，p.130，日本醸造協会（1986）
3)　堤浩子，第59回日本生物工学会大会講演要旨集，30（2007）

4）宇都宮，日本醸造協会誌，**101**，730（2006）
5）J. K. Stoops *et al.*, *J. Biol. Chem.*, **256**, 8364（1981）
6）E. Ichikawa *et al.*, *Agric. Biol. Chem.*, **55**, 2153（1991）
7）A. B. Mason, and J. P. Dufour, *Yeast*, **16**, 1287（2000）
8）藤井，長澤，清酒酵母の研究―90年代の研究―，p.111，日本醸造協会（2003）
9）S. Ashida *et al.*, *Agric. Biol. Chem.*, **51**, 2016（1987）
10）堤ほか，特開2002-191355

## 3　シーケンス革命がもたらしたコリネ菌育種の新規方法論

池田正人*

### 3.1　はじめに

今世紀に入り，シーケンス技術と大量データ処理技術の著しい進歩は，微生物の育種研究者にとっても傍観できない状況になった。そのインパクトは，コストとシーケンス精度にある。現在では，ゲノム解読に要するコストが大学の1研究室でも実施可能なレベルにまで下がった。本節で取り上げるアミノ酸生産菌*Corynebacterium glutamicum*のような一般的なゲノムサイズを持つ微生物であれば，高精度な全ゲノム解読を40万円を切る価格で委託できる時代になっている。その結果，工業菌株の持つ有用な遺伝形質にゲノム情報から迫れるようになった。一方で，生物のゲノム情報が次から次へと明らかになっている。これにより，代謝経路の多様な設計図を手中に収めることができるようになった。既に多くの微生物で，生命活動を支えている多様な代謝マップが*in silico*で構築されている。そのいずれかの代謝系をモデルにして，目的微生物の代謝系を再設計することが可能になったわけである。

ゲノム科学の急速な進歩によって，*C. glutamicum*の育種が今，旧来とは育種の方法論として大きく異なる時代を迎えている。本節では，*C. glutamicum*を用いた筆者らの最近の研究を三つ取り上げて，ポストゲノム時代の育種研究の新たな方向を示してみたい。

### 3.2　アミノ酸発酵を変革するゲノムからのアプローチ

#### 3.2.1　*C. glutamicum*のゲノム科学から生まれた育種の方法論

2000年代初頭，*C. glutamicum*の全ゲノム配列が協和発酵によって決定された（Accession number BA000036）[1)]。本菌の全ゲノム配列は，産業上の重要性から，地球環境産業技術研究機構（RITE）や，ドイツのデグッサ社，BASF社など，他のグループによっても相次いで解読された[2〜4)]。さらに，*C. glutamicum*よりやや高い温度で生育できる別のL-グルタミン酸生産微生物*Corynebacterium efficiens*の全ゲノム配列も味の素らのグループにより決定された（Accession number BA000035）[5)]。これらの成果と並行して精度の高いシーケンスデータが短期間に得られるようになったことで，工業生産菌のゲノム情報を解析してアミノ酸生産に関わる有用変異を特定することが容易になった。このような恩恵を受けて開発した育種の方法論が「ゲノム育種」である。この育種法では，生産菌のゲノムを解析してアミノ酸生産に有効な変異を特定し，それらを野生株に積み上げていく（図1）。これにより，最少の有効変異セットを持つ菌株の育種が可能になる。従来のランダム変異と選択に基づく変異育種法では，変異を繰り返すたびに多くの余分な変異がゲノムに導入されるため，生産菌はゲノムがいわば傷だらけの状態で，生育が遅くストレスに弱い虚弱体質になっていた。このような，従来型の変異育種がもたらした欠点を排除し，利点のみを活かそうというのがゲノム育種の狙いである。リジン発酵とアルギニン発酵を例に，この技術の有用性を検証

＊　Masato Ikeda　信州大学　農学部　応用生命科学科　教授

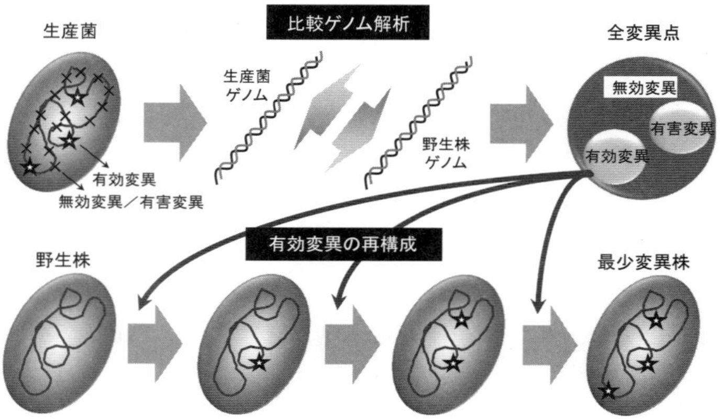


図１　ゲノム育種の方法論

してみたい。

### 3.2.2　リジン発酵への応用[6~13)]

工業的に用いられている *C. glutamicum* のリジン生産菌は多段の変異育種により造成されている。リジン発酵力価として100 g/Lを超える高い生産能力を有するが，生育が悪く，発酵に長時間を要するという欠点があった。このような生産菌のゲノム育種は次のような手順で行うことができる。まず，生産菌のゲノムを野生株のゲノムと比較して，リジンの生合成に関わる遺伝子に導入された変異を同定する。次いで，これらの変異点を，代謝経路の下流から上流に向けて，順次，野生株のゲノムに導入し，リジン生産への効果を調べる。生産に寄与する変異点のみをゲノム上に保存し，これを親株として次の変異点の評価を行う。このサイクルを繰り返すことで，有効変異のみからなる菌株を創製することができる。筆者らが題材として用いた工業生産菌では，そのゲノムに千を超える変異点が同定されたが，リジンの生産に関わる有効変異はその内の10個程度にすぎなかった。他は有効変異に付随して導入された，発酵とは無関係な変異か，発酵性能にマイナスとなる有害変異であった。最終的に得られた有効変異のみからなるゲノム育種株は，タフな野生株の特色を維持しているので，従来の変異育種株と比べ，効率的な発酵プロセスが実現している。

### 3.2.3　アルギニン発酵への応用[14)]

前述のリジン生産菌のゲノム育種では，一つの生産菌の有効変異を野生株ゲノムに組み上げていくアプローチを示した（図２(A)）。しかし，種々の生産菌で有効変異が見出され，そのレパートリーが増えていくと，異なる生産菌由来の有効変異を一つの野生株ゲノムに組み合わせていくことが可能になる。このような方法論で生産菌の再構築を試みたのが，アルギニン生産菌のゲノム育種である（図２(B)）。この育種では，有効変異のソースとして３種のアルギニン生産菌を用いた。これらは，*C. glutamicum* の異なる野生株から従来法によって独立に変異育種された変異株である。これら３菌株の有効変異を，リジン生産菌のゲノム育種と同様な手順で抽出したところ，いずれの生産菌からもアルギニン生合成系遺伝子群に，異なる有効変異が見出された。これらを一つの野生株のゲノム上に集約したゲノム育種株では，アルギニンおよびその前駆体であるシトルリンの総量が従来菌株を凌ぐレベルに達した。図3に従来菌株を対照として，ゲノム育種株の発酵の経過を示した。同株は，従来不可能であった38℃でも生産速度は高く維持され，従来の半分以下の時間で発酵が終了した。これがまさしくゲノム育種がめざした発酵特性である。独立に育種された従来菌株の有効変異を組み合わせれば，一層の効果が期待できることが示されたわけである。

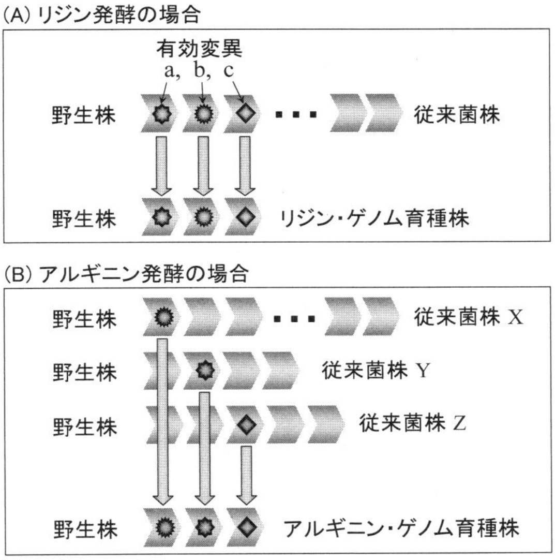


図2　リジン生産菌とアルギニン生産菌のゲノム育種
リジン発酵では，一つの生産菌の有効変異を野生株ゲノムに組み上げていくアプローチを，一方，アルギニン発酵では，3種の異なる生産菌由来の有効変異を一つの野生株ゲノムに組み合わせていくアプローチを示した。

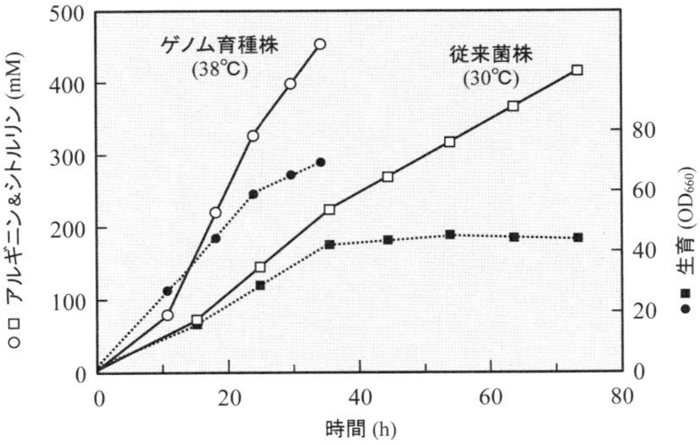


図3　ゲノム育種株の発酵性能

### 3.3 育種歴のない脂質生産へのアプローチ

#### 3.3.1 育種の狙いと構想

前項ではアミノ酸発酵を題材に，最少の有効変異のみからなる生産菌の育種法を示した。この方法論では，変異育種の長い歴史を持つ発酵が有利となる。多くの育種株を財産として利用できるからである。では，育種歴のない発酵ではどうしたらよいのであろうか。例えば，脂質のような脂溶性物質の発酵生産はカビや酵母，藻類が主体で，細菌は育種の成功例がほとんどない。実際，*C. glutamicum*では脂質の生産菌は知られておらず，育種株という財産はない。このような細菌を用いて脂質生産菌を開発しようとする場合，ゲノム時代にどのようなアプローチが取れるであろうか。まずは，脂質を生産させるための基本的な要件を明らかにすることから始めなければならない。この課題に対し，筆者らは，脂肪酸の分解代謝系を持たない*C. glutamicum*を題材として，先に脂肪酸の分泌生産菌を誘導してから原因変異に遡る方針を立てた。変異剤に依存しない自然変異によって目的生産菌を得て，原因変異の特定は全ゲノム解析に委ねようという狙いである。筆者らのアプローチを紹介し，高速シーケンス時代の育種研究の一つの道筋を示してみたい。

#### 3.3.2 脂肪酸を分泌生産する*C. glutamicum*の育種[15)]

前述の通り，*C. glutamicum*に脂肪酸の生産能があるかどうかは不明で，脂肪酸合成経路への炭素流束を高める方法すら知られていなかった。しかし，ゲノム情報から，本菌種は脂肪酸の分解代謝系（β酸化経路）を持たないことが示唆されていたため，脂肪酸を過剰合成できれば，分泌生産が起こる可能性があった。このような細菌を用いて脂肪酸生産菌を開発しようとする場合，まず，同菌種に脂肪酸の生産宿主としてのポテンシャルがあることを確認する必要がある。筆者らは，適切な選択条件とバイオアッセイ系を設定することで，*C. glutamicum*の野生株から一段の自然変異によってオレイン酸分泌株が得られることを見出した。これは，同菌種では１変異により脂肪酸の過剰合成と分泌が起こることを意味する。この自然変異育種を計３段階繰り返すことによってオレイン酸の分泌量が段階的に向上した変異株を取得した。同株はオレイン酸の分泌生産に関わる有効変異を三つ有していると推察されるが，予想通り，同株のゲノムには３変異が見出された。これらがいずれも脂肪酸生産に関わる有効変異であることは，変異の再構成により確かめられた。生産量はまだ緒に就いたレベルであるが，このアプローチにより，本菌種に脂肪酸を生産させるための基本的な要件を初めて明らかにできたわけである。なお，上記１段目のオレイン酸分泌株を親株として，上記とは別のラインで自然変異育種を行えば，遺伝的背景の異なる生産菌を得ることができる。このようにして，有効変異のレパートリーを広げ，最終的に集約することで，前述のアルギニン発酵で示したようなゲノム育種を実施することができるようになる（図４）。

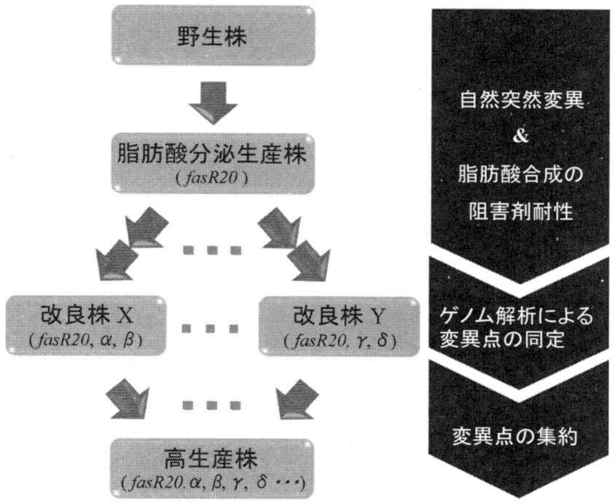


図4　育種歴のない脂肪酸生産へのアプローチ
*fasR20*は，*C. glutamicum*の野生株に脂肪酸分泌生産能を付与する変異である。このfasR20変異を有する1点変異株を親株にして独立に育種を行えば，有効変異のレパートリーを広げて育種を効率化することができる。

### 3.4　*in silico*代謝マップをモデルにして代謝系を再設計するアプローチ

#### 3.4.1　育種の狙いと構想

ゲノム科学は，*in silico*で全代謝マップを構築することを可能にした。既に多くの微生物で，その生命活動を支えている多様な代謝経路が構築されている。筆者らは，その中にペントースリン酸経路が不完全な細菌がいることに目を留めた。*C. glutamicum*では，同経路が還元力NADPHの主な供給源になっているが，そのような細菌はどこでNADPHを産生しているのであろうか。実は，このような細菌では，解糖系のグリセルアルデヒド-3-リン酸デヒドロゲナーゼ（Gap）の段階でNADPHを産生していることが報告されている[16,17]。もしそれを模した解糖系を*C. glutamicum*で構築できれば，より効率的な物質生産系が構築できるはずである。ペントースリン酸経路では脱炭酸による炭素ロスが発生するという欠点があり，それを回避できるからである。その仮説を検証するため，一部の細菌が持つ特異なGapN酵素を用いて*C. glutamicum*のレドックス代謝の再設計を試みた。具体的には，う蝕菌*Streptococcus mutans*のGapN酵素を用いて*C. glutamicum*の解糖系を再構築し，ペントースリン酸経路ではなく解糖系でNADPHを産生する*S. mutans*型のレドックス代謝系を持つ*C. glutamicum*を育種しようという構想である（図5）。

#### 3.4.2　*S. mutans*型レドックス代謝系を持つ*C. glutamicum*の育種[18]

*C. glutamicum*はGapAおよびGapBと命名された2種のGap酵素を有する。GapAはNAD型で解糖および糖新生の両方向に働くが，GapBはNADPH型ながら糖新生にしか働かず，解糖方向の反応は行わない。これに対し，GapNと呼ばれる酵素は*Streptococcus*属，*Clostridium*属，*Bacillus*属，および*Lactobacillus*属の一部細菌が有する特殊な酵素で，解糖系全10段の反応のうち，6段

目のGap反応とそれに続くホスホグリセリン酸キナーゼ反応を一気にかつ不可逆に触媒するNADP型酵素である（図5）。筆者らは*S. mutans*のGapN酵素を材料として，*S. mutans*型の解糖系を有する*C. glutamicum*の育種を試みた。

まず，*C. glutamicum*の*gapB*遺伝子を破壊して*gapA*遺伝子のみからなる菌株（GapA株）を造成した（図6左）。次いで，GapA株の*gapA*遺伝子を*S. mutans*の*gapN*遺伝子に置換して，最終的に自前の*gapAB*に代えて*gapN*をゲノム上で発現する菌株（GapN株）を造成した。このGapN株は残念ながらグルコースで充分に生育できなかったが，同株から生育良好なサプレッサー株が自然突然変異で出現することを見出した。その代表株$GapN^S$株（図6中央）に生じたサプレッサー変異は全ゲノム解析により，転写終結因子*rho*に生じたミスセンス変異（R696C）であることがわかった。同変異がどのような仕組みで$GapN^S$株の生育をサポートしているのかは不明ながら，$GapN^S$株はNADPH産生型のGapN活性を保持していたことから，筆者らの目的に沿う菌株であると判断された。そこで，$GapN^S$株のアミノ酸生産宿主としての性能を，元株であるGapA株と比較するため，その両株にリジン生産用プラスミドを導入して，各々からリジン生産菌を造成した。グルコースを炭素源として発酵試験を行った結果，$GapN^S$株を宿主とした場合はGapA株を宿主とした場合に比べて，約1.8倍のリジン生産能が示された。$GapN^S$株のゲノム上の*gapN*遺伝子を*gapA*に戻すとリジン生産能が元のレベルに低下することから，リジン生産能の向上は$GapN^S$株に導入されている*rho*変異に因るのではなく，GapNに起因することは明らかである。

このリジン生産菌では，1分子のリジン合成に必要な4分子のNADPHは，理論上，GapNを発現する解糖系ですべて賄われる。このため，還元力の面で有利な状態になり，リジン生合成反応が促進されてリジン発酵収率が向上したと考えられる。そうであるならば，$GapN^S$株におけるリジン生産は，還元力をペントースリン酸経路に依存しない代謝系になっているはずである。実際，元株であるGapA株のリジン生産能がペントースリン酸経路の遮断によって半減したのに対し，$GapN^S$株では同経路を遮断しても高いリジン生産能が維持されていた。

このようにして育種した$GapN^S$株はリジン生産の有効な宿主であるが，生育が悪化するという課題があった。同株では，NADHとATPの産生ステップがNADPHの産生ステップに置換されているため（図5），理論上，還元力の面で有利であるが，エネルギーの面で不利になっている。これが生育悪化の原因であるとすると，エネルギーをより多く要する生育フェーズではGapA依存，還元力をより多く要する生産フェーズではGapN依存となる菌株を育種できれば，生育と生産により適した代謝系になる可能性がある。そこで，$GapN^S$株にイノシトール誘導型*gapA*をゲノムに組み込んでGapNとGapAの両用型宿主（$GapN^SA^{Ino}$株）を育種した（図6右）。この株は，シード培養に少量のイノシトールを添加するだけで，本培養では高いリジン生産能を維持しつつ，生育悪化も解消された。この場合も，高いリジン生産能にペントースリン酸経路の代謝は不要であることが確かめられている。実際，ペントースリン酸経路でNADPHを生成できない*S. mutans*はGapNとGapAの両用型微生物であり，還元力とエネルギーそれぞれの需要の程度に応じて，両者を使い分けているものと思われる。そのような異種細菌の特異な代謝系を*C. glutamicum*内で再現できたことは，代謝のフレキシビリティを示すものとして興味深い。

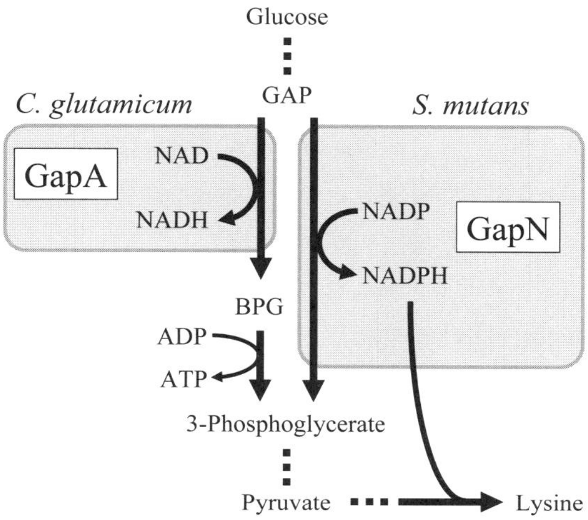


図5　*C. glutamicum*における*S. mutans*菌型解糖系の再構築

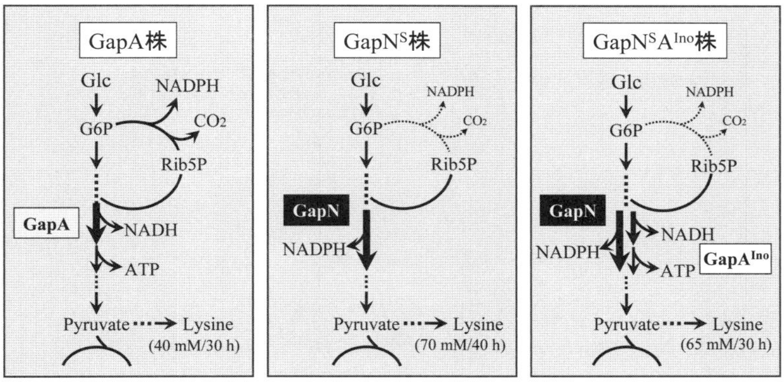


図6　*S. mutans*のレドックス代謝をモデルとした還元力高産生宿主の開発

*C. glutamicum*のGapA株（図左）は，自前の*gapA*を発現する対照株である。GapN$^S$株（図中央）は，*gapA*に代えて*S. mutans*の*gapN*を発現するGapN株から取得したサプレッサー株（*rho*変異を保有）である。GapN$^S$A$^{Ino}$株（図右）は，GapN$^S$株にイノシトール誘導型*gapA*をゲノムに組み込んで得た宿主で，GapNとGapAの両用型になっている。この菌株では，シード培地へのイノシトール添加量に応じて生育フェーズのGapA活性を制御でき，生育フェーズではGapA依存，生産フェーズでGapN依存になるような条件を設定することができる。これら3宿主にリジン生産用プラスミドを導入して坂口フラスコ（グルコース5％）で培養したときのリジン生産量と発酵時間を図に示した。

### 3.5　おわりに

本節では，*C. glutamicum* を用いた筆者らの最近の研究を三つ紹介して，ポストゲノム時代の育種研究の新たな方向を示してきた。一つ目の「ゲノム育種」では，その方法論に則り，生産菌の遺伝情報を明らかにしてから発酵に有用な遺伝形質のみを野生株ゲノム上に集めていくというコンセプトで育種を行うと，生産菌の性質を抜本的に改善し，発酵プロセスを大きく変えられることを示した。この新しい方法論は，実用的なアプローチとして，世界の発酵工業の現場で従来法に取って代わりつつある[19,20]。二つ目の「育種歴のない脂質発酵へのアプローチ」では，ある有用な形質を自然変異で誘導すればその形質に関わる変異を容易に特定できる時代となり，育種株という財産がない場合にも意図した遺伝子型の変異導入による育種が可能になることを示した。このことは，自然変異と選択に基づく古典的なアプローチが，その変異を容易に同定できるという点において今またこの時代に相応しい育種法として新たな意味合いを帯びてきたことを意味する。三つ目は，*in silico* で構築された代謝経路の多様な設計図の一つをモデルとして，アミノ酸生産菌の代謝系を再設計するというアプローチを示した。ここで再構築された菌株は異種細菌型の解糖系で糖を代謝してリジンを効率的に生産する。このような代謝全体へのインパクトの大きい代謝工学が成立したことは，異種細菌の *in silico* 代謝マップが利用可能になったことの恩恵の一例を示すものである。

以上，*C. glutamicum* を題材に，シーケンス革命，そしてそれによりもたらされた生命のビッグデータを発酵に応用するための道筋を示した。テクノロジーや情報の威力は疑いようもないが，育種の世界ではそれらをどう活かすかのアイデア抜きには語れない部分が大きい。今後とも，ゲノム科学の成果をどう育種に結び付けるか，その新たなアイデアが待たれる。

## 文　　献


1)　M. Ikeda and S. Nakagawa, *Appl. Microbiol. Biotechnol.*, **62**, 99 (2003)
2)　J. Kalinowski *et al.*, *J. Biotechnol.*, **104**, 5 (2003)
3)　H. Yukawa *et al.*, *Microbiology*, **153**, 1042 (2007)
4)　H. Yukawa and M. Inui (eds.), *Corynebacterium glutamicum, Microbiology Monographs*, **23**, Springer (2012)
5)　Y. Nishio *et al.*, *Genome Research*, **13**, 1572 (2003)
6)　J. Ohnishi *et al.*, *Appl. Microbiol. Biotechnol.*, **58**, 217 (2002)
7)　J. Ohnishi *et al.*, *Appl. Microbiol. Biotechnol.*, **62**, 69 (2003)
8)　J. Ohnishi *et al.*, *FEMS Microbiol. Lett.*, **242**, 265 (2005)
9)　J. Ohnishi *et al.*, *Biosci. Biotechnol. Biochem.*, **70**, 1017 (2006)
10)　M. Hayashi *et al.*, *Appl. Microbiol. Biotechnol.*, **72**, 783 (2006)

11) M. Ikeda *et al.*, *J. Ind. Microbiol. Biotechnol.*, **33**, 610 (2006)
12) S. Mitsuhashi *et al.*, *Biosci. Biotechnol. Biochem.*, **70**, 2803 (2006)
13) J. Ohnishi *et al.*, *Mutat. Res.*, **649**, 239 (2008)
14) M. Ikeda *et al.*, *Appl. Environ. Microbiol.*, **75**, 1635 (2009)
15) S. Takeno *et al.*, *Appl. Environ. Microbiol.*, **79**, 6776 (2013)
16) D. A. Boyd *et al.*, *J. Bacteriol.*, **177**, 2622 (1995)
17) N. Asanuma and T. Hino, *FEMS Microbiol. Lett.*, **257**, 17 (2006)
18) S. Takeno *et al.*, *Appl. Environ. Microbiol.*, **76**, 7154 (2010)
19) J. Becker and C. Wittmann, *Curr. Opin. Biotechnol.*, **23**, 631 (2011)
20) C. Lee *et al.*, *J. Microbiol.*, **50**, 860 (2012)

## 4　海洋遺伝子資源の新しいオミックス解析への挑戦

竹山春子[*1]，モリ　テツシ[*2]，伊藤通浩[*3]，細川正人[*4]

### 4.1　はじめに

海洋は地球上の総面積の70％を占め，陸上にはない多種多様な特殊環境が存在している。生物は海洋で誕生して以来，高温・低温・高圧など様々な環境に適応するために独自の進化を繰り返し，多岐にわたる生物群を形成するようになった。特に，多様性に富んだ海洋性微生物は，陸生の微生物に比べると歴史が浅く，酵素や抗生物質をはじめとした新規有用物質の探査対象として注目されている[1,2]。一般的な微生物研究においては，環境サンプル（海水，砂，ホスト生物など）から微生物を採集し，単離・培養するという基本操作を行う。しかし，環境微生物を対象とした様々な研究から，微生物のうち99％は難培養微生物であることが明らかになってきたことから，これらの利活用を目指した様々な取り組みが行われている。特に，近年の分子生物学手法やゲノムサイエンスの飛躍的な進歩を背景に，メタゲノム解析や次世代シーケンサー，単一細胞解析技術などの発展により，海洋微生物種からのビッグデータの獲得とそこからの有用遺伝子の探索は新たな研究分野として確立されつつある。

本節では，微生物を中心とした海洋遺伝子資源の利用に向けたこれまでの取り組みと最新の解析技術の応用による今後の展望について紹介する。

### 4.2　海洋資源の利用に向けたメタゲノム研究の応用

メタゲノミクスは難培養微生物を含めた微生物資源の細菌叢を明らかにし，遺伝子プールの中から有用物質遺伝子を探索することができる方法として用いられている[3~5]。メタゲノミクスでは，調査対象環境からサンプルを採集したのち，微生物の単離・培養を介さずに直接環境中の微生物群からDNAを抽出する。このメタゲノムを断片化したのち，大腸菌などにクローニングすることで，メタゲノムライブラリーを構築する。このメタゲノムライブラリーはランダムなDNA断片を含む数万から数十万のクローンから構成される。このライブラリーをサンプルとして解析することにより，難培養微生物を含んだ特定環境の微生物叢の網羅的解析や有用機能遺伝子の獲得が可能となる（図１）。

海洋メタゲノミクスの研究は，Schmidtらが海洋サンプル中のピコプランクトン層から直接DNAを抽出し，網羅的な16S rDNA解析を行い微生物叢の解析を行ったことから始まる[6]。これに続い

＊1　Haruko Takeyama　早稲田大学　理工学術院　先進理工学部　生命医科学科　教授
＊2　Tetsushi Mori　早稲田大学　理工学術院　創造理工学部　国際教育センター　助教
＊3　Michihiro Ito　早稲田大学　先端科学・健康医療融合研究機構
次席研究員（研究院助教）
＊4　Masahito Hosokawa　早稲田大学　先端科学・健康医療融合研究機構
日本学術振興会特別研究員

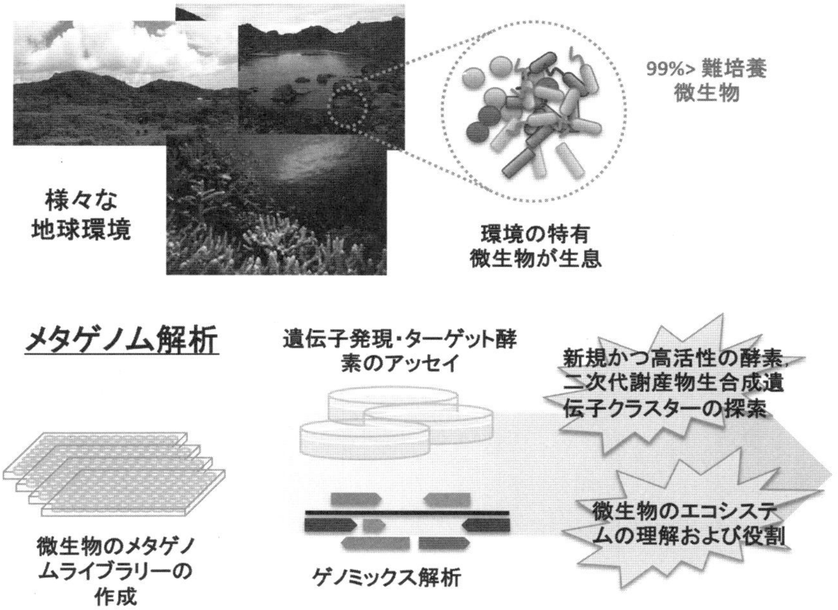


図1　メタゲノム解析による環境微生物の理解と資源活用

てHugenholtzらは，より大きな遺伝子プールを構築して16S rDNAに基づく細菌叢解析を行った[7]。その後，Steinらが海洋ピコプランクトンから初めてメタゲノムライブラリーを構築し，海洋性古細菌を対象とした微生物叢解析を行っている[8]。2003年には，J. Craig Venterが率いるGlobal Ocean Sampling Expedition（GOS）が発足され，海洋の微生物・ウイルスを地球規模でゲノム解析する試みが進められた。西インド諸島北東のサルガッソー海の海水を対象に実施された解析では，148の未知の細菌系統型を含む1,800の微生物種が同定された。これらの取り組みをもとに，海洋メタゲノム研究の適用はさらに，ウイルス[9]，古細菌[10]とシアノバクテリア[11]など，他の海洋微生物へと対象を拡大している。日本では，海洋環境の生物多様性および生態系把握のための基盤技術開発プログラム（JST 戦略的創造研究推進事業 CREST）が平成23年度から発足しており，その中で，海洋生態系評価手法として，微生物の網羅的遺伝子解析，オミックス解析が推進されており，数年後にはビッグデータとして公開されることになる。まさに，遺伝子情報のビッグデータとして一番大きいのは海洋メタゲノムデータ（オミックスデータ）であり，現在は，それらの有効な解析手法の開発が精力的に進められている。

一方，筆者らはカイメンなどの海洋無脊椎動物に共在する細菌に注目し，その多様性の解明や新規有用物質の獲得を目指して研究している。共在微生物は，ホストとの協調関係の下で，多種多様な物質を生産し相互作用をしている。カイメンは，カイメン動物門Poriferaに属する無脊椎動物であり，系統学上最も原始的な後生動物である。カイメンの体内には非常に多くの細菌が存在しており，中にはカイメンの総体積の40％を細菌が占める種も存在する。カイメンからは抗菌・

抗カビ・抗癌活性などの様々な有用物質が発見されているが，これらの生理活性物質はカイメン中の共在微生物に由来すると考えられている。筆者らは，沖縄（石垣）より２種のカイメン*Stylissa massa*, *Hyrtios erecta*を採集し，そこから共在バクテリアを回収し，メタゲノムライブラリーを構築してきた。そして，遺伝子情報は，XanaMetaDBとしてデータベース化して活用している。

上記のシーケンスデータに基づく解析の他に，活性ベースのスクリーニング法による有用機能遺伝子の探索も行った。エステラーゼ・リパーゼは様々な工業プロセスに利用されており，熱安定性，塩耐性，有機溶媒耐性などの特性を有する新規酵素の需要は多い。そこで，従来の培養株由来酵素にはないユニークな新規エステラーゼ・リパーゼ酵素の獲得を目指して，カイメン*H. erecta*由来メタゲノムライブラリー26,496のクローン（3～5 kbpのインサートDNA）から活性スクリーニングを行った。結果，SGNHヒドロラーゼスーパーファミリーに属する新規酵素のスクリーニングに成功した[12]。種々の活性評価を行った結果，活性の最適温度は40℃付近であったが，この酵素は25℃から55℃の間で，相対活性の50％以上を維持し，広い温度範囲にわたって活性を示した。熱安定性に優れ，塩耐性を有しており，高塩濃度で酵素活性を復活させるユニークな特性を持った酵素であることが示された。

## 4.3　海洋資源活用に向けた技術の応用および開発

メタゲノム研究によって難培養微生物を含む海洋資源の利用への扉が開かれ，これまでアクセスできなかった膨大な情報を獲得・蓄積することができるようになった。しかし，多様な微生物の遺伝子情報を含むメタゲノムのビッグデータを最大限に活用するためには，ゲノムデータから有用な情報を網羅的に探査・抽出するためにソフト・ハードの両面それぞれで課題を克服する必要がある。ここでは，２つの主要な課題について例を挙げて紹介するが，一つ目の課題は，海洋微生物の大規模シーケンスまたは単一細胞のゲノムデータから得られた情報を処理・分析・関連付けするためのアプローチの確立である。もう一つは，大規模なメタゲノムライブラリーから目的の遺伝子発現クローンをハイスループットにスクリーニングするアッセイ法の開発である。ここでは，これらの課題を克服し，海洋資源の研究を支援する可能性を示すいくつかの支援技術を紹介する。

### 4.3.1　次世代シーケンサーのもたらすビッグデータのインパクト

DNAシーケンシング技術は進歩のたびに生命科学を大きく変貌させてきた。サンガー法によるキャピラリーシーケンサーを用いたDNA塩基配列解析では，800～1,000 bpの比較的長いリード長が得られるが，一度の解析で得られる塩基配列情報は最大で100 Kbほどである（Applied Biosystems社（現Life Technologies社）3,730 xl）。2005年以降に上市された新しいシーケンサー，いわゆる次世代シーケンサーで得られる塩基配列の情報量は，従来型のシーケンサーと比較すると，文字通り桁違いである。大型のハイスループット機種であるHiSeq2500（Illumina社）を用いると，１度の解析に11日間という長い解析日数を要するものの，600 Gbという膨大な塩基配列情報（キャピラリーシーケンサーの600万倍）が得られる。バクテリアのゲノムサイズを５Mb

とすると，実に12万株分の塩基配列情報を一度の解析で得られる計算になる。現在では価格も特徴も異なる様々な機種が上市されており，次世代シーケンサーは一部の大規模研究グループだけが活用するものではなくなった。このことから，近年の研究の進展スピードは加速の一途をたどっている。GOLD（genome online database；http://genomesonline.org/cgi-bin/GOLD/index.cgi）によると，完全決定されたゲノム配列数は，2010年８月時点では1,351件であったのが，約２年後の2012年９月時点で3,699件，さらに１年４か月を経た2014年１月では12,722件までに増加した。メタゲノムデータに関しては，終了，解析中のものを含めて3,960件もの登録がある。今後も加速度的に増え続けると思われる。

次世代シーケンサーの登場は，取得される塩基配列情報の量的な変化をもたらすにとどまらず，生命科学研究の質的変化をもたらした。すなわち，次世代シーケンサーによる塩基配列情報の飛躍的増大は，「塩基配列を解読する」という一次的な利用法を越え，新規の研究分野を開拓することとなった。微生物学の分野における，後述の網羅的メタトランスクリプトーム解析やシングルセルゲノム解析などは次世代シーケンス技術がもたらした新たな研究分野である。

### 4.3.2　メタゲノムの網羅的シーケンス解析における課題

メタゲノム解析の普及とともに，徐々にメタゲノム解析に内包される課題が意識されるようになった。メタゲノム中に機能既知の遺伝子が確認されれば，微生物群集全体として当該活性のポテンシャルを有することを意味する。しかしながら，メタゲノム解析で見出された遺伝子候補配列が，実際に環境中で機能しているかどうか，さらにはどのような環境条件で機能するのかということは不明である。加えて，メタゲノムの配列情報そのものから個々のメタゲノムDNA断片の由来を解明することが困難である。メタゲノムDNA断片の持ち主をSelf-Organizing Map（SOM）解析などで推測することも試みられてきたが，遺伝子の水平伝播が繰り返される微生物由来の配列では必ずしも良い成果が得られていない。言い換えれば，メタゲノム解析で解明できることは，「微生物群集が何をできるか」ということであり，「何をしているのか」，「いつするのか」，そして「誰がするのか」は，メタゲノム解析からは現在のところ解明できない。

### 4.3.3　環境微生物のメタトランスクリプトーム解析

DNA塩基配列という「機能のポテンシャル」を規定する情報と，タンパク質という「機能の担い手」をつなぐのがmRNAであることから，環境中で実際に機能している遺伝子群は，環境中のmRNAを追跡することで知ることができる。個別生物の全発現遺伝子プロファイルである「トランスクリプトーム」は，当該生物のゲノムが決定済みの場合には，マイクロアレイ法や，近年では次世代シーケンサーを用いたRNA-Seq法により解析されるようになった。環境微生物学においては，微生物群集が現場環境で実際に発現している遺伝子を網羅的に解析する「メタトランスクリプトーム解析」が試みられるようになった。

メタトランスクリプトーム解析では，まず環境サンプルに含まれる全RNAを抽出する。抽出した全RNAのうち，ターゲットとなるmRNAは通常５％以下[13]であり，大部分はrRNAであるので，次のステップでrRNAの除去を行う。これを逆転写によってcDNAへと変換し，さらに次世代シーケンサーを用いて網羅的に解読する。シーケンサーの機種はリード長の長いGS FLX（Roche社）またはリード数の多いIllumina社の各種ハイスループットシーケンサーが現在のところ主に用いられ，1サンプルあたり数十万～数千万リードを解析する。さらに，メタゲノムデータと相補的に解析することで，現場環境の微生物群集が「何ができるのか」，「何をしているのか」と「いつするのか」をセットにした知見が得られ始めた。例えばMasonらは，2010年のメキシコ湾原油流出事故に際し，現場付近の海水中のメタゲノムおよびメタトランスクリプトームを解析した[14]。メタゲノム解析で検出された原油成分分解遺伝子群の中にも発現が確認されない遺伝子があることに加え，原油成分への暴露以後の時間経過とともに発現する遺伝子があることを報告している。一方で，メタトランスクリプトーム解析には，特に原核生物を対象とする場合には，①解析に必要となるmRNAが少なくない，②rRNAの除去効率がしばしば十分でないなどの技術的課題も依然残されている。今後，より簡便でかつ高効率のメタトランスクリプトーム解析法が開発されることで，現場環境での微生物群集の動態が解明されていくものと期待される。これらトランスクリプトームのデータは環境ビッグデータとして今後，大きなウエイトを占めることになるであろう。

#### 4.3.4　環境微生物のシングルセルゲノム解析

メタゲノム解析からだけでは，配列情報の持ち主が解明できない。この問題点を克服するため，例えば国際ヒト常在菌叢ゲノムコンソーシアム（http://www.hmpdacc.org/）では，微生物群集の構成種を培養してゲノム解析することで，リファレンスゲノムを現在までに1,665株取得している。メタゲノム配列とリファレンスゲノム情報とを照らし合わせることで，メタゲノム解析により見出された配列の持ち主を特定することができる。しかしながら，この方法ではリファレンスゲノム情報は培養可能な環境微生物に限られる。難培養あるいは未培養の微生物のゲノム情報をメタゲノムやメタトランスクリプトームのデータと融合することにより，環境微生物学の究極の目的ともいうべき「誰がどこにいて，何をしているのか」の理解に近づくことができると考えられる。そこで，近年，微生物の細胞を個別に分取しゲノムを解析する「シングルセルゲノム解析」が行われるようになった。

シングルセルゲノム解析では，まず微生物群集の中から単一細胞を分取する。最も汎用される方法は，細胞分取機能を装備したフローサイトメーター（Fluorescence Activated Cell Sorter；FACS）によるものである。その後，分取した細胞をアルカリ処理や熱処理，酵素処理などの方法で溶解し，この溶解液を鋳型として全ゲノム増幅を行う。ゲノム増幅法はPhi29 DNAポリメラーゼとランダムプライマーを用いたmultiple displacement amplification（MDA）法が一般的である。ゲノム増幅産物の16S rDNA解析により増幅産物の由来を確認後，主に次世代シーケンサーによりシーケンスする。自動システムのBioCel（Agilent社）を用いて全ゲノム増幅から16S rDNAの増幅に至るステップを自動化することで，週あたり5,000細胞の解析が可能なハイスループットのシングルセル解析系も構築されている[15]。

培養困難なためにゲノム解析がなされなかった細菌種のゲノム情報が，シングルセルゲノム解析によって明らかになっている[14~17]。例えば先述のMasonらはメキシコ湾原油汚染海域由来の細菌株シングルセルのゲノム解析を行い，推定カバー率が50％強ながら，未培養菌群である*Oceanospirillales*に属する細菌細胞のゲノム情報を得た[14]。この結果，メタゲノムやメタトランスクリプトーム解析で検出した原油成分分解遺伝子群が本菌株由来であることが突き止められた。Rinkeらは，「microbial dark matter」と呼ばれる門レベルで未分離の微生物系統群の多様性と機能の解明を目的として，9つの環境サンプル由来の201もの微生物シングルセルのドラフトゲノムを構築した[18]。この結果，通常は終止コドンであるUGAがアミノ酸指定トリプレットとして使用されるケースの発見など，新規性の高い成果を上げるとともに，20％程度のメタゲノム配列の由来菌種への帰着に成功した。なお，メタゲノム中の特定遺伝子の持ち主を解明するという目的であれば，必ずしもゲノム配列を解明する必要はない。ターゲット遺伝子がシングルセル由来のMDA増幅産物に存在するか否かをPCRにより確認すれば良い。筆者らは，*Theonella swinhoei*（黄色ケモタイプ）をモデルカイメンとし，抗腫瘍物質として知られるポリケチドonnamide Aの生産細菌の探索および同定をシングルセル解析により試みた[19]。その結果，onnamide Aの生産細菌が*Candidatus Entotheonella* factor TSY1であることを同定し，さらにこの細菌が*T. swinhoei*から発見されているほとんどの二次代謝産物の生合成遺伝子クラスターを持つ難培養万能微生物であることも解明した。

しかしながら，シングルセルゲノム解析の各ステップにもそれぞれ技術的な問題がある。シングルセル分取に関しては，FACSを用いる場合，分取した細胞が本当にシングルセルであったか否かを視覚的に確認できない。確認できるシングルセル解析技術としてマイクロ流体デバイスが期待されているが，このことは後述する。また，ゲノム増幅産物のシーケンスに関しては，ゲノムカバー率が課題である。これまでの報告では，カバー率が90％を越えることはほとんどない。カバー率が低い原因はいくつか考えられるが，現在はMDA法による全ゲノム増幅でのバイアスが問題視されている。そこで，近年新たな全ゲノム増幅法としてMALBAC（multiple-annealing and looping-based amplification cycles）法が開発された[20]。この新しい方法では，ヒトシングルセルのゲノム増幅産物の25×のシーケンスでカバー率93％が達成されている。現在までにMALBAC法が原核生物のゲノム解析に適用された報告はないが，本法のような，シングルセルゲノム解析に向けた新規手法の開発は，難培養微生物のシングルセルゲノム解析の発展に不可欠である。

### 4.3.5　マイクロ技術を用いたハイスループットスクリーニング系の開発

マイクロ流体デバイスとは，微細加工技術を用いて作製される微小流路や微小容器などを配した小型デバイスの総称であり，マイクロ・ナノリットルオーダーの微小量溶液の精密操作およびその自動化に利用される[21]。近年では，種々の化学・生化学分析の効率化・迅速化を目的として，新しい分析ツールとしてマイクロ流体デバイスが注目されている。微小流路を反応環境とすることで，分析試薬使用量を大幅に削減できる他，微小環境下で生じる層流や比界面積の増大効果などの特徴を活かした分析が可能となる。例えば，流体力学的効果を用いて反応液の定常流から微小量のドロップレットを連続形成し，これらを超微量な化学反応容器として用いる手法が提案されている[22]。このドロップレットは，撹拌操作などでオイル中に拡散した油中水滴エマルジョンと同様の状態をとるが，マイクロ流体デバイスを利用することで極めて均一な液滴を連続生成することができる。このドロップレットに，薬剤などの化学物質や生体分子，細胞などを封入すれば，微小反応液中での生化学反応を同時多並行に進行させることができるため，従来のマルチウェルプレートを用いた分析に変わる，ハイスループットな分析フォーマットとして注目されている。その応用領域は，タンパク質の結晶化解析，生細胞の培養観察，核酸増幅など幅広い[23]。特に単一細胞・単一分子レベルでの反応解析を行う際には，分析対象の分画および解析を連続的に行える利点がある。

このような特徴を活かし，ドロップレットは細胞の産生する有用な酵素や二次代謝産物などのスクリーニングアッセイに応用されつつある。例えば，マイクロ流体デバイスを用いて，蛍光基質を含んだ培地とともに大腸菌や酵母を封入したドロップレットを作製することで，アルカリホスファターゼなどの酵素活性を単一細胞レベルで評価することができる[24]（図２）。さらに，マイクロ流体デバイスを光源・蛍光検出装置・各種制御機器と統合することで，ドロップレット内部

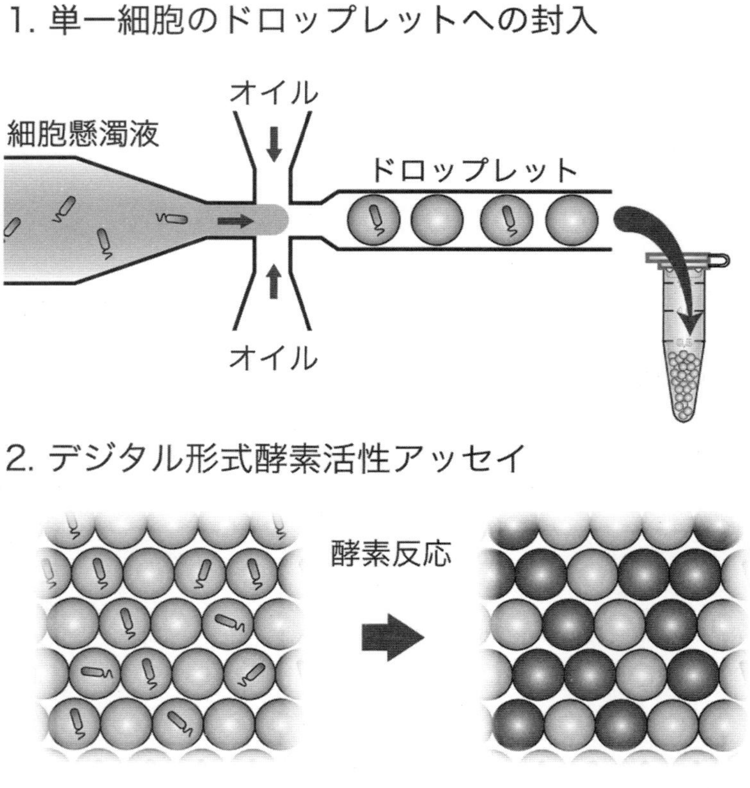


図２　ドロップレットを利用した単一細胞レベルでの酵素活性評価

での反応を蛍光検出し，任意のドロップレットをソーティングする機構も開発されている[25]。このようなデバイスを利用することで，単一細胞が発現する酵素の活性を微小反応環境下で迅速かつ高感度に検出することができ，個別に評価・選別することができる。例えば，Agrestiらはマイクロ流路デバイスを用いてエマルジョンドロップを作製し，酵母にディスプレイしたホースラディッシュペルオキシダーゼの変異ライブラリースクリーニングをハイスループットに行う手法を開発している。この変異体のスクリーニングでは，従来のマイクロプレートと工業ロボットを利用した手法と比べて，1,000倍の迅速化と百万倍のコスト削減ができることが報告されている[26]。筆者らは，メタゲノムライブラリーからの有用酵素遺伝子の獲得を目指し，ドロップレットを利用したスクリーニングアッセイ法を開発している。これまでに，リパーゼを対象としたアッセイ系を確立しており，メタゲノムライブラリーからのスクリーニングを進めている。メタゲノムライブラリーのスクリーニングにおいては，従来プレートアッセイが行われてきたが，ドロップレットを利用することで，スクリーニング対象クローン数の飛躍的な向上が期待される。このようなマイクロ流体デバイスを利用したハイスループットスクリーニング法の活用により，海洋遺伝子資源のより広範な解析と応用領域の拡大が期待される。また，シングルセルを導入して，細胞溶解，ゲノム増幅というプロセス，さらにはゲノムシーケンスに続くマイクロデバイスの構築にも現在注力している。

## 4.4　おわりに

海洋微生物資源の有効活用，さらには環境保全の観点から環境微生物のオミックス情報を解析することは重要である。情報取得技術が著しく発展している中，その情報量が巨大化しており，保存，活用システムに関して，今後大きな課題となるであろう。

本節では，メタゲノム解析から得られる遺伝子のビッグデータをより有効に活用するために，近年注目されている次世代シーケンサーやマイクロ流体デバイスを用いた手法や単一細胞解析技術を紹介し，またこれらの技術の重要性および可能性についても述べた。特に，シングルセルゲノム解析が環境微生物研究でもウエイトを占めつつあることから，遺伝子情報量は今以上にビッグデータ化することは間違いない。現在は，データベース同士の互換性が必ずしも高くないことから，比較に手間取ることが多々生じる。今後，より解析しやすいデータベースにより，新たな研究分野の発展が期待できる。

## 文　　献

1)　W. Fenical *et al.*, *Nat. Chem. Biol.*, **2**, 666 (2006)
2)　P. G. Williams, *Trends Biotechnol.*, **27**, 45 (2009)

3) J. Handelsman, *Microbiol. Mol. Biol. Rev.*, **68**, 669 (2004)
4) W. R. Streit *et al.*, *Curr. Opin. Microbiol.*, **7**, 492 (2004)
5) 竹山春子，岡村好子，メタゲノム解析技術の最前線，108，シーエムシー出版 (2010)
6) T. M. Schmidt *et al.*, *J. Bacteriol.*, **173**, 4371 (1991)
7) P. Hugenholtz *et al.*, *J. Bacteriol.*, **180**, 4765 (1998)
8) J. L. Stein *et al.*, *J. Bacteriol.*, **178**, 591 (1996)
9) A. I. Culley *et al.*, *Science*, **312**, 1795 (2006)
10) A. B. Martin-Cuadrado *et al.*, *ISME J.*, **2**, 865 (2008)
11) B. Li *et al.*, *Proc. Natl. Acad. Sci. U.S.A.*, **107**, 10430 (2010)
12) Y. Okamura *et al.*, *Mar. Biotechnol. (NY)*, **12**, 395 (2010)
13) F. C. Neidhardt *et al.*, *ASM Press*, **2nd** (1996)
14) O. U. Mason *et al.*, *ISME J.*, **6**, 1715 (2012)
15) J. S. McLean *et al.*, *Proc. Natl. Acad. Sci. U.S.A.*, **110**, E2390 (2013)
16) T. Woyke *et al.*, *PLoS ONE*, **5**, e10314 (2010)
17) K. Wasmund *et al.*, *ISME J.*, **8**, 383 (2014)
18) C. Rinke *et al.*, *Nature*, **499**, 431 (2013)
19) M. C. Wilson *et al.*, *Nature* (2014)
20) C. Zong *et al.*, *Science*, **338**, 1622 (2012)
21) 竹山春子，モリテツシ，庄子習一，ナノ融合による先進バイオデバイス，258，シーエムシー出版 (2011)
22) A. D. Griffiths *et al.*, *Trends Biotechnol.*, **24**, 395 (2006)
23) M. T. Guo *et al.*, *Lab Chip*, **12**, 2146 (2012)
24) A. Huebner *et al.*, *Anal. Chem.*, **80**, 3890 (2008)
25) J. C. Baret *et al.*, *Lab Chip*, **9**, 1850 (2009)
26) J. J. Agresti *et al.*, *Proc. Natl. Acad. Sci. U.S.A.*, **107**, 4004 (2010)

## 5　バイオマス処理のビッグデータの解釈と環境への活用
## ―トランスオミクス解析を利用したバイオマス分解戦略―

森坂裕信*1，植田充美*2

### 5.1　はじめに

地球環境を保全するという観点から，微生物などの生体触媒を用いた産業（ホワイトバイオテクノロジー産業）での技術革新が世界的に注目を集めている。特に，化石燃料に代わる“バイオエタノール”や石油ナフサ成分からの化成品に代わる“バイオケミカル”をつくるバイオリファイナリーの発展が，世界的に重要視されてきている。しかし，原料となるバイオマスが食料と競合する問題が生じているので，農林作物の残渣や廃材などのセルロース質バイオマスを原料とした産業技術の確立が急務となっている。しかし，セルロースは堅固な結晶構造を有し難分解性の高分子多糖であり，これを効率的に分解できる微生物はあまり知られていない。

### 5.2　ソフトバイオマス資化性菌*Clostridium cellulovorans*

ある種の嫌気性微生物には，ソフトバイオマスを非常に効率的に分解できる酵素複合体「セルロソーム」を生産することが報告されている[1)]。セルロソームとは，ドックリンドメインを持つ多様な酵素（セルロソーマルタンパク質）とコヘシンドメインを持つ足場タンパク質から構成され（図1），コヘシン―ドックリン相互作用により巨大な複合体を形成することにより高いセルラーゼ活性を示すことが知られている。そこで我々は，セルロソーム生産細菌の中でも多種類のバイオマスを非常に効率的に分解できる*Clostridium cellulovorans*に着目し，世界に先駆けて遺伝

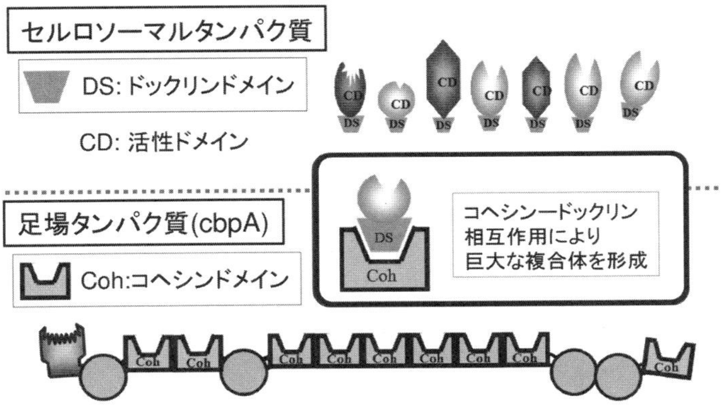


図1　*C. cellulovorans*のセルロソームの構成簡略図

＊1　Hironobu Morisaka　京都大学大学院　農学研究科　応用生命科学専攻　助教
＊2　Mitsuyoshi Ueda　京都大学大学院　農学研究科　応用生命科学専攻　教授

情報の解読に成功した[2]。ゲノム解析の結果から，この菌は９つのコヘシンドメインを持つ巨大な足場タンパク質と53種類のセルロソーマルタンパク質をコードする遺伝子を持つことが明らかになった[3]。足場の結合箇所よりも，セルロソーマルタンパク質の種類が多いことから，自然界では環境（炭素源となる基質）の変化に合わせて構成比率を最適化することにより，多糖類の効率的な分解を達成していることが推測された。そこで，基質に応じて実際に生産されるタンパク質を直接解析することにより，セルロソームとバイオマス分解機構の関連を検討した。

### 5.3　セルロソームに焦点を当てたプロテオーム解析

我々は，バイオマス中にも含まれる既知の市販基質（セロビオース，セルロース（Avicel），キシラン）の下で培養した*C. cellulovorans*培養液からプロテオーム解析用試料を調製し，本書の第２章で紹介した独自に開発したモノリスカラムを用いた超高性能システムによりセルロソームに焦点を当てたプロテオーム解析を行った[4]。

セルロソーマルタンパク質を対象とした研究では，一般的にアフィニティー精製が必要だが，紹介した独自開発の測定システムを用いることにより培養液から直接セルロソーマルタンパク質を検出することに成功した。同一試料を対象に従来の粒子充填型カラムを用いて測定した結果を比較すると，モノリスカラムの使用により，明らかなクロマトグラフィー分離の改善がみられ（図２），得られた質量分析データのタンパク質解析結果の比較においても，セルロソーマルタンパク質に帰属されるペプチド断片の同定数が６から260と大幅に増加することが確認された（表１）。また，セルロソームの重要な構成要素である足場タンパク質cbpAの解析結果をみると，そのシーケンスカバー率は，従来法では約２％なのに対して本法では約26％と大幅に改善された。このように，高性能分離能を持つモノリスカラムを用いることにより，従来法（粒子充填型カラム）と比較して，より簡便に網羅性の高いプロテオーム解析結果が得られることが示された。

ゲノム解析より得られたセルロソーム関連遺伝子の配列情報を参照にタンパク質同定を行った結果，24種類のセルロソーマルタンパク質を基質ごとにグルーピングできた（図３）。この結果より，ゲノム解析より予想された遺伝子は基質ごとに識別されて発現していることが確認できた。また，ゲノム解析では53種類のセルロソーマル酵素が同定されているが，機能別にその内訳をみると，セルラーゼが16種類，ヘミセルラーゼが11種類，ペクチン酸リアーゼが２種類，機能的にはバイオマス分解には直接関係しないと予想されるペプチダーゼや機能未知なタンパク質を含むその他が24種類となっている（表２）。プロテオーム解析で検出されたタンパク質の種類が変化していることから，*C. cellulovorans*は無作為にセルロソーム構成タンパク質を生産しているのではなく，基質に応じてセルロソーム構成を最適化していることが示唆された。また，全ての培養条件で生産されているセルロソーマルタンパク質（我々はこれをbasic cellulosomeと命名した[4]）は，グルコースの二糖であるセロビオース培養のものと一致している。ゲノム解析の結果から，*C. cellulovorans*は足場タンパク質cbpAを含む遺伝子クラスターを持つが[3]，basic cellulosomeにはこのクラスター内の酵素を多く含んでいることが確認された。一方，バイオマスの主成分であ

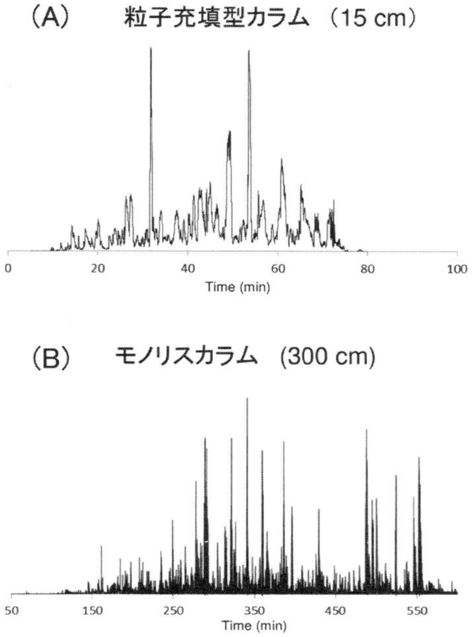


図２　*C. cellulovorans*のプロテオーム解析結果のクロマトグラム
(A)粒子充填型カラムを使用した場合，(B)モノリスカラムを使用した場合

表１　モノリスカラムと粒子充填型カラムの同定結果の比較

| | 粒子充填型カラム | モノリスカラム |
|---|---|---|
| 同定ペプチド数（全体） | 138 | 2517 |
| 同定ペプチド数（セルロソーマルタンパク質） | 6 | 260 |
| 同定ペプチド数（cbpA） | 2 | 56 |
| シーケンスカバー率（cbpA） | 1.93% | 26.4% |

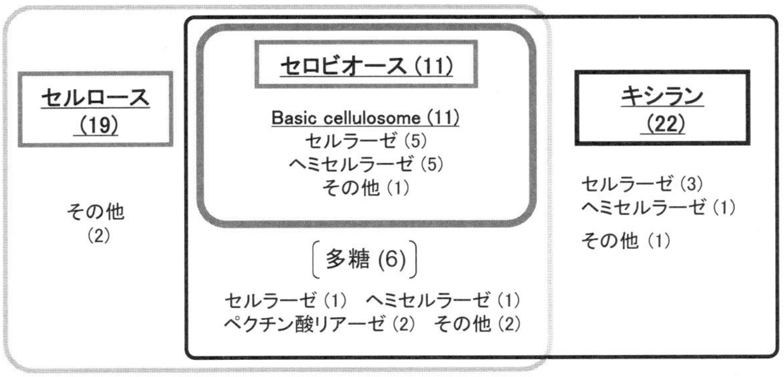


図３　基質（セロビオース，セルロース(Avicel)，キシラン）に対応し生産されたセルロソーマルタンパク質の分類[4)]

表2　セルロソーマルタンパク質の機能分類

| | ゲノム解析 | プロテオーム解析 | | | |
|---|---|---|---|---|---|
| | | セロビオース | Avicel | キシラン | 全基質 |
| セルロソーマルタンパク質 | | | | | |
| セルラーゼ | 16 | 5 | 6 | 10 | 5 |
| ヘミセルラーゼ | 11 | 5 | 6 | 7 | 5 |
| ペクチン酸リアーゼ | 2 | 0 | 2 | 2 | 0 |
| その他 | 24 | 1 | 5 | 4 | 1 |
| 計 | 53 | 11 | 19 | 23 | 11 |

る多糖（セルロース，キシラン）での培養時では，これに幾つかの酵素を追加している。このことから，*C. cellulovorans*は基本的なセルロソーマルタンパク質（basic cellulosome）を恒常的に生産し，分解が困難なバイオマスの場合は，さらなるセルロソーマルタンパク質を追加していくことが示唆された。さらに興味深いことに，この追加する酵素は機能未知な酵素が多く，これらの酵素は，加水分解による共有結合の分解に直接寄与するのではなく，セルロース繊維間の非共有結合を解くような未解明な働きに寄与しているのではないかということが推察できる。

### 5.4　*C. cellulovorans*分泌タンパク質の定量的解析

セルロソームに焦点を当てたプロテオーム解析の結果[4]から，*C. cellulovorans*が持つ多種多様なバイオマスの効率的な分解は，環境（基質条件）に応じて複数の酵素の混合比を最適化することにより達成していることが示唆された。つまり，単一の強力な酵素のみによって分解を達成しているのではないので，バイオマス分解機構の解明のためには，この混合比の変化を定量的に解析する必要がある。

そこで，*C. cellulovorans*をセロビオース，キシラン，ペクチン，リン酸膨潤セルロースの４種類の炭素源を含む培地で培養し，培養液中に含まれる全タンパク質（エキソプロテオーム）を対象に定量的プロテオーム解析を行った[5]。培養液中にはセルロソーマルタンパク質以外にもバイオマス分解に関連する分泌酵素（ノンセルロソーマルタンパク質：ドックリンドメインを持たない）が含まれるが，データ解析の結果，４種類の培養液から，35個のセルロソーマルタンパク質と44個のノンセルロソーマルタンパク質を含む全639種類のエキソプロテオームの同定・定量に成功した。

この研究例では，本書の第２章で紹介した4.8メートル長のモノリスカラムを用いた測定システムにより，合計９回の測定で約15 GBもの容量の測定データファイルを得ている。このデータを解析した結果，477,872質量スペクトルから，延べ49,860ペプチドを定性し，最終的に7,668個の定量値（タンパク質639種類×基質４種類×生物学的反復実験３回）を得ている。このように最新鋭の測定システムを用いたオミクス研究では，莫大な量のデータを得ることが可能であるが，このデータには誤差も含まれていることに注意せねばならない。この誤差には，試料調製や測定システム堅牢性などの技術的な誤差と生物学的な誤差が含まれるが，重要なポイントはこの誤差の大きさではなく，許容される範囲であるか，である。もちろん可能な限りあらゆる誤差は小さくするように努力するべきであるが，結果として得られたデータ値が研究対象の表現型を反映していることが重要である。ビッグデータを対象とするオミクス解析では，全要素（この研究例では639種類の各タンパク質の定量結果）を個別に検証するのは効率的ではないので，統計学的手法を用いて評価するのが妥当である。そこで，得られた7,668個の定量値を用いて主成分分析を行った。この結果のスコアプロットでは性質が近いほど近くにプロットされるが，各基質（セロビオース，キシラン，ペクチン，リン酸膨潤セルロース）で培養した結果のプロットは，基質の種類ごとにグルーピングされた（図４）。この結果から，取得したタンパク質変動プロファイルは，基質に対応したものになっていることを示唆しており，*C. cellulovorans*は基質の変化に応答してエキソプロテオームのプロファイルを最適化させていることが確認できた。

続いて，基質間で生産量に統計的有意差のあるタンパク質を抽出するために経験ベイズ補正t-testを行い，さらに多重比較の問題を回避するためにP-valueをBenjamin & Hochberg法によって調節した。その上で，生産量変動が２倍以上かつFDR-adjusted P-value ＜ 0.01を満たすタンパク質のみを抽出した。その結果から，79個のバイオマス分解関連タンパク質を，53個の恒常的に生産される群と26個の基質特異的に生産される群に分類した（図５）。さらに，基質特異的に生産される酵素群は，約20％のセルロソーマル酵素と80％のノンセルロソーマル酵素から構成されており，逆に，セルロソーム構成タンパク質の約85％は，どの基質に対しても恒常的に生産されることが明らかになった。つまり，量変動の観点からは，セルロソーマルタンパク質の大部分はどの基質に対しても恒常的に生産されるタンパク質群であり，ノンセルロソーマル酵素群が，基質に対応してダイナミックに変動していることが明らかになった。これまで，セルロソームが多

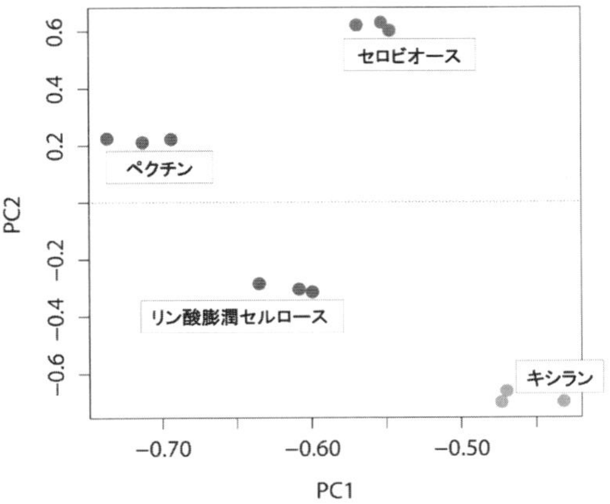


図４　各基質での培養により生産されたエキソプロテオームのスコアプロット

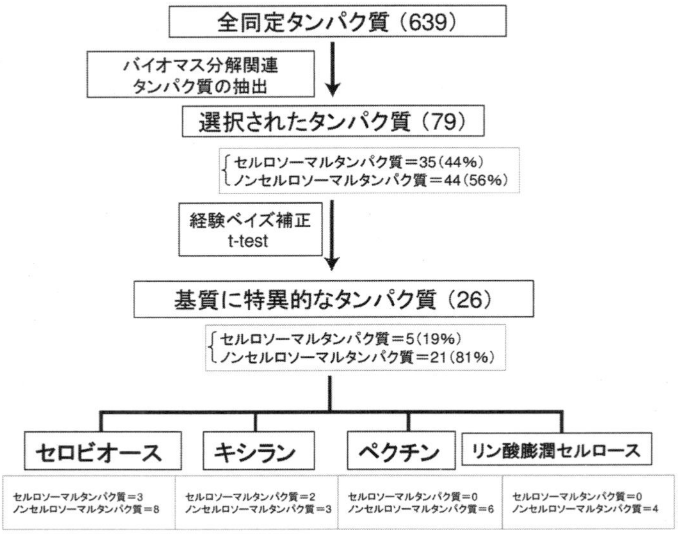


図５　統計解析による有意変動したバイオマス基質に従って*C. cellulovorans*が特異的に生産するタンパク質の分離

様なバイオマスを完全分解できる理由は，セルロソーマルタンパク質の多様性に起因していると考えられ，ノンセルロソーマル酵素群の量的変動が注目されることはなかったが，バイオマスの完全分解にノンセルロソーマル酵素の多様性も重要であることがバイオマス分解のビッグデータの解析から世界で初めて示唆された[5]。

我々は，バイオマス分解酵素カクテルともいえる*C. cellulovorans*の培養液を対象に網羅的な解析を行った結果，環境（基質）が変化するとセルロソーマルタンパク質よりもノンセルロソーマル酵素の方が敏感に変動することを見出した。バイオマス分解の中心的な要因は，セルロース鎖の共有結合の加水分解であるが，これにはセルラーゼが基質に接触することが必要条件である。セルロソームはセルラーゼの集約効果により高い活性を示すが，その反面，巨大な複合体分子となるので拡散しにくくセルロース鎖への接触の観点からは不利であるともいえる。これに加え，天然のバイオマスは様々な夾雑成分も含んでいるので，接触はより困難であると考えられる。そこで，より拡散性の高い小さなノンセルロソーマル酵素が前処理的な役割をし，セルロソームのセルロースへの接触をサポートしているのかもしれない。また，興味深いことに，*C. cellulovorans*はソフトバイオマスを完全に分解する戦略として，他のセルロソーム生産菌と比較すると多くのノンセルロソーマル酵素を持っている[3]。

## 5.5　今後の展開

ホワイトバイオテクノロジーの実用化に向けて大きな課題であるバイオマスの効率的な分解を

目指し，我々はセルロソーム生産細菌の中でも多種類のソフトバイオマスを非常に効率的に分解できる*C. cellulovorans*に着目した。この微生物を対象にオミクス解析を行った結果，*C. cellulovorans*の持つ多種類のバイオマスを分解できる特徴は，基質に敏感に応答するノンセルロソーマル酵素と恒常的に生産されるセルロソームとの共役的な効果によって達成されている可能性を見出した。現在，この仮説検証とさらなる知見を得るために，遺伝子実験による各注目酵素の機能解析やメタボローム解析[6]にも取り組んでいる。さらに，ゲノム，プロテオーム，メタボローム解析からなる統合的なトランスオミクス解析より取得した膨大なデータを統合的な統計解析を行い，得られた知見をもとに任意のバイオマス分解に必要な酵素群を組み込んだ合成生物学的微生物の作製など，トランスオミクス解析を駆使したホワイトバイオテクノロジーの産業への応用へと展開している。

## 文　　献


1) E. Bayer *et al., J. Bacteriol.*, **163**, 552 (1985)
2) Y. Tamaru *et al., J. Bacteriol.*, **192**, 901 (2010)
3) Y. Tamaru *et al., Envir. Technol.*, **31**, 8899 (2010)
4) H. Morisaka *et al., AMB Express*, **2**, e37 (2012)
5) K. Matsui *et al., Appl. Environ. Microbiol.*, **79**, 6576 (2013)
6) M. Shinohara *et al., AMB Express*, **3**, e61 (2013)

## 6　食品クレーム分析と食品産業への展開

廣岡青央*

### 6.1　はじめに

生体に存在する分子を網羅的に解析するオミックス解析が進められ，莫大な量のデータが蓄積されてきている。その中でも，遺伝子の配列情報についてはデータベース化され，種々の方法にて検索が可能になっており，基礎的な研究分野のみならず，医療や創薬などの産業分野でも重要なツールとして使用されている。

それらの情報は食品製造においても，原料となる米などの穀類や小豆などの豆類の品種判定に用いられるなど，有効に活用されている。食品の品質管理分析とは異なる目的でこのような分析が行われている背景には，産地や原料の偽装などの，食品表示に対する信頼を揺るがす事件・事故が久しく続き，日本の消費者の食品の安全・安心に対する懸念が非常に高いものとなっているためである。

その影響から，公設試験研究機関にも食品に対する異物混入などのクレーム分析が多数寄せられている。その中でも，以前には見逃されていたと考えられるような極微小の異物についてのクレームが増加している。それらは毛髪，昆虫，金属片やプラスチック片などの「明らかな」異物であることよりも，食品に使用されている原料自体が固まったものや変色したものであることも多いため，機器分析のみにより，異物の由来を同定することは困難であることも多い。また，発酵食品においては，関与する有用な微生物自体が，固まったり変色することにより異物と認識されることもあり，それらが既に殺菌されている場合などは培養法での確認も困難となることもある。これらの事象に対応するためには，従来とは異なった視点からの分析が有効な場合がある。

本節では，食の安全・安心を確保するため，最新の分析技術を用いた異物分析を紹介するとともに，さらには遺伝子配列情報を利用した食品クレーム分析について述べる。

### 6.2　食品中の異物分析手順

食品中に異物が混入していたと分析依頼のあった場合，まず，大きさを確認し，目視にて判断を行う。一見して，毛髪，昆虫，金属片やプラスチック片と判断できるものもあるが，そのような異物が混入した場合に分析が依頼されることは少ない。なぜなら，分析依頼のあるものは一見して，材質が判断できないもの，極微小のものが多数を占めているからである。

そのような場合，図1で示すような手法にて分析を進めることが一般的である。まず異物の形状を記録するため写真を撮った後，光学顕微鏡にて観察する。その結果，菌糸，酵母，球菌や桿菌のような構造が確認されれば，微生物の可能性が高く，微生物試験などを行う。顕微鏡で観察した結果から判断できない場合，フーリエ変換赤外分光光度計（FT-IR）を用いた，材質を判別する分析を行う。その結果，プラスチックなどと類似した吸収パターンを示したものに関しては，

*　Kiyoo Hirooka　㈶京都市産業技術研究所　加工技術グループ　バイオチーム　主席研究員

材質をある程度特定することができ，食品製造現場で使用されている器具類などに相当するものがないか調べ，混入の原因を推測する。FT-IRを用いた分析の結果，食品の原料となる糖質（でんぷんやセルロースなど）の吸収に類似していた場合，製造に使用した原料が何らかの影響により，硬化したり，変色したため異物と認識された可能性も疑う。でんぷんなどと推測された場合はヨウ素呈色反応などを利用し確認を行う。セルロースなどの場合は顕微鏡観察の結果も含めて，植物組織であるのか紙などの混入なのかなど，異物の由来を推測する。一方でFT-IRの結果により，タンパク質が含まれることが推測された場合，異物中のタンパク質を電気泳動法により分離し，その由来を推測することとなる。

異物中にタンパク質が含まれると推測された場合，図2に示すように異物から界面活性剤（SDS）によりタンパク質を抽出・可溶化し，分子量による分離が可能なSDS-ポリアクリルアミドゲル電気泳動法（SDS-PAGE）により分離する。結果，分析により得られたタンパク質の分離パターン（泳動パターン）からタンパク質の由来を推測することが可能な場合がある。例えば，乳製品に含まれるカゼインタンパク質の場合，電気泳動による分析により得られる泳動パターンが特徴的であることから，異物中に乳製品が含まれる可能性が示唆されることになる。

この分析手法はカゼインや米麦などの貯蔵タンパク質や筋肉などに含まれる構造タンパク質のような泳動パターンが特徴的なものに対しては有効な手法である。しかし，この方法が有効なの

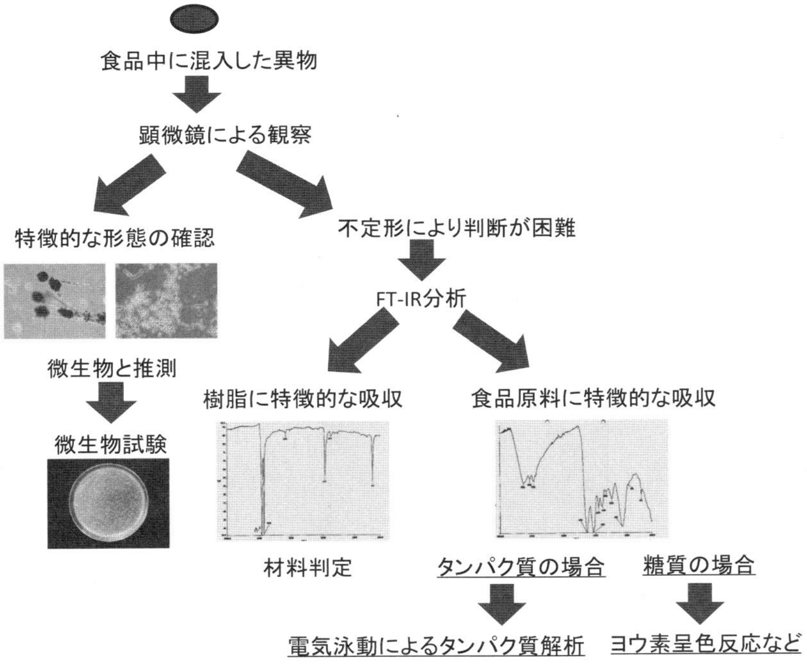


図1　食品中異物の分析方法

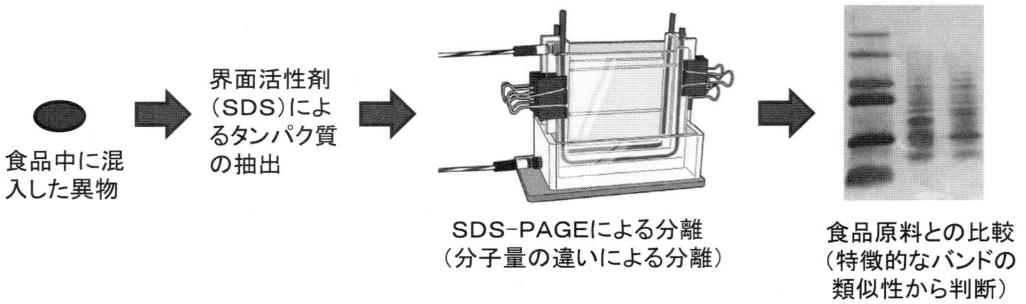


図2 タンパク質のSDS-PAGEによる異物判定

は，過去にデータを蓄積した泳動パターンを示すタンパク質の推測ができる場合のみである。一方で，発酵食品中の異物の場合で，有用な微生物が異物と認識される場合，微生物に含まれる種々のタンパク質を二次元電気泳動により分離することが異物の同定に有効な手法となることがある。次項に二次元電気泳動法の詳細について説明する。

### 6.3 タンパク質の二次元電気泳動

筆者が所属する京都市産業技術研究所では，清酒製造に使用される微生物である清酒酵母を分譲している。清酒醸造に利用されている酵母には様々なタイプのものがあり，これらの酵母はそれぞれ醸造特性が異なっている。清酒酵母はグルコースからアルコール，有機酸，そして香りの成分であるエステルを生産し，日本酒の独特の香味をつくり出すことから，清酒製造中の酵母の働きは清酒の品質に大きな影響を与える。それらの香味に関わる成分の生成には酵母に含まれる多数のタンパク質（酵素）が関与することから，酵母を適切に管理することが，良質の清酒，特に高度な品質を目指す純米酒，吟醸酒などの特定名称酒には必須となる。醸造特性の異なる清酒酵母間の特性の差は，そのタンパク質発現様式の差がそれぞれの清酒酵母を特徴づけていると考えられたことから，酵母の発現タンパク質を網羅的に解析することにより，清酒酵母の特徴を解析し，さらには分類を行うことが可能であると筆者らは考えた[1)]。

この清酒酵母のタンパク質発現解析に利用したものが二次元電気泳動法である。二次元電気泳動法はタンパク質の等電点と分子量という全く関連性のない二つの因子により分離する手法である。一次元目の分離には等電点に基づく分離を行う。具体的な手法としては，ガラス管中に両性担体，タンパク質の変性剤などを加えたポリアクリルアミドゲルを作製し，両性担体により生じたpH勾配により，タンパク質を分離するというものである。二次元目の泳動には界面活性剤であるSDSを使用し，前出のSDS-PAGEにより分離する（図３）。二次元電気泳動法は再現性に問題があると指摘されることが多いが，その原因は主にタンパク質の抽出段階におけるばらつきに起因することが多い。研究所にて開発した再現性を確保した手法を用いれば酵母の発現タンパク質を再現性良く分離することが可能であった。例として酵母および乳酸菌の分離画像を示す[2,3)]（図４）。

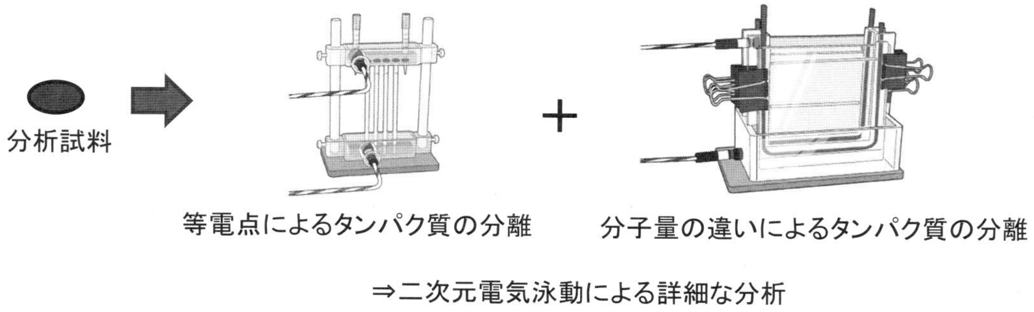


図3　二次元電気泳動法

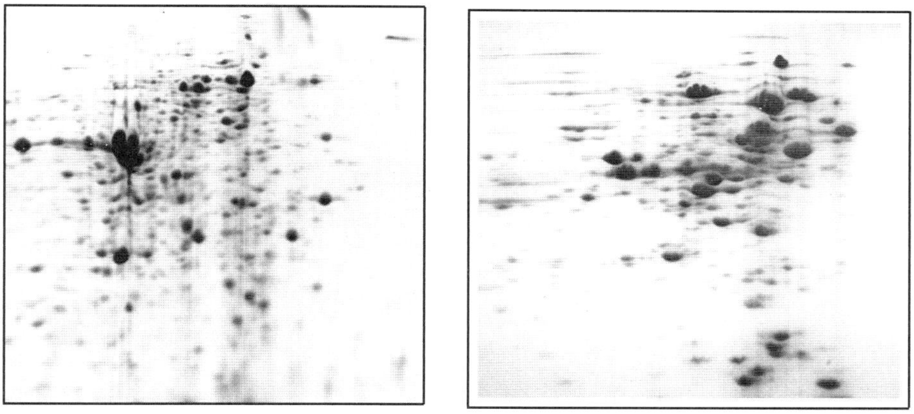

酵母の分離パターン[2)]　乳酸菌の分離パターン[3)]

図4　二次元電気泳動による分離パターン（酵母と乳酸菌）

## 6.4　二次元電気泳動による異物の同定

前項にて詳説した二次元電気泳動法は，食品中の異物の同定に有効な場合がある。例えば発酵食品である酒粕に混入した異物は，酒粕が褐変などの変色したものである場合があり，その場合顕微鏡にて観察すると酵母などの存在が確認できる。しかしながらより詳細な分析を求められることも最近では増えており，その場合，例えば微生物試験や遺伝子解析を行うという選択肢もあるが，酒粕中の異物のような場合，異物に付着した酒粕を完全に除去することは難しく，微生物試験や遺伝子解析のように「増幅」して行う試験は，酒粕からのコンタミネーションの疑いを完全に除去することは難しい。そのような場合，増幅過程のない，二次元電気泳動による分析を行うことになる。分子量による分離を行うSDS-PAGEと比較し，分離能の非常に高い二次元電気泳動により，異物とされた物体に含まれるタンパク質を詳細に分離することができる。この手法を用いることにより，酒粕に含まれる異物とされた物体中に含まれるタンパク質の分離パターンが酒粕の分離パターンと類似していれば異物が酒粕由来であることの裏付けとなるデータを取得することが可能である。また，増幅の過程がないので，分析に用いる酒粕と異物の量を等量にしておけば，比較するのに便利である。

このように二次元電気泳動法を用いれば，発酵食品のように複雑なタンパク質組成の食品中に，その食品自体が褐変したり硬化した異物と判断されてしまった場合に応用が可能であると考えられる。しかしながらこの手法も，食品自体の変化により生じて異物となった場合のように比較対照がなければ異物の同定を行うことは難しい。そこで，過去のデータや比較対照品が存在しない場合で，より詳細な分析が必要な場合，次のステップとして電気泳動後の分離したスポットタンパク質の解析に進むことになる。

## 6.5　遺伝子データベースを利用した異物の同定

前項にて二次元電気泳動による異物分析法を解説したが，その手法では異物同定ができるものは限られている。その食品の材料とは異なるタンパク質が混入していた場合は，図５に示すように異物から抽出したタンパク質を二次元電気泳動で分離した後，PVDF膜にブロッティングし，スポットをペプチドシーケンサーにかけて，エドマン分解によるタンパク質のアミノ酸配列分析を行う。エドマン分解法とはタンパク質をＮ末端から１残基ずつ化学的に切断し，分析していく手法である（図６）。タンパク質は遺伝子情報に基づきアミノ酸が直鎖状にペプチド結合によって結合した高分子であるから，そのアミノ酸配列の一部を解析し，適切な遺伝子配列のデータベースと照合することにより，そのタンパク質の由来を推測することが可能になる（図７）。このように未知のタンパク質からその由来を推定できるようになったのは，現在までに種々の生物の遺伝子情報が解析され，データベースとして蓄積され，さらにはその情報を検索するシステムが構築されているからである。

この方法にも欠点があり，すべてのタンパク質がペプチドシーケンサーにて分析可能かどうかというと，例えばＮ末端に修飾を受けているようなタンパク質ではエドマン分解を開始することができない。その場合は図８にあるようにタンパク質の内部配列を決定していくことになる。異物分析はその由来を推測することが重要であるから，特にどの部位の配列情報でも問題なく，そ

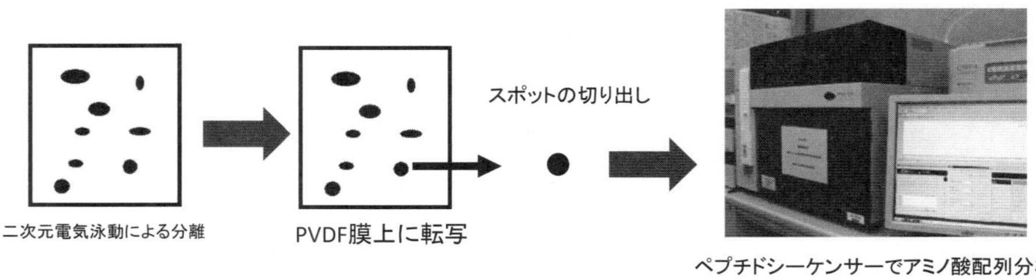


図５　異物中のタンパク質のアミノ酸配列分析

の情報をもとに，データベースから検索し，由来を推測する。

この方法を用いて分析すると，異物が思いもよらない生物由来であることもある。もちろんいつ混入したかについて確定することは困難であるが，ひとたび異物混入が問題となると，製造現

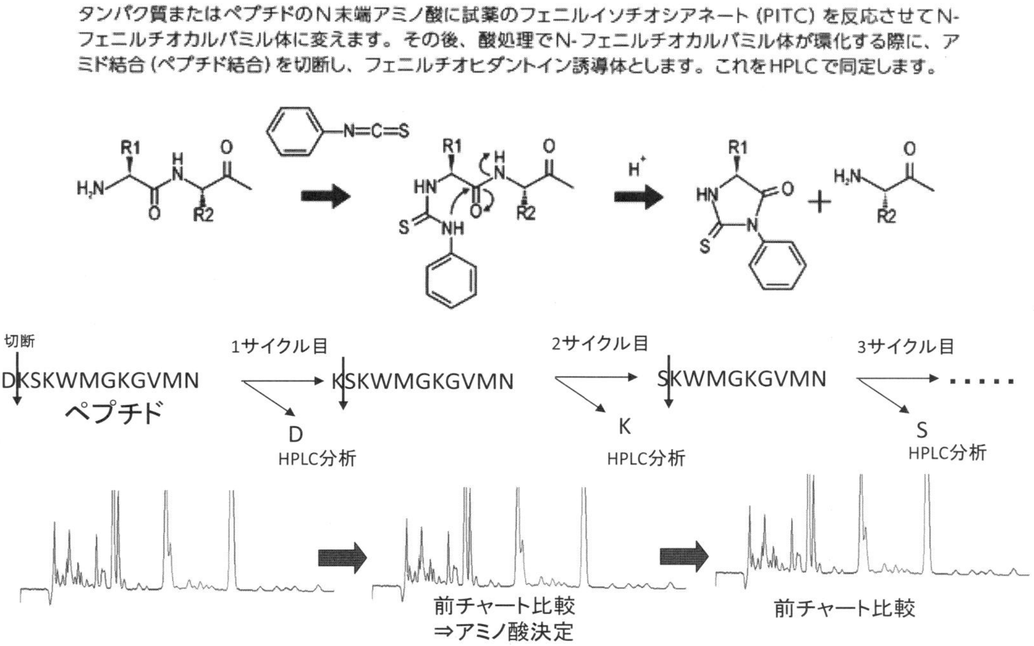


図６　エドマン分解法の原理

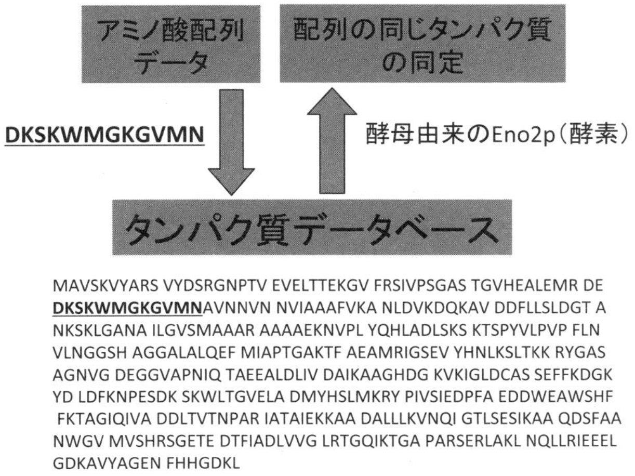


図７　データベースを利用したアミノ酸配列からタンパク質の同定

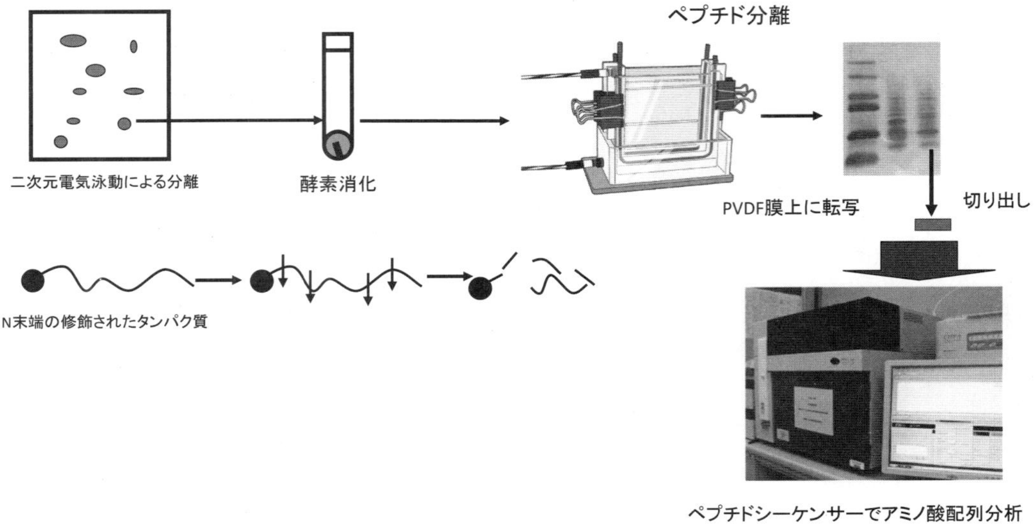


図８　タンパク質の内部配列分析

場ではよりいっそうの混入防止が求められることになるが，実のところ異物混入は消費者の勘違いによる可能性の場合も想定され，アミノ酸配列分析の結果から，製造工程で混入が有り得ない生物由来の異物の場合はそのような可能性を疑うことにより，必要以上に製造現場に混乱を生じさせないというメリットもある。

本節では先端研究とは真逆の位置にあると思われる食品製造の品質管理の一部である異物分析について，主にその方法について述べた。現在まで蓄積された莫大な量の生命に関する情報（生命のビッグデータ）が先端研究で有効に活用されていることはいうまでもないが，食品製造の品質管理にもその情報は有効に活用することができるのである。従来であればそこまでの分析が必要であるのかという議論が起こってしかるべきではあるが，今日ではこのような地道な分析が消費者の食に対する安心を獲得するのに必要になってきていると考えている。

## 文　　献

1）廣岡青央ほか，京都市工業試験場報告，No.28，34（2000）
2）廣岡青央ほか，日本醸造協会誌，**106**，572（2011）
3）和田潤ほか，京都市産業技術研究所報告，No.3，33（2012）

# 第５章　応用展開―医療・創薬への展開

## 1　ゲノムスケールデータから実験用マウスの起源を探る

高田豊行*1，城石俊彦*2

### 1.1　はじめに

マウス（*Mus musculus*）は，医学・生物学研究に欠かせないモデル生物である。それは，ヒトとマウスの遺伝子が90％以上にわたって相同性があり，両者の生体機能に関係する遺伝子が同じ働きを持つことが多いからである。特に，ヒトの病気によく似た症状を示すマウスは「疾患モデルマウス」と呼ばれ，病気の原因解明のみならず，その診断，効果的で安全な治療薬や治療法の開発に利用されている。世界的に汎用されている実験用マウスのゲノムは，これまでに行われてきた解析により，西欧産のドメスティカス亜種に由来する領域が多勢を占める。しかしながら，わずか（10％前後）であるが日本産のモロシヌス亜種由来の領域がモザイク状に分布していることがわかっている。我々は，国立遺伝学研究所で樹立・維持されている日本産亜種由来の２種類の近交系マウス系統の全ゲノム解読を行い，マウスの基準配列との間にそれぞれ１千万以上のSNP（単塩基置換）を同定した。さらにこの情報を用いて，以前は困難だったゲノム全体を対象にした系統解析を大規模計算機により行い，実験用マウスのゲノム構成に関する詳細な比較解析を行った。その結果，実験用マウス系統のゲノムに散在する亜種ゲノムが，現存する日本産愛玩系統の祖先に由来することを明らかにすることができた。

### 1.2　実験動物マウスの成立とその遺伝的背景

マウスはモデル生物として研究に利用されるようになってから，100年以上の歴史がある。二十世紀初頭のヨーロッパにおいて，メンデルの遺伝の法則を哺乳動物で確認するために，毛色の異なる愛玩用マウスを使った交配実験が盛んに行われたという報告がある。米国の遺伝学者キャッスル博士は，その当時愛玩用に飼われていたマウスに「東アジアから持ち込まれたとされるマウス」を交雑して，毛色や目の色についての遺伝研究を行っていた。キャッスル博士の弟子であるリトル博士は，掛け合わせにより作出したマウス系統を数多く観察し，特定の系統が「がん」になりやすいことに着目し，「がん」の遺伝について研究を行った。このようなマウスを用いた医学・生物学研究の流れは，様々な種類の疾患や形質の違い（表現型）を研究するための「系統」樹立へと続き，現在まで続いている。ここでいう系統とは，祖先を１ペアの雌雄にたどることができる個体群のことをいう。１種類の系統は定まった遺伝的性質を有し，かつそれが各個体間で

---

＊1　Toyoyuki Takada　国立遺伝学研究所　系統生物研究センター　助教
＊2　Toshihiko Shiroishi　国立遺伝学研究所　系統生物研究センター　教授

均一に保たれ，その遺伝学的性質が経世代的に保たれている[1]。特に，近交系と呼ばれる系統は，例えば，野生から捕獲した動物，あるいは飼育集団内に生じた突然変異体を含む１ペアを始祖として20世代以上兄妹交配を繰り返し，遺伝的背景をほぼ同じにした系統を指す。現在では実験用マウスとして400種類を超える「近交系」が，欧米や日本の多くの研究者により樹立され[2]，生体あるいは凍結胚・配偶子として利用可能である。マウスを研究に使用する利点は，先に述べた「哺乳動物としてヒトに近い」ということだけではなく，表現型に様々な特徴を持ち，遺伝的に均一な「近交系」が数多く存在することや，これらの近交系から，突然変異体，コンソミック系統やコンジェニック系統などの交配系統，さらには膨大な数の遺伝子改変動物が樹立され，モデル生物としてのその応用範囲がきわめて多岐にわたっていることである。

このように医学・生物学研究に欠かせない実験用マウスであるが，そのゲノム構成についてはあまり知られていなかった。マウスは遺伝的に分化したいくつかのグループを含む複合種であり，複数の亜種が世界中に分布している（図１）。代表的なものとしては，西ヨーロッパのドメスティカス（*domesticus*）亜種，東ヨーロッパから極東地域まで広く分布するムスクルス（*musculus*）亜種，揚子江以南の東南アジアに分布するキャスタネウス（*castaneus*）亜種などである。アジア産マウスは，研究に汎用される標準的なマウス系統の遺伝的背景になっているドメスティカスと，

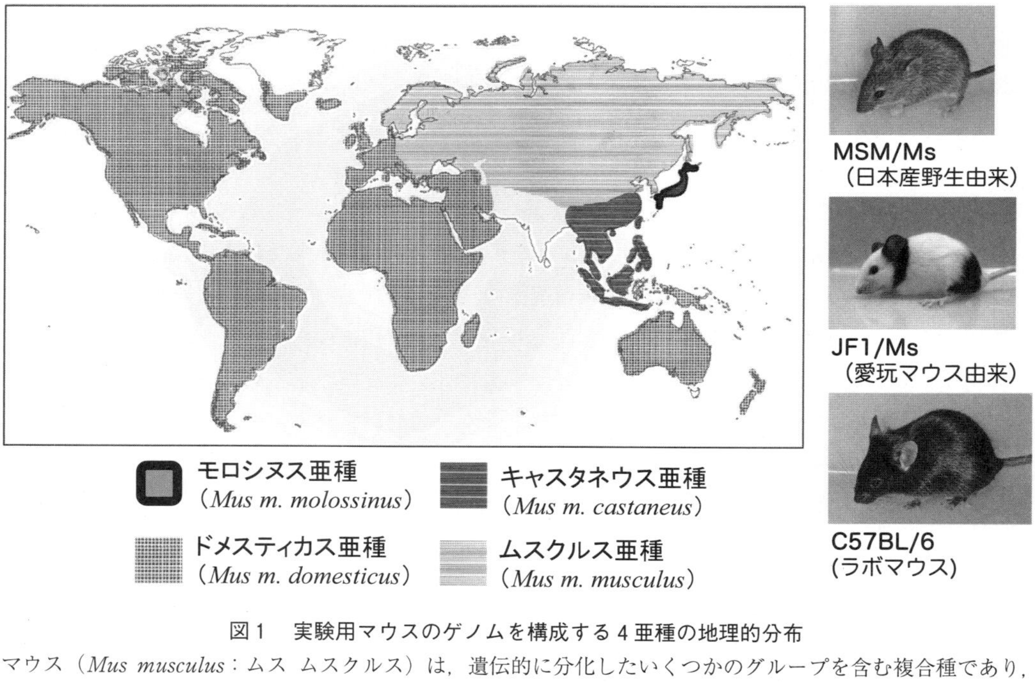


**図１　実験用マウスのゲノムを構成する４亜種の地理的分布**

マウス（*Mus musculus*：ムス ムスクルス）は，遺伝的に分化したいくつかのグループを含む複合種であり，４つの亜種「ドメスティカス」，「ムスクルス」，「キャスタネウス」および「モロシヌス」が世界中に分布している。図右側にマウスゲノム配列の基準系統であるB6（C57BL/6），我々がゲノム解読を行った日本産野生由来MSMおよびデンマークで再発見された愛玩由来のJF1系統を示す。

亜種に相当するほど遺伝的に離れていることが明らかになっている。アジア産マウスの中でもモロシヌス（*molossinus*）亜種として分類されている日本産マウスのゲノムについては，その大部分はムスクルス亜種に由来し，そこにキャスタネウス亜種が少量混ざった雑種であると考えられている[3)]。実験用マウスの成立過程に関しては諸説あり，これまでの生化学的，分子生物学的な解析による研究から，多くのマウス系統のゲノムは，西ヨーロッパに分布するドメスティカス亜種が遺伝的背景になっており，それにアジア産マウスの遺伝子が一部混在していると報告されてきた[4,5)]。また，Ｙ染色体を調査した報告では，日本産モロシヌス亜種由来の遺伝子型を示すものが，複数のマウス系統に見出されている[6,7)]。

### 1.3　マウスのゲノム解析

2002年，ヒトに次いで２番目の哺乳動物として，マウスゲノム約３Gbpの概要配列が国際コンソーシアムにより報告された[8)]。この解読のために使用されたのは，前述のリトル博士らにより樹立され，1947年に米国JAX研究所に導入されたC57BL/6（B6）系統である（図１）。この報告により，B6のゲノム情報を基準配列として，マウス系統間でゲノム全体を対象にした比較ゲノム解析を行うことが可能になった。その結果，複数の近交系マウス系統に多型頻度の異なるハプロタイプブロックが，ゲノムの複数箇所に分布していることが報告されている[9)]。最近の大規模SNP解析による研究からは，わずか３～４種の亜種に由来すると考えられる１％程度の多型があるハプロタイプブロックがB6に代表される実験用マウス系統のゲノムにモザイク状に分布していること[10,11)]，また，その約90％は，西ヨーロッパ産亜種マウス由来であり，残りの部分は，モロシヌス亜種に属する日本産亜種マウスに由来する可能性が高いことがわかってきた[12)]。

### 1.4　日本産マウス近交系統MSMとJF1

これまで述べてきたように，欧米を中心に発展し100年以上の歴史があるマウス遺伝学であるが，日本においても1940年代ごろから実験用マウス系統の樹立が進められていた。また，国立遺伝学研究所の森脇博士は，1970年代から世界各地の野生マウスに由来する近交系の系統樹立を行っていた。博士は，世界各地から採取され，研究者による恣意的な選抜を経ないで樹立された野生由来の実験系統が，将来の生命研究において大きな価値を持つ，ということを予測してのことであった。これらの中には，国立遺伝学研究所が所在する静岡県三島市で捕獲された野生マウスを始祖としたMSM/Ms（MSM：Mishima），MSMと同じモロシヌス亜種に属するが，デンマークで再発見された愛玩用のJF1/Ms（JF1：Japan fancy-1）をはじめとして，世界各地に分布する上述の４亜種に属する非常にユニークな系統が含まれ「ミシマバッテリー」と呼ばれている。ミシマバッテリーは現在でも国立遺伝学研究所において生体で維持されている。

これまでに全ゲノムが公開されているマウスは，すべて欧米で樹立され，維持されているものであり，モロシヌス亜種由来マウスのゲノム全体の情報はなかった。我々が今回ゲノム解読を行ったモロシヌス亜種はMSMおよびJF1の２種類である（図１）。その性質について述べると，MSM

は実験動物化された現在でも「警戒心が強く，小型ですばしっこい」といった野生マウスそのままの性質を保っている。MSMにはこれ以外にも，広く利用されている実験用マウスと比較して，「特定のがんや老化に伴う難聴になりにくい」などといった疾患メカニズムの解明に利用できる特性を備えている。一方，JF1は「小型でかわいらしい白黒のぶち模様を持ち，ヒトに対してきわめて温厚」という愛玩用として欠かせない特徴がある。この温厚な性質がどのような遺伝因子やその組み合わせによって決定されているのか，ヒトの様々な気質の遺伝研究などに役立つ。

## 1.5　日本産マウス系統のゲノム情報

筆者らはこれまで，MSM系統のBACライブラリーから約50,000クローンの末端配列を解読し，B6ゲノムとの間に平均して1％近い多型が存在すること，すなわち，モロシヌス亜種のゲノムが実験用マウス系統の遺伝的背景となっているドメスティカス亜種と比較して，大きな遺伝的距離があることを明らかにしている[13)]。この違いは大雑把にいうと，ヒトとチンパンジーのゲノムの違いに相当する。

我々はMSM系統のゲノム解析について，まずサンガー法を利用したWhole Genome Shotgun Sequencingによる大規模SNP探索プロジェクトを2004年暮れから開始した。さらに，2009年以降，MSMおよびJF1の次世代シーケンサによるゲノム解析を行い，SNPや短いIndel（挿入・欠失）などの多型検出を行った。これら一連の解析により，MSMおよびJF1系統で，B6との間にそれぞれ約1千万のSNPと約100万のIndelを発見した。さらに，NCBI（http://www.ncbi.nlm.nih.gov）が定義している約3万種の遺伝子の約半数にアミノ酸置換を伴う多型が存在すること，また遺伝子の発現制御に関わると考えられる塩基配列にも多数の多型を同定することができた[14)]。これらのゲノム多型に関する基盤情報は，国立遺伝学研究所のマウスゲノムデータベース（http://molossinus.lab.nig.ac.jp/msmdb/）を通じて公開され，誰でも閲覧することができる。

## 1.6　マウスの全ゲノム情報を使用した系統解析

以前から，複数の生物の類縁関係を示すために，形態的な特徴やその組み合わせ，あるいは生化学的マーカーの検出様式の違いを指標にした系統樹の作成が行われていた。20世紀後半になり分子生物学的手法が発達してくると，DNAの制限酵素などによる切断断片長多型，PCRを利用した各種の多型検出，さらにはサンガー法などによる塩基配列解読技術の出現による，一定サイズの塩基配列中の塩基置換を利用した分子系統樹の作成が盛んに行われるようになった。この際，解析や結果の解釈のしやすさから，ミトコンドリアDNAやリボゾームDNA，また，特定のタンパク質をコードする遺伝子の塩基配列が利用された。

最近になり，次世代シーケンサに代表される短鎖超並列型ゲノム配列解析機器が出現すると，これまでと比較にならないデータ量を武器にしたゲノム解析アプローチが可能になった。特に，高品質の基準配列が利用可能な生物種については，比較対象の塩基配列解析の結果をこれにマップすることにより，SNPや短いIndelなどのゲノム多型情報を効率的に得ることができる。リシーケンシングと呼ばれるこの手法は，ヒト1000人ゲノム解析プロジェクトに代表される，同一種における多量サンプルの網羅的な多型検出に絶大な効果を発揮する。これは，マウスについても同様であり，現在では複数の系統を対象にして，すべての遺伝子上にある多型を考慮した系統解析が可能である。このような解析が可能になった背景には，ゲノミクス解析機器の性能向上に加えて，スパコンをはじめとするコンピュータの性能向上，データ保存領域の大規模化とコストダウン，さらには解析機器から産出される大量のデータを効率よく解析するためのファイル作成規格の統一化や関連するアルゴリズムの開発，汎用ソフトへの実装など，研究コミュニティーの基盤整備によるものが大きい。

我々は，マウスのゲノム全体の多型情報を使用した系統解析[15,16]をB6およびMSM，さらにはサンガー研究所が解読したマウス系統群[17]に含まれるドメスティカス亜種由来のWSB/EiJ（WSB）の多型情報を利用して行った。解析にはアウトグループとしてラットおよびスプレイタス（SPRET/EiJ）の情報も使用した。解析手法は，ゲノムを一定区画内のSNPを使用したパーティションに分割して，ベイズ法を用いた系統解析により亜種ゲノム移入のパターンを算出し，B6のゲノム中のドメスティカス亜種由来あるいはモロシヌス亜種由来領域を判別した。この結果，ゲノム全体の多型を利用した系統解析によっても，B6ゲノムの10％程度の領域はモロシヌス亜種（MSM）のゲノムで構成されていることが確認できた（図2）。そこで，モロシヌス亜種と実験用マウス系統の間でゲノム配列の類似度の高い領域のみを抽出し，ムスクルス亜種やキャスタネウス亜種に属する系統も加えて，特定の領域の塩基配列解読や系統解析を行ったが，やはりJF1が他のどの系統よりも類似性が高く，系統樹もこれを支持するものであった（図3）。我々は，国立遺伝学研究所先端ゲノミクス推進センター，比較ゲノム解析研究室および生物遺伝資源情報研究室と共同でこの解析を行った。また，国立遺伝学研究所DDBJが運営しているスパコン（http://sc.ddbj.nig.ac.jp/index.php）も解析に利用した。

このようなゲノム解析に加えて，日本やヨーロッパの古い文献も調査したところ，江戸末期に日本からヨーロッパに渡ったJF1の祖先とヨーロッパの愛玩用マウスの祖先の交配集団が，今日の実験用マウスの基準系統の起源となっていることがわかった。実際，江戸中期に大阪で出版された珍玩鼠育草（ちんがんそだてぐさ）には「豆ぶち」と名付けられたJF1によく似た鼠が登場している。さらに，これらが江戸時代末期に欧米に運ばれていったという別の記録もあり，「コマネズミ（Japanese waltzing mouse）」と称される旋回運動を伴うマウスはJF1と外見的によく似ている。今回の解析から，日本の「コマネズミ」のようなぶち模様の鼠が欧米に持ち込まれて繁殖に使用され，現在の研究用マウス系統のゲノム構成の多様化に大きく寄与したことが明らかになった[14]。

## 1.7　おわりに

今回我々が行ったマウス亜種間の比較ゲノム解析により，実験用マウスを用いた医学・生物学研究，治療薬や治療法の開発を行う際に活用できる膨大な数の多型情報を整備することができた。

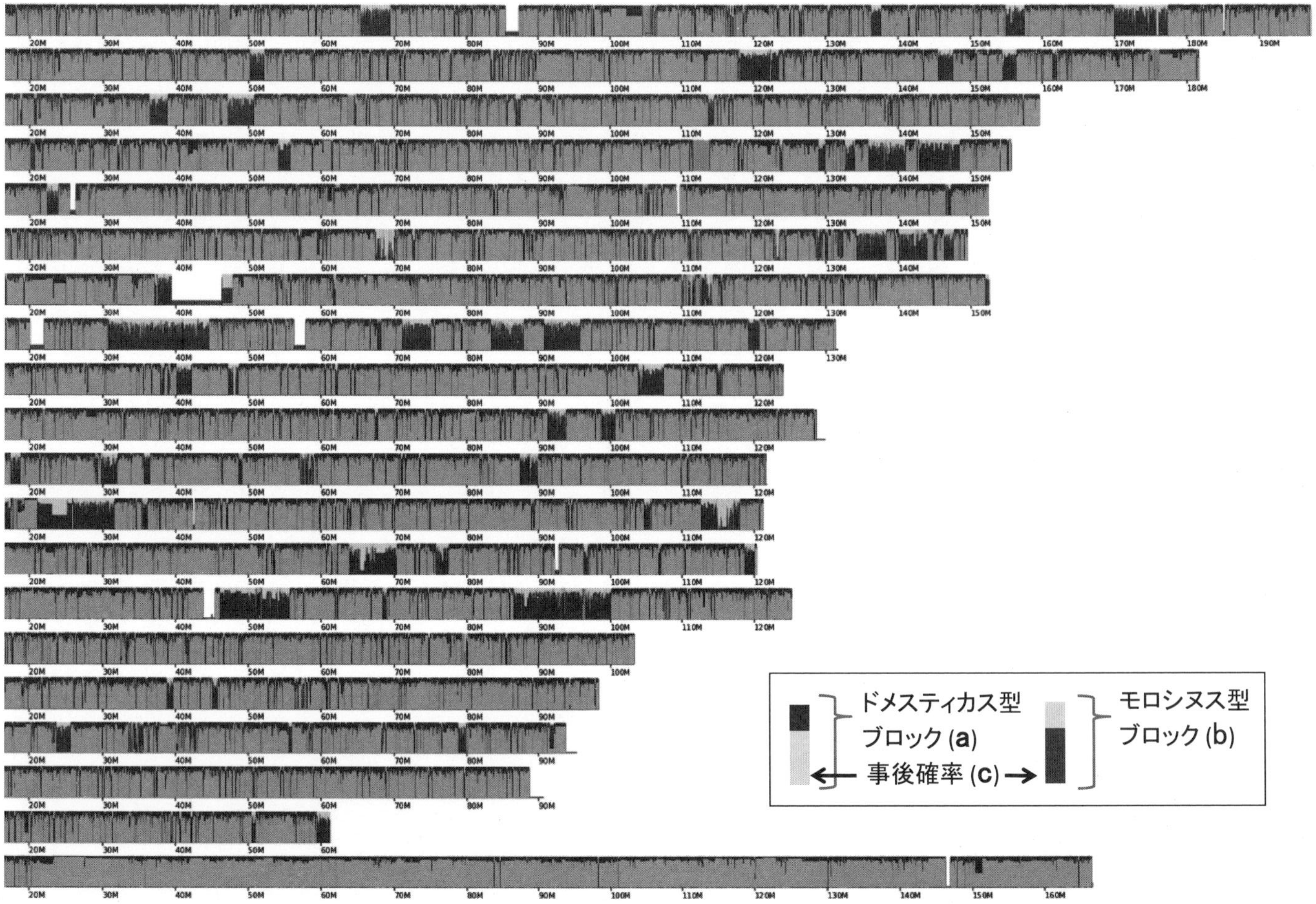


図２　ゲノム全体の多型情報を利用した系統解析。B6系統のゲノムにおける亜種由来ブロックの分布図
(a)で示されるブロックは，系統樹においてB6とドメスティカス由来WSBが隣接することを示す。(b)で示される領域は，B6がモロシヌス亜種であるMSMと隣接する領域を示す。(c)は事後確率（上端が１，下端が０）を示す。ブロックのない部分はギャップ領域である。

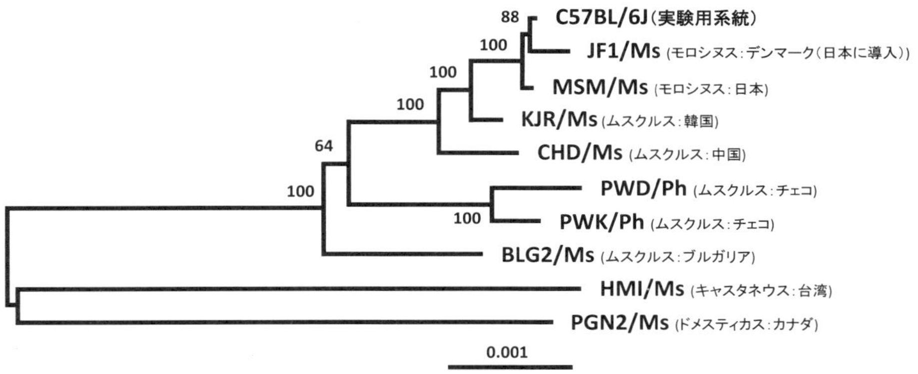


**図３　B6ゲノムのモロシヌス亜種に由来すると推察される複数の領域の塩基配列を対象にして，４亜種由来の複数系統について解読し，SNPをもとに作成した系統樹**

枝上の数字はブーツストラップ値を示す。系統の名称については略記（所属亜種：採取国）を示している。

今後，これらの情報やマウス系統間の表現型多様性を利用した機能ゲノム解析が一層進展すると考えられ，マウスのモデル生物としての価値がさらに高まるものと期待される。さらに，マウスゲノム全体を対象にした系統比較解析により，汎用されている実験用マウスの成立に，江戸時代の日本の愛玩鼠が海を渡って貢献したことを突き止めることができた。

## 文　　献

1）マウス ラボマニュアル 第２版─ポストゲノム時代の実験法，東京都臨床医学総合研究所実験動物研究部門編，シュプリンガー・フェアラーク東京（2003）
2）J. A. Beck *et al.*, *Nature Genet.*, **24**, 23（2000）
3）H. Yonekawa *et al.*, *Japan J. Genet.*, **55**, 289（1980）
4）K. Moriwaki, In Genetics in wild mice, Its application to biomedical research（eds. K. Moriwaki *et al.*）, pp.xiii-xxiv, Japan Scientific Press/Karger, Tokyo（1994）
5）T. Sakai *et al.*, *Mamm. Genome*, **16**, 11（2005）
6）C. Bishop *et al.*, *Nature*, **315**, 70（1985）
7）C. Nagamine *et al.*, *Mamm. Genome*, **3**, 84（1992）
8）Mouse Genome Sequencing Consortium, *Nature*, **420**, 520（2002）
9）C. M. Wade *et al.*, *Nature*, **420**, 574（2002）
10）K. A. Frazer *et al.*, *Nature*, **448**, 1050（2007）
11）H. Yang *et al.*, *Nature Genet.*, **39**, 1100（2007）

12) H. Yang *et al., Nature Genet.,* **43**, 648 (2011)
13) K. Abe *et al., Genome Res.,* **14**, 2439 (2004)
14) T. Takada *et al., Genome Res.,* **23**, 1329 (2013)
15) C. Ané *et al., Molecular Biology and Evolution,* **24**, 412 (2007)
16) M. White *et al., PLoS Genetics,* **5**, e1000729 (2009)
17) T. H. Keane *et al., Nature,* **477**, 289 (2011)

## 2　統合オミックスデータモデル：ゼブラフィッシュ

額田夏生*1，アヴシャル-坂　恵利子*2，田丸　浩*3

### 2.1　はじめに

ポストゲノム研究分野として，「統合オミックス」という言葉をよく聞くようになった。オミックスとは，細胞内のゲノム情報を基にした遺伝子，タンパク質，内因性代謝物などの生体内の分子全体を網羅的に解析する研究を意味し，ゲノミクスに加えてトランスクリプトーム・プロテオーム・メタボロームをはじめとするオミックス解析は急速な発展を遂げている。また，次世代シーケンサーやシングルセル解析などといったビッグデータの解析手法の普及によってデータの解析および解釈はより複雑性を増しているが，新たな機能解明への期待は日々高まっている。統合オミックス解析では，各種オミックスの情報を基に，遺伝子，タンパク質，代謝産物のそれぞれの動的なネットワーク・パスウェイがどのように関連し，相互作用して多様な生命機能を発現しているのかを理解することができる。したがって，我々は網羅的な分子情報から生命の全体像に迫ることができる時代に直面しているといえる。そこで本節では，ゼブラフィッシュというモデル動物を用いた統合オミックス研究に対する様々なアプローチについて紹介する。

### 2.2　モデル生物としてのゼブラフィッシュ

生命現象を分子ネットワークやシステムとして理解するには，オミックス解析によるビッグデータが必要である。すなわち，マウスなどの実験哺乳動物はヒトの疾患をはじめとする基本的な生命現象の解明に多大な貢献をしてきており，医学や創薬研究には欠かせない存在である。しかしながら，哺乳動物は一般に胎生であるために発生過程の観察が容易ではなく，遺伝子操作技術のハイスループット化が困難であり，網羅的な機能解析手法は利用しにくく，動物個体を用いた創薬スクリーニングにはコスト面や動物愛護の観点から現実的ではない。そこで，ビッグデータ解析に必要なハイスループットな研究手法として注目されたのがゼブラフィッシュなどの小型魚類であった。ゼブラフィッシュ（*Danio rerio*）はインド原産の小型コイ科魚類であり，脊椎動物の発生モデルとして近年盛んに研究に利用されている。さらに，2013年に全ゲノム解読が完了し，遺伝子数は26,000でその70%がヒトと共通したオーソログを保有し，そのうちヒト疾患との関連が判明している遺伝子の84%が含まれていた[1)]。また，ゼブラフィッシュの脊椎モデル動物としての有意性として，①飼育が容易でコストが安い，②多産で発生速度が速く，世代交代期間が短い，③母体外で受精および発生する，④胚が透明であるため各臓器が形成される過程の観察が容易である，⑤初期発生過程における臓器や器官の形成がヒトとよく似ている，⑥ヒト遺伝子のオーソログを多く保有し，遺伝子機能の解析結果をヒトに外挿しやすい，⑦ヒトと共通する病気が

---

＊1　Natsuki Nukada　三重大学　大学院生物資源学研究科　博士前期課程２年
＊2　Eriko Avsar-Ban　三重大学　大学院生物資源学研究科　特任助教
＊3　Yutaka Tamaru　三重大学　大学院生物資源学研究科　教授

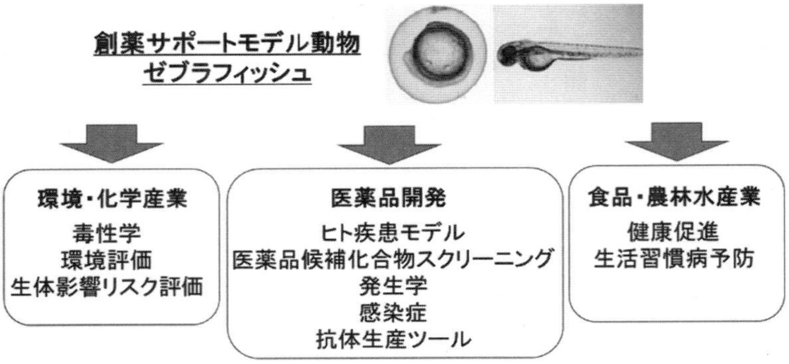


図1　ゼブラフィッシュの利用分野

少ない，⑧動物愛護法の観点から有利である，といった点が挙げられる。このようなハイスループット性があり，かつ，低コスト化を実現できるゼブラフィッシュを活用することで，統合オミックスにおけるネットワークやパスウェイの理解や得られた網羅的なビックデータからの生命システムの解明が期待できる。

### 2.3　ゼブラフィッシュを用いた創薬研究への展開

創薬研究に重要となるデータは分子間の相互作用のみならず，組織・臓器レベルや個体レベルでのデータ収集が可能であるかどうかにかかっている。ゼブラフィッシュのゲノム内では，ヒト疾患や創薬標的に関連する遺伝子操作および変異系統を容易に作出できるため，ヒト疾患モデルの作製が世界中で盛んに行われている。また，胚が透明であるため，特に初期発生段階の病態や形態などに代表される表現型と遺伝子型との関連付けを行いやすい。このことは，機能未知の遺伝子機能の解明や新たな創薬標的の発見に繋がると考えられる。

これまでに創薬スクリーニングにゼブラフィッシュを利用した例として，筋肉が脆弱化する難治性遺伝子疾患であるデュシェンヌ型筋ジストロフィー症に対する薬剤スクリーニングが行われた[2]。すなわち，ヒトの疾患モデルとして筋ジストロフィー症のゼブラフィッシュ*sapje*に対して，正常な筋構造を回復する低分子化合物の薬剤スクリーニングに関する報告である。その結果，筋構造やその標的分子の糖鎖修飾を指標にゼブラフィッシュ個体を利用することではじめて化合物の影響が把握できるために，薬理効果と毒性・副作用の総合的な判断による化合物の選定が可能であることが示された。また一方，哺乳類の腫瘍細胞をゼブラフィッシュに異種移植し，腫瘍の血管新生を可視化することに成功したという報告[3]や，魚類の細胞周期の進行を可視化する傾向プローブzFucciの開発により，胚発生の増殖と分化が異なる色で浮かび上がるゼブラフィッシュを作製し，生体内の細胞をリアルタイムで観察し，情報伝達機構を可視化することに成功したという報告[4]もある。さらに，蛍光タンパク質を利用したFRET（Fluorescence Resonance Energy Transfer）法を用いて，ゼブラフィッシュ初期胚においてもタンパク質―タンパク質間の相互作用解析が可能であることが判明し，ゼブラフィッシュを宿主としてこれまで発現が困難であった膜タンパク質などの高難度タンパク質に対するタンパク質間相互作用解析を行うことで新たな生命機能の発見が期待される[5]。このようにゼブラフィッシュを活用することで，脊椎動物の発生・分化過程における化学物質の生体影響解析だけでなく，未分化からの多種多様な細胞や組織・臓器内のシグナル伝達を個体レベルでライブイメージングすることで，今後さらなる再生医療への応用が期待される。

### 2.4　ゼブラフィッシュの統合オミックスへの応用

現在，様々な疾患に対してより治療効果の高い医薬品の開発が進んでいるが，一つの新薬を開発するに要する時間は平均10年以上という長い年数と開発費が必要になっている。その一方で，承認を受ける新薬の数は年に20品目程度にとどまっているのが現状である[6]。オミックス技術を用いた創薬研究では，候補薬の標的分子への作用に関連した因子だけではなく，薬剤応答性予測や患者の病態層別化などに関連した因子も解析対象となっている。オミックス技術では，多数の生体分子を対象とした網羅的な解析が可能であり，新規の薬剤標的の探索において，生体内の多くの候補分子の中から精度の高い最適な薬剤やバイオマーカーを選抜できるというメリットがある[7]。また，医薬品に対する患者個人の反応性をそれぞれ治療前に検査することで，テーラーメイド医療の推進にも繋がり，画期的な新薬と診断法をより早く普及するべく期待が高まっている。

ゼブラフィッシュでは，胚の透明性を利用して病態が示す表現型と機能未知遺伝子との関連付けを行うことが比較的容易であり，さらにオミックス技術を用いることによって形態がもたらす情報よりもさらに詳細な情報を入手できることがわかっている。すなわち，初期発生過程での代謝物プロファイルは受精後の時間経過に伴って変化することがメタボローム解析の結果判明し，得られた各発生過程に特徴的な代謝物プロファイルを指標とすることで，形態変化よりも鋭敏に発生過程の状況を知ることができたという報告がなされている[8]。また，抗酸化機能を持つ様々

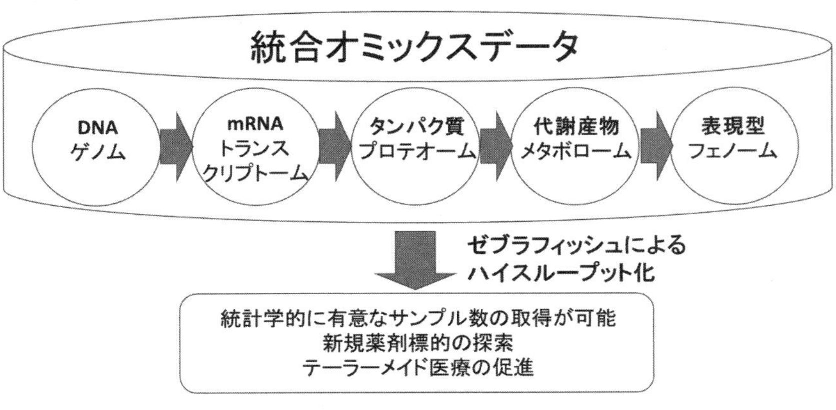


図2　ハイスループット化による創薬の迅速化

な遺伝子の転写調節因子であるNrf2が組織特異的に発現誘導されることを，ゼブラフィッシュを用いたトランスクリプトーム解析により明らかにしたという報告[9]もあり，ゼブラフィッシュを用いたオミックス研究が精力的に行われている。このようなオミックス技術を用いることによって，分子間のネットワークや創薬に関わるターゲット分子を絞り込むことができるだけでなく，臨床検体のオミックス情報を変数として患者の疾患の種類や進行度合いを予測することが可能となり，また疾患発症の原因解明に関する情報や治療方針に関わる情報を得ることができる可能性がある。ゼブラフィッシュをモデル動物とした各種オミックス技術による網羅的な解析結果とハイスループットなアッセイ系を統合させることによって，iPS細胞研究や哺乳動物へのフィードバックに大いに貢献できると期待できる。

## 2.5 オミックス研究とゼブラフィッシュのアドバンテージを活かす

ゼブラフィッシュはハイスループットアッセイ系に対応可能なことから，統合オミックスモデル動物として有用であるが，オミックス解析や創薬への技術展開を可能にするためには，数多くの生物の反応応答情報を遺伝子・タンパク質発現レベルで解析する必要がある。さらに大量の情報を蓄積し，統計学的にも信頼性が高い実験データを得るためには，迅速かつ大量のサンプルが必要となるため，ここでは当研究室でのゼブラフィッシュのアドバンテージを活かしたハイスループットなシステム開発について紹介する。

### 2.5.1 受精卵自動採卵装置

ゼブラフィッシュの飼育・採卵の効率化を可能にした受精卵自動回収装置により，大量の受精卵をコンスタントに調達することができ，9 $m^2$という実験室レベルでの占有面積で10,000個／日以上の受精卵の生産が可能である。

### 2.5.2 マルチプル・インジェクション装置

手技によるマイクロインジェクションは，時間や労力がかかるうえに作業者の技量に結果が大きく左右されていた。そこで，熟練した作業者と同等の処理能力を有する自動インジェクションマシンを開発した。すなわち，従来の手作業によるマイクロインジェクションでは1人当たり200～300個の受精卵へのインジェクションが限界であった。また，ゼブラフィッシュ受精卵への自動インジェクション装置はこれまでに海外グループからも報告されていた[10]。当研究室で開発したマルチプル・インジェクション装置は，卵整列固定装置によって308個の受精卵を一度に自動的にプレート上に整列させた後，1時間当たり10,000個以上のスピードで自動的に遺伝子導入することが可能である。

### 2.5.3 エンブリオアレイ

ゼブラフィッシュ初期胚を専用のマイクロプレート上にアレイングして，初期胚の操作性を飛躍的に高めることに成功したため，大量生物学への応用が可能となった。すなわち，初期胚がプレート上にアレイ化している“エンブリオアレイ”にすることで，従来は1個体ずつ別々に操作していた作業を数百個体まとめて簡便かつ大量に操作できるようになった。さらに，1個体の丸

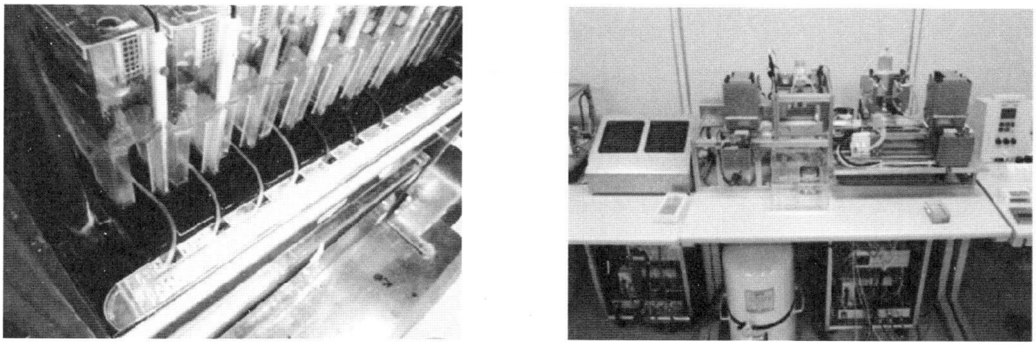

図３　受精卵高効率生産システム（左）とハイスループットインジェクション装置（右）

ごとをアレイ化するエンブリオアレイでは，*in vitro*アッセイ系より包括的な生命現象が得られる*in vivo*アッセイ系の構築も同時に成し遂げている。また，トランスジェニック個体の作製に関しては，モルフォリノオリゴアンチセンスのインジェクションにより，遺伝子の翻訳を阻害し容易にノックアウトに近い状態を作り出すことも可能である[11]。その他の遺伝子組換え手法として，DNA配列を認識するタンパク質とFok1 nucleaseを融合させて作るZFN（Zinc Finger Nuclease）やTALEN（Transcription Activator-Like Effector Nuclease）の人工制限酵素技術の開発により，効率的に遺伝子部位特異的ゼブラフィッシュゲノムへの目的遺伝子のノックアウトあるいはノックインが可能となっている[12]。さらに最近では，原核生物におけるファージやプラスミドに対する獲得免疫機構を応用したCRISPR（Clustered Regularly Interspaced Short Palindromic Repeats）技術がゼブラフィッシュにも応用可能であることが明らかとなっている[13]。

### 2.6　魚類を用いた“モノづくり”への展開

筆者らは，小型魚類であるゼブラフィッシュを活用した“モノづくり”研究にも取り組んでいる。創薬研究において，低分子化合物から抗体医薬品に開発研究がシフトしてきており，この抗体医薬の製造には標的となる抗原タンパク質および抗原に対する特異性の高い抗体を開発することが重要となっている。そこでまず，組換えタンパク質の発現宿主とした当研究室の取り組みについて紹介する。

発現させたい標的タンパク質をコードする遺伝子を搭載したプラスミドベクターをゼブラフィッシュ受精卵にマイクロインジェクションすることでトランスジェニック個体を作製し，一定時間培養することによって，標的タンパク質が発現した個体を回収することができる。これまでに当研究室ではpZex-EGFP-pXI-DsRedベクターを開発しており，本ベクターをゼブラフィッシュ受精卵にマイクロインジェクションすることで受精後24～48時間で蛍光緑色タンパク質（EGFP）が孵化腺で発現し，かつ，受精後18時間以降に全身に赤色蛍光タンパク質（DsRed）を発現させることができる[14]。そこで，DsRed遺伝子を目的遺伝子に置き換えるだけで，標的タンパク質の

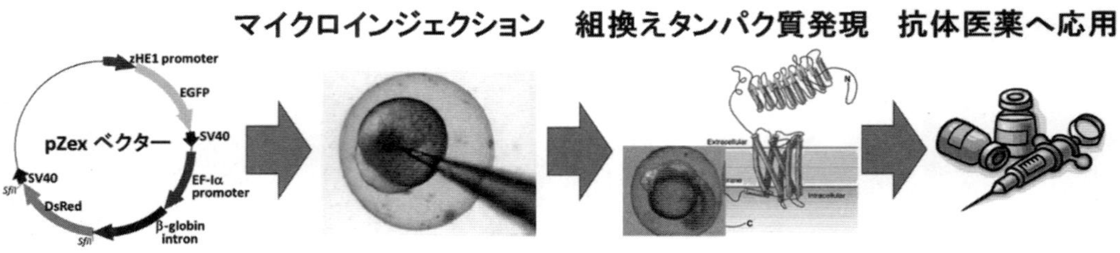


図４　ゼブラフィッシュによる組換えタンパク質生産

発現を生体内に確認することができる。また抗体医薬品開発では，創薬標的となる候補タンパク質を天然状態に近いまま大量に発現させるとともに，候補タンパク質に対して特異性の高い抗体を取得できるかどうかが重要となっている。しかしながら，実際には主な創薬標的であるＧタンパク質共役受容体（GPCR）をはじめとする膜貫通型タンパク質は既存の発現系では調製が困難であるのに加えて，組換えタンパク質が発現できたとしても抗体力価が上がらず，抗体取得が困難な場合もある。そこで筆者らは，標的タンパク質として筋ジストロフィー症に関与するⅡ型膜貫通タンパク質であるヒトPOMGnT1の発現をゼブラフィッシュで試みた。その結果，EGFP発現胚において酵素活性を有する組換えヒトPOMGnT1の発現に成功した[15)]。このような発現困難な抗原タンパク質作製の一連の流れにおいても，ハイスループットインジェクション装置を利用することによって組換えタンパク質量産の効率化が期待できるとともに，天然状態に近い抗原タンパク質が得られることでより特異性や力価の高い抗体生産も期待できる。

## 2.7　おわりに

21世紀の生命科学はこれまで細分化された様々な研究分野を統合して，より高次の生命現象を解明することが目標となっている。細胞間相互作用やシグナル伝達を理解するとともに，組織・臓器レベルの成り立ちとさらに上位の個体レベルの成り立ちを理解することで，最終的には生体内に存在するあらゆる生命現象を解明しようというのが「統合オミックス研究」のアプローチである。ゼブラフィッシュを用いた統合オミックス研究は，ビッグデータ解析の発展と連動して，個体レベルの生体情報が必要となる創薬や再生医療への応用が期待できる。今後，ゼブラフィッシュから得られる大量の生物学的情報が他の動物細胞や実験哺乳動物からの実験データのギャップを埋めるとともに，代替実験動物としての展開やiPS細胞研究の支援にも繋がることを期待している。

## 文　　献

1) K. Howe *et al.*, *Nature*, **496**, 498 (2013)
2) G. Kawahara *et al.*, *Proc. Natl. Acad. Sci.*, **108**, 5331 (2011)
3) C. Zhao *et al.*, *PLoS ONE*, **6**, e21768 (2011)
4) A. Sakaue-Sawano *et al.*, *Cell*, **132**, 487 (2008)
5) T. Zal, *Adv. Exp. Med. Biol.*, **640**, 183 (2008)
6) A. Mullard, *Nat. Rev. Drug Discov.*, **12**, 329 (2013)
7) T. Mikami *et al.*, *Curr. Mol. Pharmacol.*, **5**, 301 (2012)
8) S. Hayashi *et al.*, *Biochem. Biophys. Res. Commun.*, **386**, 268 (2009)
9) H. Nakajima *et al.*, *PLoS ONE*, **6**, e26884 (2011)
10) W. Wang *et al.*, *PLoS ONE*, **2**, e862 (2007)
11) J. Summerton, D. Weller, *Antisense Nucleic Acid Drug Dev.*, **7**, 187 (1997)
12) T. Dahlem *et al.*, *PLoS Genet.*, **8**, e1002861 (2012)
13) D. Carroll *et al.*, *Nat. Biotechnol.*, **31**, 807 (2013)
14) 特許公開2007-143497
15) E. Avsar-Ban *et al.*, *J. Biosci. Bioeng.*, **114**, 237 (2012)

## 3　iPS細胞からのビッグデータの情報セキュリティと創薬，医療への活用

藤渕　航*

### 3.1　はじめに

2006年にマウス，2007年にヒトのiPS細胞の作製が発表されて以来，目覚ましい勢いでiPS細胞やiPS細胞由来の細胞の医療や創薬への応用への準備が進んでいる。iPS細胞は正に夢の生体ツールとして大きな期待が膨らんでおり，将来には総国民iPS細胞ストック時代を迎える可能性も秘めている。本節執筆の現時点では，コスト的にも技術的にも難しく総国民iPS細胞ストックには否定的な見解も多いが，既に2013年度よりJSTから「再生医療実現拠点ネットワークプログラム」が開始され，その中核拠点に選出された京都大学iPS細胞研究所で，10年の歳月をかけて日本人の9割をカバーする推定約140名の組織適合性遺伝子HLAがA，B，DR三座ホモドナーのiPS細胞化ストック構想が始まった。少なくとも本構想は，未来においてiPS細胞を医療の中核に据えるための基本科学技術を発展させることは間違いなく，10年間で質の高いiPS細胞を低コストで作製できる時代を到来させるであろう。思い起こすことは，米国NIHで2003年に1,000ドルでヒトゲノムを解読する構想のロードマップが提示されてから，僅か10年以内の2012年に1,000ドルゲノムを達成したと報道が出るまでになった。これは当時，ヒトゲノム1人分の解読に100万ドル以上かかっていた事実からすれば，コストが1,000分の1になるとは誰も想像がつかなかったことである。このような経験を踏まえて本節では，現在から10年後の未来にわたってiPS細胞から生じるいわゆる「ビッグデータ」について，現状を踏まえた上でできる限り正確なこれからの動向について予測を含め，記載したいと思う。

### 3.2　iPS細胞がもたらすビッグデータ

#### 3.2.1　iPS細胞の品質管理

1個人の体細胞からiPS細胞を作るのに，熟練した技術者なら数ヶ月程度しかかからない。簡易な実験用iPS細胞であればこのようなiPS細胞でも問題ないが，医療や創薬用となると厳重な品質管理が必要とされ，この期間は最低でも6ヶ月はかかると考えられる。例えば，表1に示したように，iPS細胞の特性は，ドナー自身が持つ内在的な性質であるbiological characteristicsとiPS細胞の作製過程で生じる様々な技術的な性質であるtechnical characteristicsに大別される。biological characteristicsの方は，性別や血液型や年齢などの基本情報の他に，このドナー由来のiPS細胞は免疫寛容性が高いか，また，遺伝的疾患を持っていないか，AIDSウイルスなど後天的要因の病気に罹患していないか，など他者の再生医療に用いることが可能かを判定する基準となる。一方，technical characteristicsの方はiPS細胞を生成した時の完成度であり，幹細胞マーカーの発現，細胞分裂能力，分化能力などの他に，作製過程で用いた外来遺伝子の残存度など作製方法にも依存するものである。

---

*　Wataru Fujibuchi　京都大学　iPS細胞研究所　増殖分化機構研究部門　教授

表１　iPS細胞の品質評価で必要とされる情報例（文献１）より改修）

| 特徴分類 | カテゴリー | 例 |
|---|---|---|
| biological characteristics | 基礎情報 | 性別，血液型，年齢，人種など |
| | 免疫情報 | HLAタイプなど |
| | 先天的疾患 | 既往症，遺伝病など |
| | 後天的疾患 | HIV，A/C型肝炎，HTLVなど |
| | 由来組織 | 皮膚，脂肪，歯髄，血液など |
| technical characteristics | 細胞形態 | コロニー形状，数，密度など |
| | 幹細胞マーカー | Nanog，Oct3/4など |
| | 増殖能力 | 分裂速度，分裂形式など |
| | 分化能力 | 外，内，中胚葉層形成など |
| | 外来遺伝子残存度 | 導入遺伝子検査 |
| | 体細胞突然変異 | SNPs，CNVsなど |
| | 細胞同一性 | STR解析など |
| | 微生物汚染 | マイコプラズマ検査など |
| | ゲノム安定性 | 核型解析など |
| | エピゲノム | アレイ，シーケンサー解析など |

### 3.2.2　遺伝的リスク

特に，今後は，biological characteristicsであるSNPs情報からわかる遺伝的なリスクが重用視されると考えられる。既に世界的に有名なGWAS研究などによるSNPsとフェノタイプを結ぶdbGaPなど情報データベースが蓄積されている。近年，SNPsは親由来だけでなく，卵細胞から成体に至るまでに高度に蓄積された体細胞突然変異が原因となっていることもわかっており，これがさらにiPS細胞作製過程でも生じる変異と合わせて最終的に生じたiPS細胞での遺伝的リスクを調べる必要がある。表２に主なSNPsやCNVsなどゲノム変異に関わる情報データベースを記した。

現在，このようなゲノム上でわかっている疾患関連サイトについて，潜在的な遺伝的リスクを調べる高性能なツールの開発も世界中で進められていると考えられる。例えば，dbSNPなどのデータベースを用いてSNPsを検索してアノテーションするSNPdat，SNPnexus，Snap，SNP Function Portal，SNPper，Fans，FunctSNP，Annovarなどがある。一方，データベースにないrare variantsの場合には既知の疾病パスウェイや遺伝子発現やデータなどとassociateさせるVAASTやBioBinなどの様々なソフトウェアが使用されている。

## 3.3　ゲノム情報産業と我が国での個人情報保護

### 3.3.1　ゲノム情報を活用した産業

個人から得られるゲノム配列には膨大な情報が含まれている。これを利用して，個人の疾病リスクの予想のみならず，性格や適正などまで検査する産業が発展してきている。既に欧米では，

表2　代表的なゲノム変異関連のデータベース例

| 名称 | 開発機関 | 主な特徴 | アドレス |
|---|---|---|---|
| dbSNP | 米国National Center for Biotechnology Information/NIH | 1塩基置換および短い欠失・挿入，レトロポゾン，STR多型のデータレポジトリ | http://www.ncbi.nlm.nih.gov/snp |
| dbVar | 米国National Center for Biotechnology Information/NIH | 1kb以上の逆位，転座，欠失，挿入などゲノム構造変異のデータレポジトリ | http://www.ncbi.nlm.nih.gov/dbvar |
| dbGaP | 米国National Center for Biotechnology Information/NIH | 医療以外のフェノタイプを含むジェノタイプとの関連データベース／アクセス制限データ有り | http://www.ncbi.nlm.nih.gov/gap |
| ClinVar | 米国National Center for Biotechnology Information/NIH | 疾病に関係する塩基やアミノ酸変異のデータベース | http://www.ncbi.nlm.nih.gov/clinvar |
| DGV | カナダThe Centre for Applied Genomics | 健康人における50b以上の逆位，転座，欠失，挿入などゲノム構造変異のデータレポジトリ | http://dgv.tcag.ca/dgv/app/home |
| GWAScentral/HGVBase | スウェーデンKarolinska Institute，英国European Bioinformatics Institute，ドイツEuropean Molecular Biology Laboratory | ヒトGWAS研究のレポジトリ | http://www.gwascentral.org |
| PharmGKB | 米国Stanford University | ゲノム変異と薬物反応に関するデータベース | http://www.pharmgkb.org |
| HGMD | 英国Cardiff University | 遺伝子欠失と遺伝病のデータベース | http://www.hgmd.cf.ac.uk |
| JSNP | 東京大学医科学研究所，JST | 日本人のSNPsデータベース | http://snp.ims.u-tokyo.ac.jp |
| DECIPHER | 英国ウェルカム・トラスト　サンガー研究所 | Ensemblを利用したヒト染色体不均衡とフェノタイプデータベース | http://decipher.sanger.ac.uk |

数年前から民間で有料の遺伝子検査サービスが始まっており，脳梗塞，心筋梗塞，糖尿病，乳がんリスク，などのDNA多型情報に基づく情報を蓄積している。2012年3月には，米国立衛生研究所（NIH）から，企業などが提供した遺伝子検査情報を提供する遺伝子検査レジストリ（GTR）というデータベースが公開された（図1）。このデータベースの目的は，乱立する遺伝子検査企業に透明性を持たせ，どこでどのような検査を行っているか，また，遺伝子データを研究者が共有する仕組みを提供して科学的研究を促進させようとするものである。

一方，これに伴う個人情報の保護が問題となってきている。欧米では個人情報保護は随分と進んでおり，1980年のOECD（経済協力開発機構）によるプライバシーガイドラインを受けて，早くから強固なデータ保護やプライバシー保護の法律ができ，DPA（欧州Data Protection Authority）やFTC（米連邦取引委員会）などの公的組織が情報保護の取り締まりを行っている。また，両者の間では2001年のSafe Harbor合意に基づく国際間での情報保護の取り扱いまで法的に整備されている。2013年6月に米国立衛生研究所（NIH）のNCBIを訪問し，実際にどのようにしてプラ

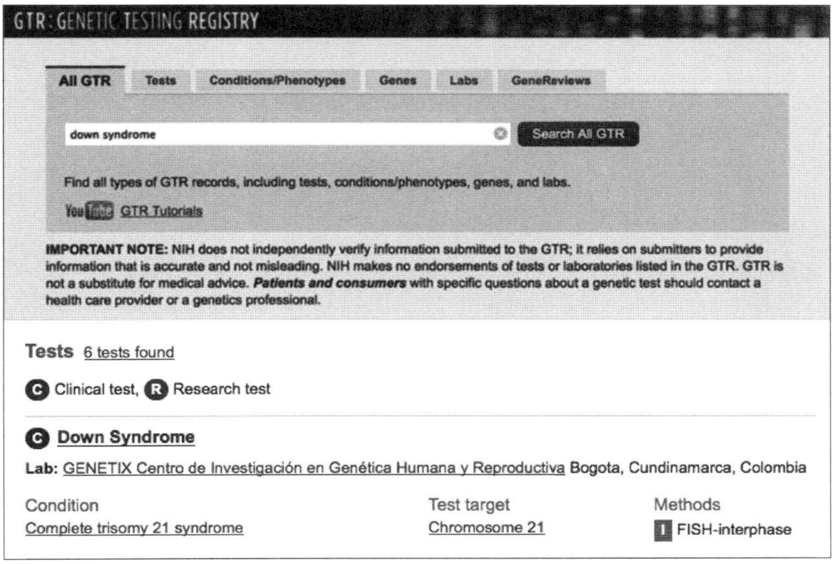


図1　遺伝子検査レジストリ（GTR）
http://www.ncbi.nlm.nih.gov/gtr/

イバシーと健康情報提供を両立しているのか調査した。その結果，①個人を特定できるDNA情報についてはインフォームドコンセントなどを含む規定の整備，②情報漏洩を想定したデータの暗号化や自動削除技術開発，③ユーザの階層的利用権限化などを行って保護する方法の開発を進行中であるとの情報を得ている。

### 3.3.2　日本における個人情報保護

我が国は個人情報保護においては欧米に比べてやや後進国である。日本では2003年にようやく個人情報保護法に基づく規制が制定されたばかりで，急増する個人の遺伝情報の取り扱いについて国内の法整備は遅れている。また，日本人から得られた遺伝情報を国外へ持ち出すことについて何ら法的規制がないのが現状である。本節の執筆中に「特定秘密保護法」が国会で可決されたが，今後，これがどのように日本人の遺伝情報の漏洩に影響するのかはまだ予想がつかない段階である。我が国でも国内向けに遺伝子検査の企業も増加している中，国立バイオサイエンスデータベースセンター（NBDC）では，2013年4月に「ヒトデータ共有ガイドライン」および「ヒトデータ取り扱いセキュリティガイドライン」の策定を始めている。また，遺伝子から得られる個人情報保護の規定や法令については，各省庁で様々に検討が開始されつつある。どのように統廃合され，国全体として整備されるのかにはまだ少し時間がかかるであろう。

さらに，バイオ関連情報漏洩をさせないためのセキュリティ技術としても，化合物の秘密検索（産総研＆東大 2011年），臨床データの秘密計算（日本成人白血病治療共同研究グループ&NTT 2012年），クラウド上遺伝子情報データでの秘密検索（日立ソリューションズ 2012年）などと，いずれも計算機上のデータを暗号化したまま計算が可能な技術が報告されている。しかしながら全体像としては，今後，莫大な量に膨れ上がる個人の細胞や遺伝子情報の保護だけでなく，転送，利用におけるセキュリティの標準化などの包括的な取り組みや技術開発がなされていないままである。

## 3.4 高度医療情報時代における創薬と再生医療

### 3.4.1 高度医療情報時代の到来

我が国は国策の一環としてiPS細胞を基軸として再生医療・医療情報大国を目指している。この過程においてこれまで見過ごされてきた個人情報の問題が浮き彫りになってくるのは必定である。今後は，全国の病院・研究所などからiPS細胞情報データベースにアクセス可能であるが，同時に高いセキュリティを維持するシステムが必要である。その上で，国民がiPS細胞を個人で作製する上で不安となるプライバシーの問題を解決しつつ医療上重要な遺伝情報を提供するという，真に医療情報大国として発展するために必要なインフラを構築する必要がある。具体的には，国内の病院やデータセンターなどの拠点間でiPS細胞の異なる情報を相互交換するため，セキュアなデータ検索・表示とデータのダウンロードアップロードのための計算機技術が必要である。基本技術として，一部先述したが，データの暗号化や第三者に情報が漏洩した場合の自動削除，ユーザの階層的利用権限化，分散データなどが必要な開発項目と想定される。

### 3.4.2 iPS細胞の創薬・毒性評価からの情報

これまでマウス，ラットなどで行われていた創薬や毒性評価の研究が急激な勢いでヒトiPS細胞を用いたシステムに置き換わりつつある。これは，サリドマイドなどに代表されるようにマウスで無毒性が保障された化合物でもヒトでは毒性を示すなどヒト特有の効果や副作用を示すことが明らかになったからである。例えば，ヒトES細胞から神経細胞を誘導する過程でメチル水銀を投与すると，ヒトでは神経樹状突起が縮退するが，マウスでは縮退せず，替わりに細胞死が観察された[2)]。このように，より実態を反映したヒトiPS細胞システムが今後は創薬や毒性評価の主力となると考えられる。また，米国NIHのNCATS（National Center for Advancing Translational Sciences）では，iPS細胞チップの開発も行っており，これまで臨床試験でドロップアウトした化合物を再利用できないか研究する計画もある。今後はこのような化合物の投与データも多く蓄積するが，そこから有益な情報を取り出して活用することも必要となる。例えば，我々は少ない毒性のデータを学習させ，新規化合物の毒性を予測するための手法を開発し報告した[3)]。そこでは，遺伝子発現情報から遺伝子ネットワークを構築し，これを従来の遺伝子発現データだけのサポートベクターマシン予測と比較するもので，遺伝子ネットワークを学習に加えると予測精度が向上する結果が得られている（図2）。

### 3.4.3 再生医療情報のデータマイニング

今後，iPS細胞を含め，蓄積する細胞ビッグデータから有益な情報を引き出すためのツール開発を我々の研究室では進めてきた。例えば，高速類似細胞検索CellMontage[4)]，網羅的遺伝子モジュール探索システムSAMURAI[5]などがある（図３）。CellMontageでは，手持ちの細胞や人工作製した細胞がどのタイプの細胞に近いかを瞬時に検索することが可能である。現在，開発されている計算システムでは１秒間に数千件の細胞データを検索することができる[6]。例では膵臓の細胞

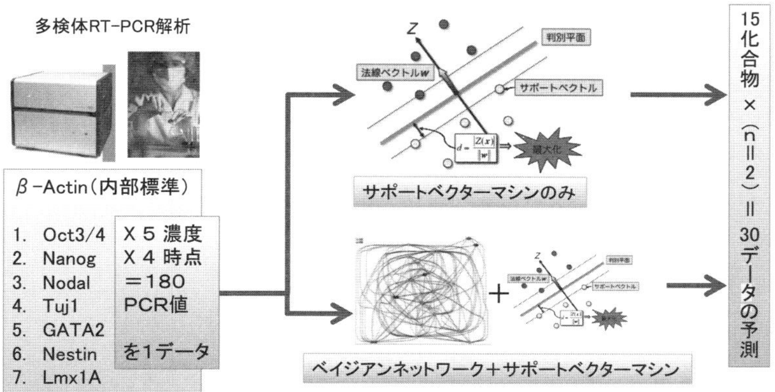


| 予測毒性 | データ数 | ランダム | SVM | Network ＋SVM |
|---|---|---|---|---|
| 神経毒性 | 10/30 | 66.6% | 90.0% | 93.3% |
| 発癌毒性 | 14/30 | 53.3% | 96.6% | 100.0% |

図２　幹細胞を用いた毒性化合物予測
（データ提供：平成21～23年度厚生労働科研費「化学物質リスク事業：大迫班」による）

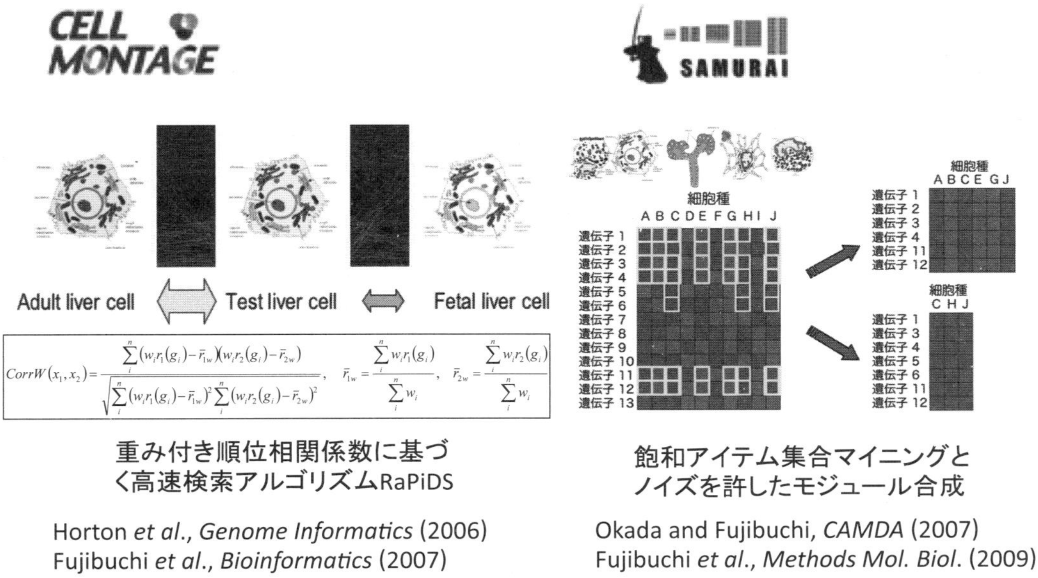


$$CorrW(x_1,x_2)=\frac{\sum_i^n (w_i r_1(g_i)-\bar{r}_{1w})(w_i r_2(g_i)-\bar{r}_{2w})}{\sqrt{\sum_i^n (w_i r_1(g_i)-\bar{r}_{1w})^2 \sum_i^n (w_i r_2(g_i)-\bar{r}_{2w})^2}},\quad \bar{r}_{1w}=\frac{\sum_i^n w_i r_1(g_i)}{\sum_i^n w_i},\quad \bar{r}_{2w}=\frac{\sum_i^n w_i r_2(g_i)}{\sum_i^n w_i}$$

図３　高速類似細胞検索CellMontage（左）と網羅的遺伝子モジュール探索システムSAMURAI（右）

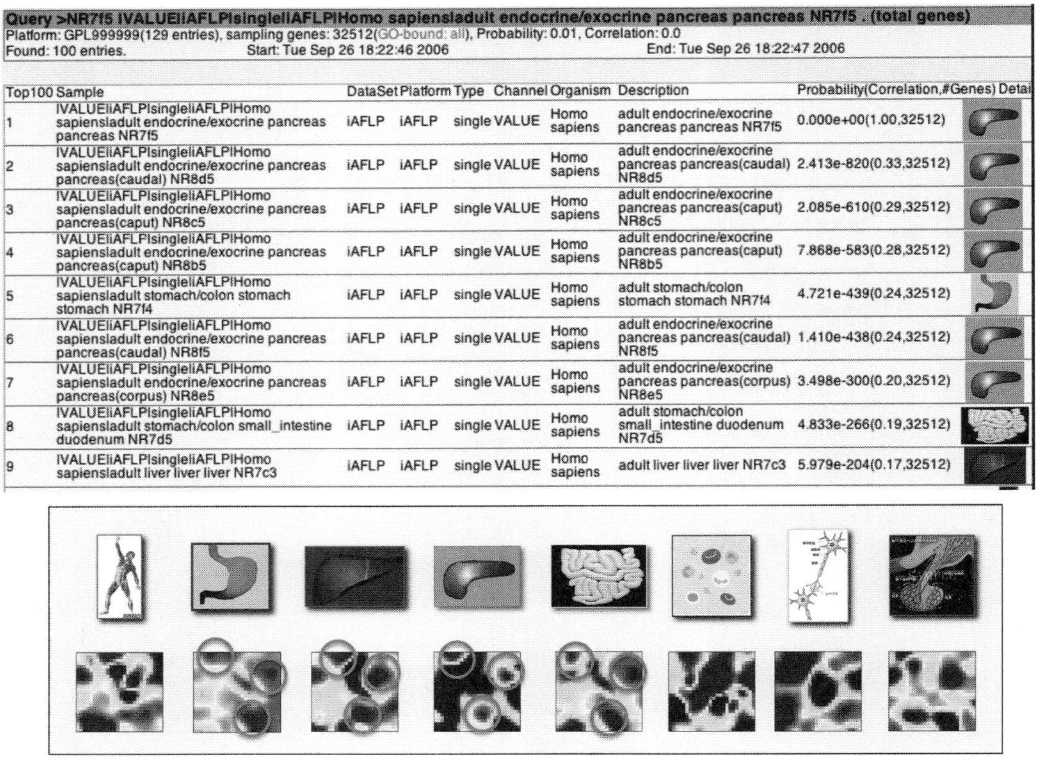

Query >NR7f5 IVALUEliAFLPIsingleliAFLPIHomo sapiensladult endocrine/exocrine pancreas pancreas NR7f5 . (total genes)
Platform: GPL999999(129 entries), sampling genes: 32512(GO-bound: all), Probability: 0.01, Correlation: 0.0
Found: 100 entries. Start: Tue Sep 26 18:22:46 2006 End: Tue Sep 26 18:22:47 2006

| Top100 | Sample | DataSet | Platform | Type | Channel | Organism | Description | Probability(Correlation,#Genes) | Detai |
|---|---|---|---|---|---|---|---|---|---|
| 1 | IVALUEliAFLPIsingleliAFLPIHomo sapiensladult endocrine/exocrine pancreas pancreas NR7f5 | iAFLP | iAFLP | single | VALUE | Homo sapiens | adult endocrine/exocrine pancreas pancreas NR7f5 | 0.000e+00(1.00,32512) | |
| 2 | IVALUEliAFLPIsingleliAFLPIHomo sapiensladult endocrine/exocrine pancreas pancreas(caudal) NR8d5 | iAFLP | iAFLP | single | VALUE | Homo sapiens | adult endocrine/exocrine pancreas pancreas(caudal) NR8d5 | 2.413e-820(0.33,32512) | |
| 3 | IVALUEliAFLPIsingleliAFLPIHomo sapiensladult endocrine/exocrine pancreas pancreas(caput) NR8c5 | iAFLP | iAFLP | single | VALUE | Homo sapiens | adult endocrine/exocrine pancreas pancreas(caput) NR8c5 | 2.085e-610(0.29,32512) | |
| 4 | IVALUEliAFLPIsingleliAFLPIHomo sapiensladult endocrine/exocrine pancreas pancreas(caput) NR8b5 | iAFLP | iAFLP | single | VALUE | Homo sapiens | adult endocrine/exocrine pancreas pancreas(caput) NR8b5 | 7.868e-583(0.28,32512) | |
| 5 | IVALUEliAFLPIsingleliAFLPIHomo sapiensladult stomach/colon stomach stomach NR7f4 | iAFLP | iAFLP | single | VALUE | Homo sapiens | adult stomach/colon stomach stomach NR7f4 | 4.721e-439(0.24,32512) | |
| 6 | IVALUEliAFLPIsingleliAFLPIHomo sapiensladult endocrine/exocrine pancreas pancreas(caudal) NR8f5 | iAFLP | iAFLP | single | VALUE | Homo sapiens | adult endocrine/exocrine pancreas pancreas(caudal) NR8f5 | 1.410e-438(0.24,32512) | |
| 7 | IVALUEliAFLPIsingleliAFLPIHomo sapiensladult endocrine/exocrine pancreas pancreas(corpus) NR8e5 | iAFLP | iAFLP | single | VALUE | Homo sapiens | adult endocrine/exocrine pancreas pancreas(corpus) NR8e5 | 3.498e-300(0.20,32512) | |
| 8 | IVALUEliAFLPIsingleliAFLPIHomo sapiensladult stomach/colon small_intestine duodenum NR7d5 | iAFLP | iAFLP | single | VALUE | Homo sapiens | adult stomach/colon small_intestine duodenum NR7d5 | 4.833e-266(0.19,32512) | |
| 9 | IVALUEliAFLPIsingleliAFLPIHomo sapiensladult liver liver liver NR7c3 | iAFLP | iAFLP | single | VALUE | Homo sapiens | adult liver liver liver NR7c3 | 5.979e-204(0.17,32512) | |

図4　CellMontageで膵臓の細胞をクエリーとして検索

をクエリーとして検索しているが，膵臓に近い細胞は胃や肝臓などである（図4）。これらの臓器は全て内胚葉性であり，発生上，近い関係にある。また，機械学習の手法と組み合わせることによって人工作製したiPS細胞の質も検索可能である。例えば，iPS細胞がどの細胞に由来していたかについての試験的な結果では，10種の由来細胞を含む73マイクロアレイデータ検索の順番間違いがわずか6％と大変に有効な結果が得られている。また，iPS細胞コロニーの写真画像から良質なiPS細胞を推定する研究では，17日目以降の初期化をほぼ完了したiPS細胞においては100％の正確さで判定できた。

また，SAMURAIシステムでは，買い物をする時のassociation ruleという考えから生まれたLCM：Linear Time Closed Itemset Minerと呼ばれるアルゴリズムを用いて，大量の細胞データに共通する遺伝子の組み合わせ（飽和アイテム集合）を網羅的に取り出すものである（図5）。現在，2,912件の多様なヒト細胞マイクロアレイデータから遺伝子モジュールの辞書を作成する研究が当ラボで進行中である。これから将来においても，益々，大量の細胞関連データからのデータマイニングツールのアイデアが必要となるであろう。

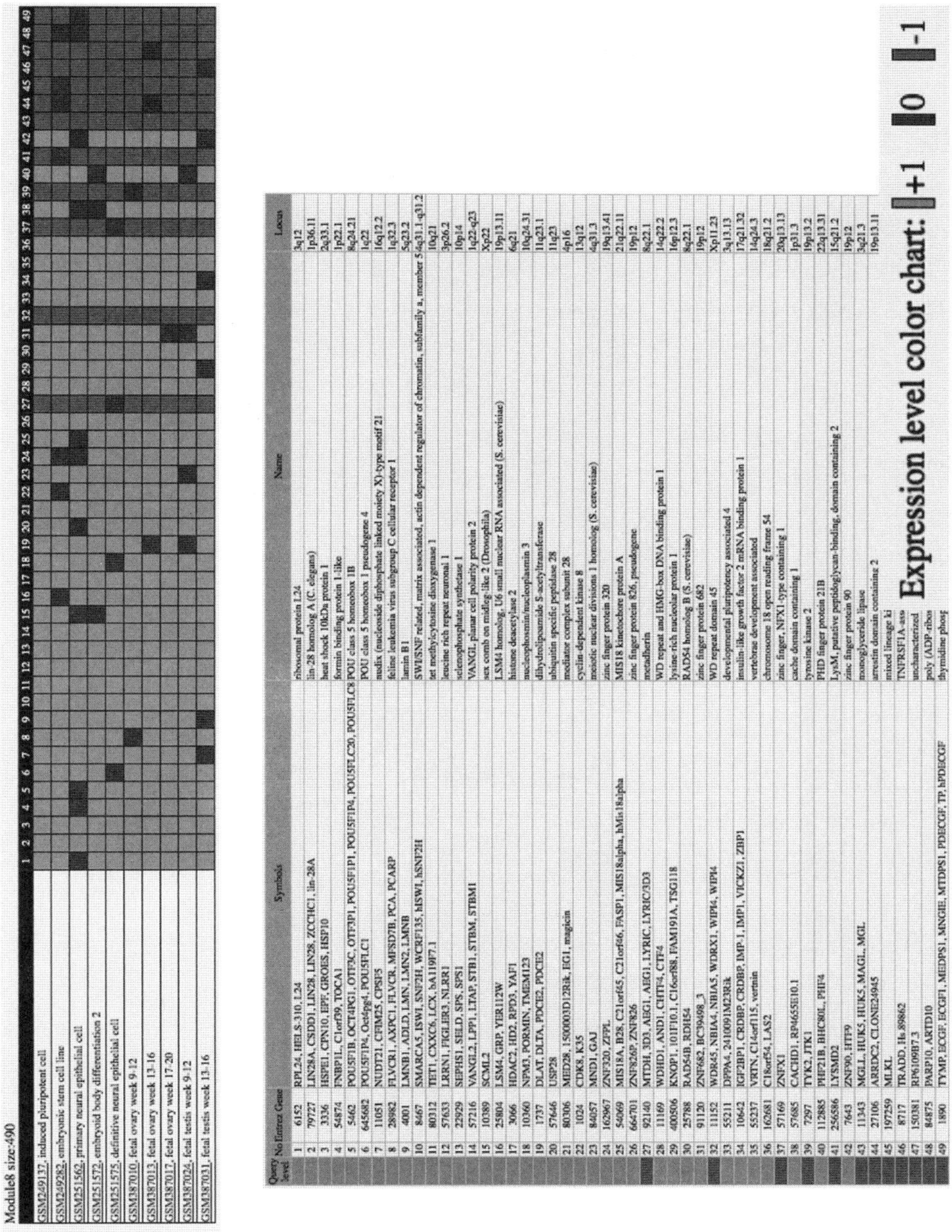


図５　iPS細胞，ES細胞，胚葉体，神経表皮，胎児の生殖細胞に共通な遺伝子モジュールの例
POU5F1，LIN28などの49遺伝子が抽出されている。

### 3.5　今後必要とされる解析技術について

今後はiPS細胞の情報だけでなく，ヒト細胞全てについての最新情報を全国の医療関連機関を結んで相互に共有できることが，未来の細胞医療には必要となってくると考えられる。その時に大量のデータを首尾よく保存し，検索可能にするには，従来のようなデータベーススキーマに基づく関係データベースのような変化に弱いシステムでは追い付かないであろう。今後必要とされるのは，乱雑な大量のデータを記憶装置上にただ単に置いただけで，計算機が自動的にデータを整理し，関連付けを行い，検索やデータマイニング，機械学習を行うことを可能にする，より一般性の高いシステムを開発することが必要である。特に関連する報告として特筆したいのは，IBMのWatsonシステムが百科事典を機械学習し，「Jeopardy!」という米国の人気クイズ番組で人間の優勝者に勝利したことである。今後は，このWatsonをさらに進化させて，自動整理，自動学習するシステムを開発することがiPS細胞からのビッグデータマイニングには必要であるかも知れない。

## 文　献


1） G. Stacey, *Prog. Brain Res.*, **200**, 41 (2012)
2） X. He *et al.*, *Toxicol. Lett.*, **212**, 1 (2012)
3） W. Fujibuchi *et al.*, Prediction of Chemical Toxicity by Network-based SVM on ES-cell Validation System, The Proceedings of the 2011 Joint Conference of CBI-Society and JSBi, Kobe (2011)
4） W. Fujibuchi *et al.*, *Bioinformatics*, **23**, 3103 (2007)
5） W. Fujibuchi *et al.*, *Methods Mol. Biol.*, **577**, 55 (2009)
6） P. Horton *et al.*, *Genome Informatics*, **17**, 67 (2006)

## 4　プロテオームをはじめとする多層的オミックス解析データの解釈と創薬，医療への活用

八木寛陽[*1]，錦織充広[*2]，武藤清佳[*3]，南野直人[*4]

### 4.1　はじめに

生体に存在する分子を網羅的に解析するオミックス技術が長足の進歩を遂げ，ゲノム，トランスクリプトーム，プロテオームなどの様々な階層で情報が集積されるとともに，医学，生物学の幅広い領域で活用が開始されている。医薬基盤研究所予算で実施中の多層的疾患オミックス解析研究（以下，多層的オミックス解析と略）では，拡張型心筋症（DCM），大動脈瘤，肺がん，腎がん，乳がん，てんかん，肥満症などの12疾患を対象に，エピゲノム，トランスクリプトーム，プロテオーム，メタボローム，ミトコンドリアゲノムの解析情報を用いて創薬標的分子とバイオマーカーの探索が行われている。我々はプロテオーム解析拠点として解析を担当するとともに，DCMと大動脈瘤の疾患解析機関として，創薬標的分子とバイオマーカーを探索している。本節では，ヒト組織試料を対象としたオミックス解析手法と収集されるデータの現状を示すとともに，DCMを例として，データ解析と創薬標的分子やバイオマーカー探索へのアプローチを紹介したい。

### 4.2　プロテオーム解析と組織収集・検体管理

身体の大部分を構成するタンパク質は，細胞，組織の構造形成から，消化・吸収，代謝，情報の受容・伝達・制御といった生体のほぼ全ての機能を担っている。タンパク質の構造変化や機能異常は様々な疾患の発症・進展に深く関わり，疾患のバイオマーカーや治療薬標的のほとんどがタンパク質である。このため，タンパク質の量的変動を網羅的かつ正確に解析できれば，創薬標的分子やバイオマーカー探索において極めて有効である。また，タンパク質の機能，修飾構造の発見は，新しい制御系の存在を示唆することも多く，創薬標的分子の発見にも繋がると期待される。

我々は，国立循環器病研究センターで収集したDCMおよび大動脈瘤の疾患組織と対照正常組織を対象として，プロテオーム解析をはじめとした5種のオミックス解析を実施している。各解析について検体処理プロトコール（SOP：Standard Operating Procedure）を設定し，得られた組織より解析対象部位を病理医が迅速に選別し，決められた分割，薬剤処理，凍結・保管などを行う。DCMでは，約300項目の検査情報と病理情報，投薬情報などを収集している。解析データ

---

＊1　Hiroaki Yagi　国立循環器病研究センター研究所　分子薬理部　特任研究員
＊2　Mitsuhiro Nishigori　国立循環器病研究センター研究所　分子薬理部　特任研究員
＊3　Sayaka Muto　国立循環器病研究センター研究所　分子薬理部，同病院　臨床検査部　臨床病理科　特任研究員
＊4　Naoto Minamino　国立循環器病研究センター研究所　分子薬理部　部長

の信頼度を高めるためにはSOPに従った処理と記録，正確な臨床情報の蓄積が極めて重要で，これらの精度向上の積み重ねにより探索効率を上昇できると考えられる（図１）。

プロテオーム解析では，ショットガン解析法による比較定量解析を実施している。この解析法には，消化ペプチドの特定官能基に質量の異なる同位体標識試薬を反応させる標識法と，標識試薬を用いず質量分析のピーク強度を基準に比較定量する非標識法がある。今回の研究では，我々とともにプロテオーム解析を担当する国立がん研究センター・尾野らが開発した2DICALソフトウエア（三井情報）を用いる非標識法を採用している[1,2]。2DICAL法では，多検体の試料の反復測定が容易で，データ処理も簡便に実施できる。具体的には，２mg程度の組織を凍結粉砕後，トリプシン（あるいはLys-C併用）によりペプチドまで消化する。脱塩・濃縮後に超低流速の逆相液体クロマトグラフィーで分離し，質量分析計（AB Sciex TripleTOF 5600）で経時的に得られる質量電荷比（m/z）と保持時間，並行して実施するMS/MS解析の情報を収集する。全検体の

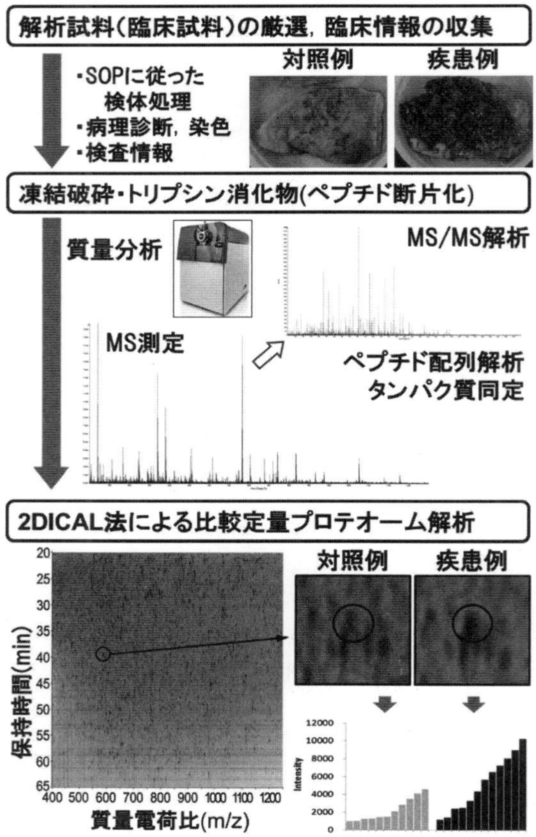


図１　試料・情報の収集とプロテオーム解析法
一定基準，方法に従い試料，情報を収集し，消化後，質量分析計と2DICALソフトウエアを用いたプロテオーム解析により比較解析を実施。ピーク強度は濃淡で示される。

解析情報を入手後，m/zと保持時間を用いてピークの重ね合わせ，MSピーク強度に基づくペプチド量の比較，MS/MS解析による構造解析を上記ソフトウエアにより行う（図１）。誤差減少のため同一試料を２回分析し，１回のMS解析のデータ量が約600 MB，疾患・対照各30例の2DICAL解析時のデータ総量が500 GB程度である。質量分析計の感度と精度，解析ソフトの向上が進み，現在では1,500～2,000のタンパク質の変動解析が実施できる。

### 4.3　多層的オミックス解析の必要性

プロテオーム解析技術は飛躍的に向上しているが，タンパク質には大きな濃度差があり，微量タンパク質は未だ解析ができない。このため，プロテオーム解析単独で発見された創薬標的分子は限定的で，疾患発症や病態形成に繋がる分子ネットワークの同定は困難である。この問題を克服するため，ゲノムワイドで網羅的解析が可能なエピゲノム解析，トランスクリプトーム解析，分子ネットワークとの関連付けが進むメタボローム解析を統合する多層的オミックス解析を実施し，利用価値の高い情報を入手する必要がある（図２）。

多層的オミックス解析の実施には多額の資金を必要とする上に，高感度な解析を多検体につい

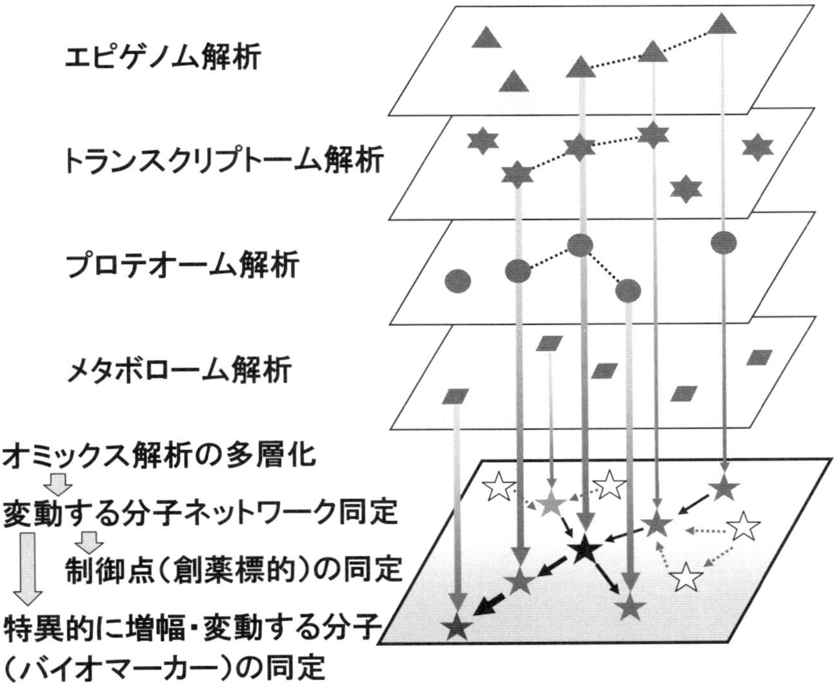


図２　多層のオミックス解析情報の集積

多層のオミックス解析情報を統合し，一貫して変動するタンパク質・遺伝子などを起点に疾患特異的に変動する分子ネットワークを同定する。

て実施できる研究機関と，疾患解析を継続してきた医療機関の参加が不可欠である。今回の研究では，医薬基盤研究所の資金提供，国立高度専門医療研究センター全6施設（組織収集と解析）の参加，メタボローム解析やエピゲノム解析を先端的に実施する慶應義塾大学先端生命科学研究所，国立医薬品食品衛生研究所，東京大学先端科学技術研究センターの参加により，優れた研究共同体を構築できたメリットが大きい。

### 4.3.1　エピゲノム解析

全ての試料について，DNAメチル化情報を解析，収集している。具体的には，Illumina社Infinium 450Kアレイを使用し，485,576プローブのデータ（データ量約300 MB）が得られる。遺伝子の転写調節領域を中心としたDNAメチル化は遺伝子発現の制御などに関わり，疾患のみならず生活習慣などにより引き起こされたDNAメチル化の変動や異常は細胞系譜で保持され，持続的に細胞機能を変化させるため，未発見の疾患原因が同定される可能性がある。

### 4.3.2　トランスクリプトーム解析

mRNA解析では，Agilent社のSurePrint G3 Human GE Microarray 8x60Kにて42,245プローブを用いて発現量の変動を測定している。一方，miRNAについても1,368プローブについて解析を実施している（データ量各約10 MB）。トランスクリプトーム解析は測定・解析法の確立が最も進んでおり，ゲノムワイドで網羅的に情報が得られ，定量確認が容易である。しかし，mRNAは容易に分解される（特に血管組織では不安定）ため，サンプル調製や比較解析には対象組織，細胞毎に検討が必要である。

### 4.3.3　メタボローム解析

本研究では，親水性物質にはキャピラリー電気泳動—質量分析計，疎水性物質には逆相HPLC—質量分析計，主要代謝物には組織をそのまま用いるNMR法の3種の手法を使用している[3,4]。イオン性代謝物では約2,200種，疎水性物質では約900種，NMR法では約280種の代謝物を同定・定量でき，その数も徐々に増加している（データ量の合計約2 GB，変換整理約2 MB）。

## 4.4　多層的オミックス解析に基づく創薬標的分子およびバイオマーカーの探索法

新しい創薬標的分子となるものは極めて限られ，医薬品開発への可能性を持つ創薬標的分子を得るには，徹底した探索に加えて絞り込みと検証を行う必要がある。単一の解析で変動するタンパク質や遺伝子では確実性が低いので，疾患に起因する分子ネットワークの活性化・抑制を総合的に捉え，その制御点となるタンパク質を同定する必要がある。そのため，エピゲノム，トランスクリプトーム，プロテオームの3種の解析における変動タンパク質・遺伝子の情報を統合して，一定方向に変動する分子ネットワークの同定を進めている（図2）。具体的には，ゲノムワイドの情報が容易に得られるトランスクリプトーム解析結果を基盤として，Gene Symbolによりプロテオーム，エピゲノム情報を重ね合わせ，量的変動と情報の流れが一致する分子ネットワークを同定する。複数のオミックス解析で一貫した変動が認められるタンパク質・遺伝子は，疾患において確実に変動すると判断でき，統合解析を実施する際の確実な変動点とできる。

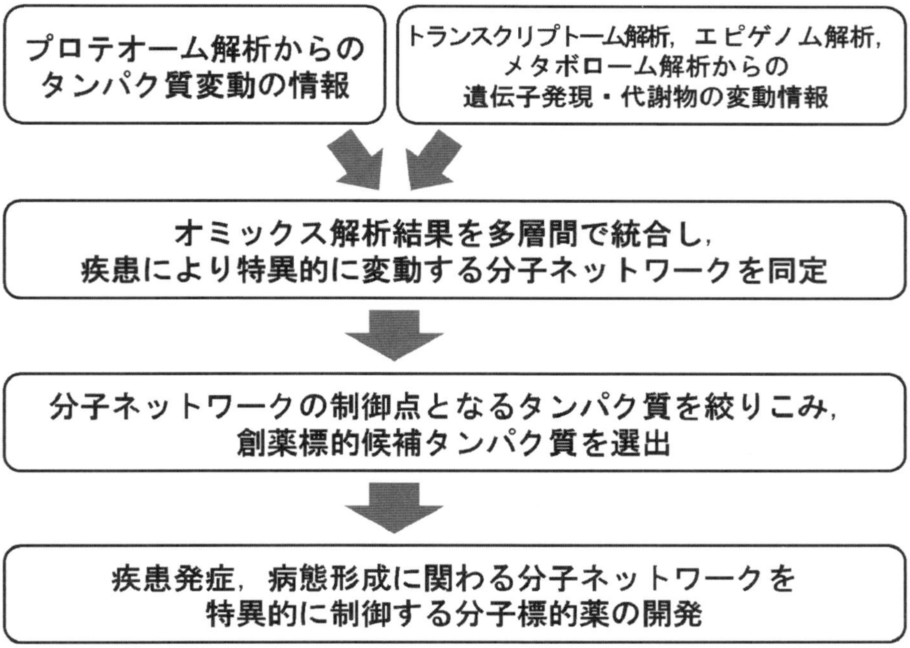
プロテオーム解析からの
タンパク質変動の情報
トランスクリプトーム解析，エピゲノム解析，
メタボローム解析からの
遺伝子発現・代謝物の変動情報
オミックス解析結果を多層間で統合し，
疾患により特異的に変動する分子ネットワークを同定
分子ネットワークの制御点となるタンパク質を絞りこみ，
創薬標的候補タンパク質を選出
疾患発症，病態形成に関わる分子ネットワークを
特異的に制御する分子標的薬の開発

図３　オミックス解析から分子標的薬開発に至る流れ
多層のオミックス解析より変動する分子ネットワークを同定，制御点となるタンパク質より創薬標的タンパク質を選出，当該タンパク質の機能を制御する分子標的薬を探索する。

現在，約1,500の分子ネットワークが登録されており，これを用いて疾患により一定の変動を示す分子ネットワークを抽出し，その制御点として機能するタンパク質（酵素，受容体，転写因子）を見出せれば，高い確率で創薬標的候補分子を選出できると考えている[5,6]（図３）。次に，これらの創薬標的タンパク質の疾患の発症，進展過程における量や活性の変動を定量的に評価し，機能の同定や確認を行い，過剰発現やノックダウン，活性化実験などにより，細胞機能を有効に調節できることを検証する必要がある。以上により，特定の分子ネットワークを制御する創薬標的分子の同定が可能となり，分子標的薬の開発へと展開できると考えられる。一方，変動する分子ネットワークの下流において量的変動が増幅されるタンパク質やmRNA，代謝物などは，疾患特異性の高いバイオマーカーとしての応用が期待される。特に細胞外に分泌・放出され，血中・尿中で追跡できるものは実用化の可能性が高く，重点的に検討する価値がある。

### 4.5　拡張型心筋症における多層的オミックス解析（進行中の実施例）

我々は国立循環器病研究センターで，DCMと大動脈瘤の多層的オミックス解析を実施している。循環器疾患では，がんに比してオミックス解析の実施例は遥かに少ない。DCMは難治性疾患で心移植以外の根治療法はなく，類似する肥大型心筋症の拡張相との鑑別も含めた診断法も未確立である。多層的オミックス解析により，疾患の発症原因や病態形成に至るタンパク質や遺伝子，分子ネットワークを特定し，創薬標的分子として創薬研究へ進みうるタンパク質の発見，DCMをはじめとした心疾患における重症度の評価や病型などの鑑別診断を可能とするバイオマーカーの同定を目指している。

### 4.5.1　トランスクリプトーム解析

トランスクリプトーム解析はゲノムワイドでの情報が得られるため，疾患の全体像を俯瞰しやすく，エピゲノム解析やプロテオーム解析などのオミックス解析間の相関を解析する橋渡しとしても重要で，多層的オミックス解析の第一選択肢と考えられる。DCMのトランスクリプトームデータの解析では，疾患群と対照群で明確なクラスターが形成され（図4），代表的な心不全マーカーであるANP，BNPは著増し，変動遺伝子のgene ontology解析から，筋収縮系やカルシウム制御系タンパク質の減少などが観測された。mRNAとタンパク質の変動が一致しない例も多いが，本疾患ではプロテオームとトランスクリプトームの解析データで同様のクラスターが形成され，相関する例も多く認められた（図4）。

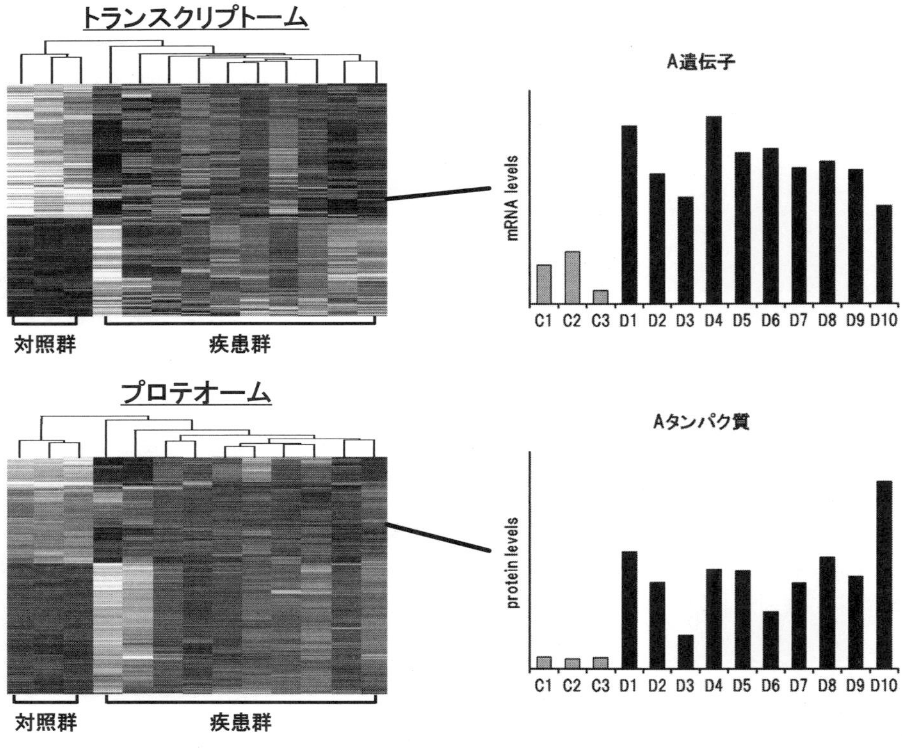


図4　DCMのトランスクリプトーム，プロテオーム解析データのクラスター解析
クラスター解析結果と，変動する遺伝子・タンパク質の実例を示す（疾患群：黒，対照群：グレー）。両者で相関した変動が認められた。

### 4.5.2　プロテオーム解析，メタボローム解析

プロテオーム解析，メタボローム解析のメリットは，生体機能を発現する担い手や物質であるタンパク質や代謝物を直接測定することで，疾患の実態を正確に把握可能な点にある。これらの解析では，主要代謝系に含まれる全タンパク質・代謝物の一斉検出は未だ困難であり，測定技術は発展途上といえる。しかし，質量分析計やデータ解析技術の進歩により，網羅性は確実に向上している。プロテオーム解析において代謝酵素の変動を追跡し，メタボローム解析結果と統合することにより，疾患組織における代謝変化を確実に同定できる。

DCM症例において，TCAサイクルのプロテオームとメタボロームの解析結果を比較・検証すると，関連するほとんどの酵素の発現量が有意に減少し（図5），メタボローム解析でも中間代謝物の減少が顕著であった。DCMでは心筋におけるエネルギー産生抑制が以前から報告されており[7,8]，両解析で観測されたタンパク質，代謝物の変動は組織の状態をよく反映すると考えられた。しかし，トランスクリプトーム解析ではmRNAの減少傾向は認められるが，有意に変動するものはほとんどなかった。mRNAの変動だけでは捉えきれない疾患組織の変化を，プロテオーム解析やメタボローム解析を加えた多層的オミックス解析で捉えることができたといえる。また，タンパク質の量的変動に加え，翻訳後修飾の変動も重要な制御因子である。リン酸化タンパク質の解析技術も発達したため，DCMについてはリン酸化プロテオーム解析も実施している。

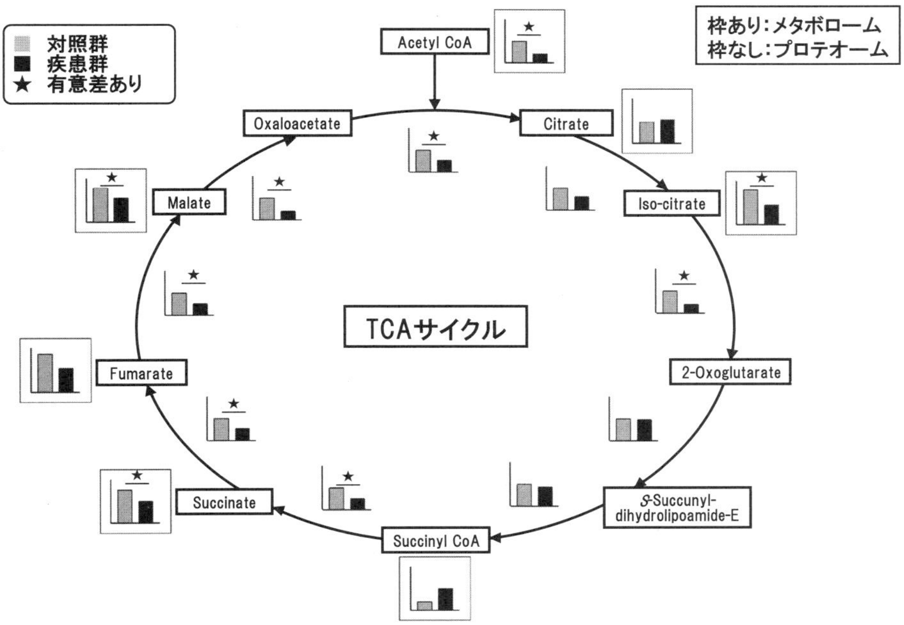


図5　DCMにおけるTCAサイクル上の代謝物，代謝酵素の変動
左心室組織におけるTCAサイクルの代謝物（枠あり）と，代表的な酵素（枠なし）の変動を示す。DCMではTCAサイクルの抑制が顕著である。

### 4.5.3 エピゲノム解析，ゲノム解析

エピゲノム解析で得られるDNAメチル化データは豊富である。がん領域では解析が盛んで，エピゲノム変異が疾患に関わる報告も多いが[9]，循環器疾患における報告は少なく，詳細な解析が待たれる分野である。

心臓における主なエネルギー産生源であるβ酸化について，関連遺伝子・タンパク質44種の多層的オミックス解析を試みた（図6）。プロテオーム解析では11種のタンパク質が同定され，その約半数は減少していた。トランスクリプトーム解析では，変動したmRNAは2種のみでいずれも減少し，プロテオーム解析結果と相関していた。その内の1つは，mRNA発現と転写領域付近のDNAメチル化変動との間にも相関が認められた。DNAメチル化亢進による酵素発現量の減少がβ酸化系のエネルギー産生を低下させ，疾患の発症や進展に繋がる可能性が示唆される。エピゲノム変化が循環器疾患を誘導することが証明できれば，診断や治療上の意義は大きい。

ゲノム領域においては，エクソンシークエンシングが頻繁に利用されるようになり，特にがん領域では疾患発症に関わるドライバー変異を同定し，創薬標的とする取り組みが進められている。発症原因が不明とされるDCMでも，遺伝子変異が疾患発症に関わる例も多いと推定される。また，創薬標的候補分子や診断用マーカー候補であるmRNAやタンパク質の遺伝子変異の有無を確認することは，他の要因を検討する上で不可欠で，本研究では実施していないエクソン配列解析

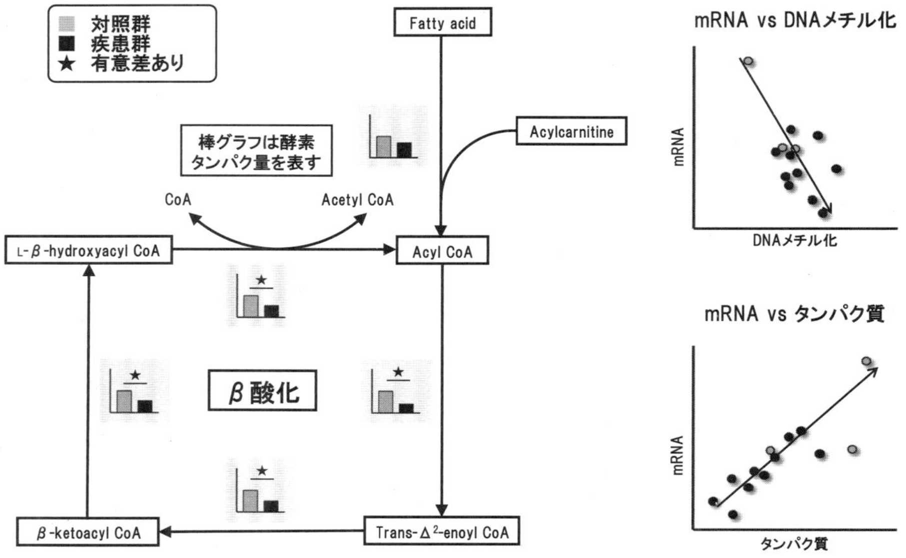


図6　DCMにおけるβ酸化系の多層的オミックス解析

プロテオーム解析で同定されたβ酸化関連タンパク質11種の内，代表的な酵素の変動を示す（左図）。その1つでは，3種のオミックス解析結果に相関が認められた（右図：DNAメチル化，mRNA，タンパク質の相関。疾患群：黒，対照群：グレー）。

も必要である。

### 4.6 まとめ

解析技術の急速な進展，解析経費の低減，そして有用性の証明などが一体となり，多層的オミックス解析の実施が世界的に提唱されている。多層的オミックス解析では大きなデータ量だけではなく，取り扱う情報の質の違いが大きな問題である。現状はまだ人手で情報を捏ね回しているに過ぎず，多種のオミックス情報を統合して解析できるインフォマティックスや探索法の開発が不可欠である。これらの問題点を認識しつつ，多層化したオミックス解析の有用性を理解いただければ幸いである。

最後に，多層的疾患オミックス解析研究の研究共同体の皆様，所属機関で研究に協力いただいている皆様に深く感謝申し上げたい。

## 文　献


1) M. Ono *et al.*, *Mol. Cell. Proteomics*, **5**, 1338 (2006)
2) M. Ono *et al.*, *J. Biol. Chem.*, **284**, 29041 (2009)
3) 有田誠ほか，実験医学，**30**，446 (2012)
4) T. Soga *et al.*, *Anal. Chem.*, **81**, 6165 (2009)
5) http://www.broadinstitute.org/gsea/msigdb/index.jsp
6) http://www.genome.jp/kegg-bin/show_pathway?hsa05414
7) K. Maekawa *et al.*, *J. Mol. Cell. Cardiol.*, **59**, 76 (2013)
8) K. Carvajal *et al.*, *Arch. Med. Res.*, **34**, 89 (2003)
9) T. Sato *et al.*, *Plos One*, **8**, e59444 (2013)

## 5　新規情報学的手法“BLSOM”を用いたインフルエンザウイルスゲノム配列の変化の方向性および危険株の予測法の開発

岩崎裕貴[*1]，池村淑道[*2]

### 5.1　はじめに

医学・医療分野のデータが益々大量化しており，インフルエンザのような世界規模で深刻な感染症を引き起こすウイルスの塩基配列は代表例の一つといえる。インフルエンザウイルスの進化速度は非常に速く，有効なワクチンの的確な予測が難しく，有効と思われている抗ウイルス剤が効力を失う例も多い。世界的な規模で多数のウイルス株が収集され，それらのゲノムが解読されている。ゲノム配列の変化を把握しながら，次に流行を開始するウイルス株に有効となるワクチンや抗ウイルス剤を製造・開発することが重要である。さらには，ヒトで流行を繰り返している季節性株だけでなく，トリやブタなどで流行している株類を解析しておくことも重要となる。これらの株に対しては，ヒトが抗体を持っていない可能性があり，ヒト集団で流行が起こると多大な被害をもたらす恐れが高い[1,2)]。これらの社会的な重要性から，既に大量なインフルエンザウイルスのゲノム配列がデータベースに収録されている。現時点ではビッグデータと呼べる規模ではないが，配列相同性検索を中心とした従来から用いられてきた情報解析法だけでは，この大量情報からの能率的な知識発見が困難になってきた。次世代シーケンサーの登場で，配列データの蓄積はさらに加速化する傾向にあり，近い将来にはビッグデータになると考えられる。本節では，ビッグデータ解析に適しているBLSOMを用いて，インフルエンザウイルスのゲノム配列をPCレベルの計算機で解析した例を紹介する。

インフルエンザウイルスの場合，その進化速度の速さから，ある時点の全データの解析で得られたモデルに基づく予測を１～２年内に検証できるという特徴や魅力がある。ウイルスの増殖は多くの宿主因子に依存しており，トリやブタなどの宿主で流行していた株がヒト集団内で流行するためには，ヒト細胞の様々な因子を効率的に利用することが有利と考えられる。従って，方向性のある変化を起こす可能性があり，この変化を蓄積した株がヒトでの大流行へとつながる可能性が高い。この可能性を検証した筆者らの研究を紹介する。

### 5.2　A型およびB型のインフルエンザウイルスゲノムの連続塩基組成に基づいたBLSOM解析

連続塩基組成（オリゴヌクレオチド組成）はgenome signatureと呼ばれることがあり，各生物種のゲノム配列を特徴付ける指標として用いられてきた。一括学習型自己組織化マップ（Batch-learning self-organizing map；BLSOM）は，連続塩基組成のような多次元データを解析し，大

---

＊1　Yuki Iwasaki　長浜バイオ大学　バイオサイエンス学部
コンピュータバイオサイエンス学科　学術振興会特別研究員PD
＊2　Toshimichi Ikemura　長浜バイオ大学　バイオサイエンス学部
コンピュータバイオサイエンス学科　客員教授

量多次元データからの能率的な知識発見を可能にする[3~9]。現在，国際塩基配列データベースには16,000株を越えるインフルエンザウイルスのゲノム配列が登録されているが，筆者らはこれらの多量な配列を対象に，ウイルスのgenome signatureを調べるために，連続塩基組成に基づいたBLSOM解析を行った[3~5]。インフルエンザウイルスのゲノムは８本のセグメントに分かれているが，ここではゲノムレベルでの特徴を知るために，８本のセグメントの連続塩基の個数を足し合わせた解析を行っている（勿論，ゲノムセグメントごとの解析も可能である）。

16,292株のＡおよびＢ型のインフルエンザウイルスのゲノム配列を対象に２～４連続塩基組成に基づいたBLSOM解析を行ったところ，計算過程で連続塩基組成しか与えていないのに，BLSOM上で宿主ごとに分離していた（２連および４連塩基組成の例，図１）。図１（Aii）および（Bii）では，ヒト由来株に注目し，異なった抗原性を示す亜型別に表示しているが，亜型ごとの明確な分離も見られる。1997年以降から散発的にヒトへの感染が報告されているH5N1や，2013年に中国で報告されているH7N9株については，ヒトから分離された株ではあるが，トリ株の領域に分布している。ヒトからヒトへの感染はほとんど見られておらず，感染元のトリ株の特徴のままである。一方，2009年にヒトで大流行（パンデミック）を引き起こした新型H1N1株（PDM/2009と略す）は，哺乳類（ヒト，ブタ，ウマなど）由来株の領域の近傍に分布していた。BLSOMマッ

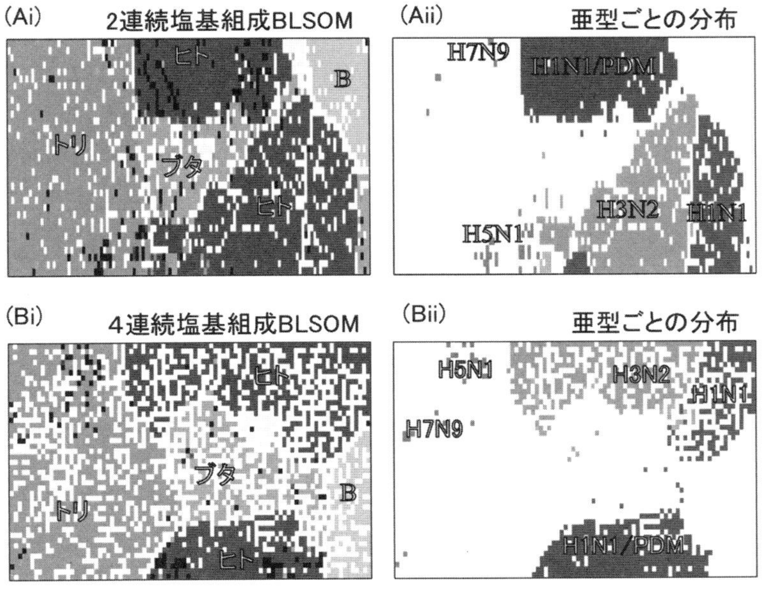


図１　連続塩基組成に基づいたBLSOM解析

（Ai）インフルエンザウイルス株を対象とした２連続塩基組成に基づいたBLSOM解析。（Aii）２連続塩基BLSOMにおけるヒト由来株の亜型ごとの分布。ヒト由来株のみを表示している。（Bi）インフルエンザウイルス株を対象とした４連続塩基組成に基づいたBLSOM解析。（Bii）４連続塩基BLSOMにおけるヒト由来株の亜型ごとの分布。ヒト由来株のみを表示している。

プ上でのこの位置は，後述するように，ヒト集団内での流行のし易さを反映している可能性が考えられる。

BLSOMの情報学的手法としての特徴や長所として，現時点で知られている全ウイルス株が一枚のマップ上で，連続塩基組成の類似度に基づいて分離しており，着目する株類（例えば宿主や亜型，流行年などに着目）と他の株類との相互関係を容易かつ的確に把握できる。言い換えれば，大量情報を俯瞰しながら能率的な知識発見が行える。BLSOMには多様で強力な可視化機能が備わっており，カテゴリー（この場合は宿主や亜型）ごとの分離に寄与している連続塩基モチーフも，容易に視覚的に特定できる。宿主ごとの差異には，ウイルスゲノムのGC％が大きく関係しており，ヒト由来株はトリ由来株と比較してAおよびUを好み，GおよびCを嫌うことが知られている[10)]。2～4連続塩基組成に基づいたBLSOMにおいて，AやUに富んだ連続塩基はヒト由来株で好まれ，GやCに富んだ連続塩基はトリ由来株で好まれる傾向が，明瞭に可視化できる[3,5)]。しかしながら本稿は白黒図であり，この可視化機能を用いた説明が困難であるので，得られた結論の例を図2の箱ひげ図で紹介する。それぞれの連続塩基について，2連および4連続塩基BLSOMの各々の格子点を頻度の高い順に−10から10までの21段階に分類し，それぞれの格子点に含まれ

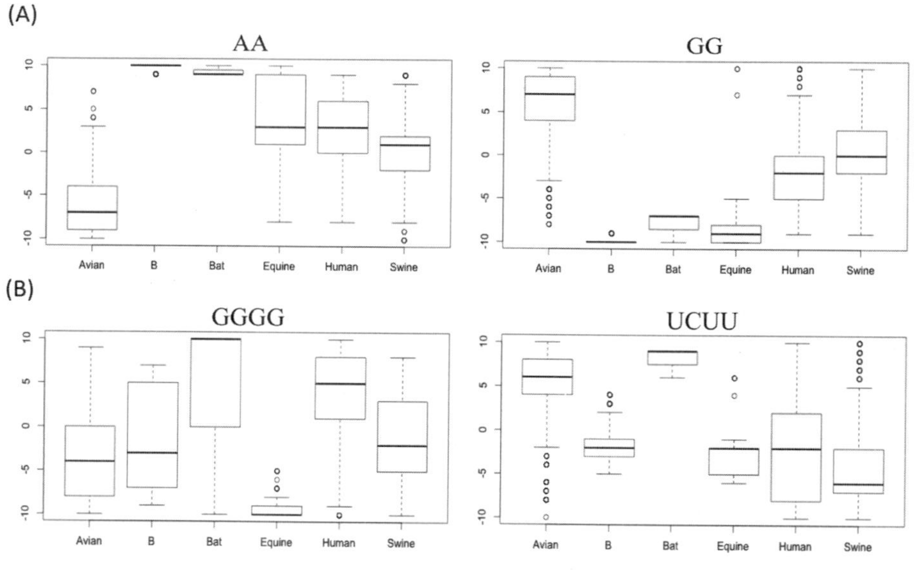


**図2　宿主ごとに特徴的な連続塩基モチーフ**

(A)宿主ごとに特徴的な2連続塩基モチーフ。図1(A)の2連続塩基BLSOMにおけるそれぞれの連続塩基モチーフの相対的頻度に基づいた分類で，それぞれのグループ（−10から10）に分類されたインフルエンザウイルス株の箱ひげ図。

(B)宿主ごとに特徴的な4連続塩基モチーフ。図1(B)の4連続塩基BLSOMにおけるそれぞれの連続塩基モチーフの相対的頻度に基づいた分類で，それぞれのグループ（−10から10）に分類されたインフルエンザウイルス株の箱ひげ図。

ているウイルスゲノム数を宿主ごとに箱ひげ図で表示した。2連続塩基組成に基づいたBLSOMでは，ヒトを含む哺乳動物に由来する株はトリ由来株と比較してAAを好みGGを嫌う傾向が明らかである（図2(A)）。ほとんどの3連や4連続塩基でも，このGC％を反映した傾向が見られるものの，興味深い例外も見出されている。例えば，4連続塩基のGGGG（図2(B)）およびGGCCは，GおよびCのみで構成されているにも関わらずヒト株で好まれる傾向にあり，UCUU（図2(B)）はUに富んでいるにも関わらずトリ株で好まれる傾向を持つ。1塩基組成のみでは説明できない特徴であり，これらの連続塩基モチーフの宿主適応における役割が興味深い。

### 5.3　インフルエンザウイルスゲノムの変化の方向性

筆者らは，2009年からヒトで大流行を起こした新型H1N1株（PDM/2009）を2～4連続塩基組成のBLSOMで詳細に解析する過程で，それらが流行初期に持っていたトリ株的な特徴を徐々に失い，ヒトの一般的な流行株の特徴へと近づく方向性のある経時的な変化を見出した[3~5]。この方向性のある変化は，1930年頃並びに1970年頃からヒトで流行を開始した季節性のH1N1並びにH3N2株においても観察された。ランダムな変異を起こしていると考えられるインフルエンザウイルスにおいても方向性のある変化が見出されたことは，将来に起きる変化についても，一定の範囲内では予測可能なことを示している[3~5]。

ヒト季節性株の方向性のある，上記の経時的な変化は図3で視覚的に示されている。ここでは，図1の4連続塩基BLSOMについて，ヒト由来株を薄い黒（灰色）で表示し，各々の期間に分離されたヒト由来のH1N1株（図3(A)）およびH3N2株（図3(B)）を，特に濃い黒色で区別している。H1N1株およびH3N2株は，流行初期ではトリ株の領域（主に左側の白色）の近くに分布しており，時間の経過とともに徐々に離れていくこと（右側へ移動）が見られた。PDM/2009株においても同様な傾向が見られたが，それについては原著論文を参照されたい[3~5]。もし，ヒトを宿主

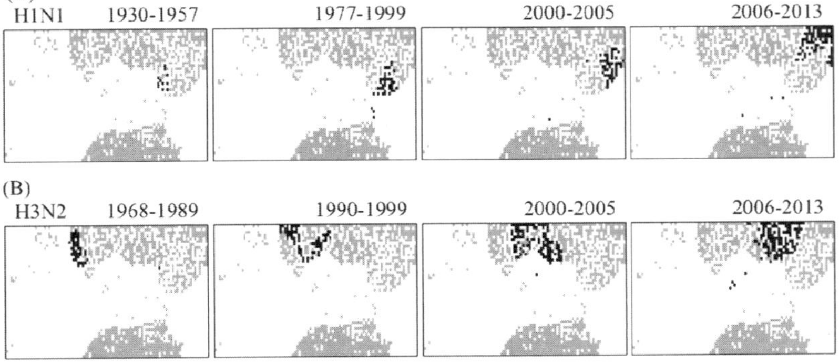


**図3　ヒト由来株の分離年代ごとの分布**

図1(B)の4連続塩基BLSOMについて，着目した年代に分離されたH1N1株(A)，およびH3N2株(B)の領域を着色した。

とする株類のゲノム変化に時系列的な方向性が存在せず，完全にランダムなものであった場合，各系統の株はマップ上で色々な方向に移動し，トリ由来株の領域内に入り込む可能性も考えられるが，3系統全てにおいてマップ上での移動方向に共通性が見られた。この方向性のある変化は以下の定量的な解析でも明らかである。

### 5.4　B型株との比較

A型株はトリを自然宿主としているが，ヒトをはじめとする様々な哺乳動物へ感染をして，そこでの流行を引き起こす。一方，B型株はヒト集団内のみで流行しており，現在知られているヒトA型株のどの系統よりも古くからヒトを宿主として流行している。B型株はヒト細胞内での増殖に十分に適合していると考えられ，事実，その連続塩基組成は他のA型株に比べてもトリ株からかけ離れている。図4では，年代別に分離されたヒトA型株の連続塩基組成とB型株の連続塩基組成とのユークリッド距離を図示した。ユークリッド距離は多次元空間内での距離を示し，連続塩基組成の違いが大きくなるにつれて，その距離の値が大きくなる。図4(A)ではH1N1株を1930年から1957年まで流行していたSpain株と，1977年以降に流行を開始したSoviet株に分けている。Spain株，Soviet株，H3N2株（図4(B)）について，距離と分離年代間の相関係数（r）を計算す

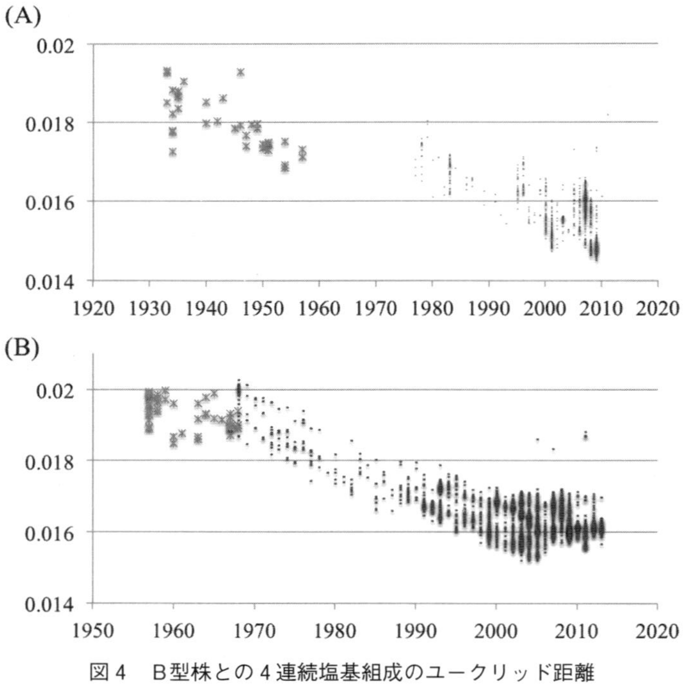


図4　B型株との4連続塩基組成のユークリッド距離

季節性のヒト由来株の各株とB型株のベクトルの平均値との間のユークリッド距離を，各A株の分離年代ごとにプロットした。(A)Spain株：(×)，Soviet株：(−)，(B)H2N2株：(×)，H3N2株：(−)。

ると，Spain株では−0.72，Soviet株では−0.57，H3N2株では−0.74であり，全ての系統において負の相関が見られた。すなわち，ヒトから分離されたＡ型株の連続塩基組成は，Ｂ型株の組成に近づくように経時的に変化している。宿主に依存したゲノム変化の方向性が示されたことから，連続塩基組成を基にした変化予測が可能と考えられる。PDM/2009株の解析からは，他の宿主（ブタ）からヒト集団へと新たに侵入した際に，方向性のある変化が半年程度でも明瞭に観察でき[3]，同方向の変化が１年後並びに２年後にも観察されている[4,5]。

## ５．５　危険株の予測

トリやブタで流行している株類の解析は，ヒトで新規な流行を引き起こす可能性の高い危険株の予測に重要となる。ウイルスゲノムの連続塩基組成が宿主ごとに明確に異なり，他の宿主からヒトへと侵入した後に方向性のある変化をすることは，宿主ごとの増殖のし易さに連続塩基組成が関係していることを示す。危険株の予測において重要となる視点は，他の宿主からヒトへの感染が起きた場合に，ヒト・ヒト間での感染を起こし易い株とそうでない株の差異の予測である。ヒト・ヒト感染のし易さに関して，生化学的な実験で得られているタンパク質のアミノ酸配列レベルの知見が重要なことは明らかであるが，筆者らは，ヒト・ヒト間での流行に有利（あるいは不利）となる連続塩基組成が存在する可能性を想定した解析法を開発している[3~5]。

具体的には，流行初期のヒト株（ここでは1957年に分離されたH2N2株，1968年に分離されたH3N2株，2009年４月に分離されたPDM/2009株を使用）とトリ株の全体を比較して，明確に頻度が異なる連続塩基を「ヒト集団内で流行を開始するために有利または不利となる連続塩基モチーフの候補」とした（表１）。また，それぞれの連続塩基モチーフについて，頻度が流行初期の３系統の中で最もトリ株に近い値を「ヒト集団内で流行するための最低ライン」と仮定した。次に，現在知られている全トリ株の各々について，頻度が「最低ライン」に達している連続塩基の数をカウントした（表２のPoint)。表２では，「最低ライン」に達している連続塩基の数が９以上の株を記載している。トリH1N1株およびH3N2株でPointが高いことが見られた（表２の*斜体*）が，これらの大半はブタやヒトで流行していた株が，トリに感染したものであり，当然の結果といえる。興味深いことに，ヒト集団内での感染が報告されていない亜型の株も見られている（H3N8，H4N2，H5N2，H6N2。表２の**太字**)。危険株の候補と考えている。一方で，過去にヒトへと感染したがヒト間での有意な感染を起こしていない高病原性株H5N1およびH7N9株は，上記の株より

表１　流行初期のヒト由来株で特徴的な４連続塩基

| | |
|---|---|
| High | AAGU, ACUA, ACUU, AUGA, AUUA, AUUU, CUAA, CUUU, GCCG, GGCC, UAAG, UAUC, UCAU, UUAA, UUAU |
| Low | ACCG, ACGC, AUCU, CUCA, CUGA, GAGC, GAGG, GAUC, GCAG, GCUG, GGAG |

High：トリ由来株と比較して，流行初期のヒト株で頻度が高い４連続塩基で，有利となるモチーフの候補。
Low：トリ由来株と比較して，流行初期のヒト株で頻度が低い４連続塩基で，不利となるモチーフの候補。

表2　推定したヒト集団内での流行リスク

| Point | Sero | Year | Strain |
|---|---|---|---|
| *18* | *H1N1* | *2009* | *A/turkey/Ontario/FAV110* |
| *18* | *H1N1* | *1988* | *A/turkey/NC/19762* |
| *18* | *H1N1* | *1988* | *A/turkey/NC/17026* |
| *17* | *H1N1* | *2009* | *A/turkey/Ontario/FAV114-17* |
| *17* | *H1N1* | *1992* | *A/turkey/IA/21089-3* |
| *17* | *H1N1* | *1991* | *A/chicken/PA/35154* |
| *15* | *H1N1* | *1980* | *A/turkey/Kansas/4880* |
| **14** | **H4N2** | **2006** | **A/pekin duck/California/P30** |
| *11* | *H1N2* | *2001* | *A/duck/NC/91347* |
| **10** | **H3N8** | **2007** | **A/cinnamon teal/California/44287-325** |
| **10** | **H3N8** | **1987** | **A/duck/LA/17 G** |
| *10* | *H3N2* | *2011* | *A/turkey/Ontario/FAV-9* |
| *10* | *H3N2* | *2011* | *A/turkey/Ontario/FAV-10* |
| **9** | **H6N2** | **2004** | **A/chicken/CA/S0403106** |
| **9** | **H6N2** | **2002** | **A/wild duck/Shantou/867** |
| **9** | **H5N2** | **2012** | **A/chicken/Taiwan/A1997** |
| **9** | **H5N2** | **2002** | **A/chicken/Guatemala/194573** |

ヒトへの感染が確認されている亜型の株を*斜体*で，報告されていない亜型の株を**太字**で表している。従って，**太字**で表しているのが危険株の候補である。

もPointが低かった（最もPointが高い株で，それぞれ５）。

この手法は現在も開発段階であり，表１に記載した４連続塩基が最適な指標と考えているわけではないが，近い将来に配列情報がビッグデータ化すればさらに確実な指標が得られると予想している。インフルエンザの流行が引き起こす社会の影響を考えると，多面的な研究が重要となる。近未来に関しての予測を行い，１～２年内に検証をすることで，予測精度の向上が期待できる。これらの研究で得られた知見は，ウイルス増殖の宿主依存の機構，宿主の持つ抗ウイルス機構やそれからのウイルスの回避機構などの解明にも貢献でき，新薬の開発にも知識提供が行える。BLSOMは100万件を超えるデータにも使用できるので，インフルエンザだけでなく全ウイルスを一括して解析することも可能であり[3)]，ビッグデータの時代を迎えた医学・医療分野に新規性の高い解析手法を提供している。BLSOMの原理や広範な応用例については，本書の阿部らの節を参照されたい。

## 文　献


1) M. I. Nelson *et al.*, *Nat. Rev. Genet.*, **8**, 196 (2007)
2) D. Liu *et al.*, *Lancet*, **381**, 1926 (2013)
3) Y. Iwasaki *et al.*, *DNA Res.*, **18**, 125 (2011)
4) Y. Iwasaki *et al.*, *BMC Infec. Dis.*, **21**, 386 (2013)
5) Y. Iwasaki *et al.*, *Microorganisms*, **1**, 137 (2013)
6) S. Kanaya *et al.*, *Gene*, **276**, 89 (2001)
7) T. Abe *et al.*, *Genome Res.*, **13**, 693 (2003)
8) T. Abe *et al.*, *Journal of the Earth Simulator*, **6**, 17 (2006)
9) T. Abe *et al.*, *Gene*, **365**, 27 (2006)
10) R. Rabadan *et al.*, *J. Virol.*, **80**, 11887 (2006)

# 6　オミックス医療とシステム分子医学

田中　博*

## 6.1　はじめに

近年，次世代シーケンサをはじめハイスループットな測定技術の発展は著しく，個々の患者の病態に関して，ゲノム・オミックスなど膨大な網羅的分子情報を臨床の現場においても短時間に収集することが可能になりつつある。ゲノムのシーケンス技術に関しては，いまや30倍以上の深さ（カバー率）で数時間かつ10万円以下のコストで１ゲノム当たりの配列解読が可能な時代になってきた。臨床医学において，疾患ゲノム・オミックス情報などのビッグデータの利用時代が始まったといえる。問題はこれらの膨大なゲノム・オミックス情報をいかに解析・処理して臨床医学的な真に意味のある結論を引き出すか，方法的な挑戦である。これについては，「疾患科学におけるビッグデータ解析」という観点から新たな学問分野が最近出現しつつあり，国際会議も開催されている。本節は，著しくビッグデータ化しつつある疾患分子科学において，データサイエンスの発展としてゲノム・オミックス情報の臨床的な解析アプローチの発展の現状，来るべき臨床データ解析の総合的なパラダイムとして期待されている「システム分子医学」について述べたい。

## 6.2　疾患ゲノム・オミックス情報に基づく医療

### 6.2.1　ゲノム・オミックス医療の３つの主要なアプローチ

網羅的分子情報を用いた臨床医学の基本的なパラダイムとして，３つのプラットフォームが現在存在している。それは，以下である。

①**ゲノム医療**：生得的ゲノムの持つ疾患関連情報に基づく医療

②**オミックス医療**：体細胞ゲノム／オミックスの病態情報に基づく医療

③**システム分子医学**：分子ネットワークの病態情報に基づく医療

「ゲノム医療」の概念はゲノム科学の発展とともに最初の医学応用として出現した。疾患原因遺伝子の家族調査によるリンケージ解析による同定から始まり，さらに疾患感受性遺伝子の多型性（主には一塩基多型SNP）の認識が加わって，これら患者の生得的ゲノムの個別性に基づいて，疾患発症リスクを判定する。「オーダメイド医療」「テーラメイド医療」と呼ばれる医療である。

「オミックス医療」は，2000年前後から現れ，DNAマイクロアレイやTOF型質量分析器などの疾患領域，臨床医学への応用として始まり，疾患のon-goingな進行状況を網羅的分子情報のプロファイル（網羅的分子表現型あるいは網羅的分子像）として表すもので，特にDNAマイクロアレイによる遺伝子発現プロファイルは，例えば液性がんや乳がんなどの疾患分類を根底から変革して「intrinsicな疾患亜分類」をもたらし，特に乳がんでは遺伝子発現プロファイルを調べることは内因的な診断，分子標的抗体医薬などの適応の可否，予後判定に不可欠な手段として，画期的な変化をもたらした。

---

*　Hiroshi Tanaka　東京医科歯科大学　難治疾患研究所　生命情報学　教授

生命科学において2000年頃に提唱されたシステム生物学が成功を納めつつあることに触発されて，その疾患領域への応用がここ数年進展してきた。これが，「システム分子医学」と呼ばれる網羅的分子医学のパラダイムである。特にがんへの適応はcancer systems biologyとして普及し，普遍化された医学のパラダイムとして今後発展が期待される。

**表1　ゲノム・オミックス医療の3つのアプローチ[1,2]**

**(1)（生得的）ゲノム医療**：生得的ゲノムの持つ疾患関連情報に基づく医療

患者個人の生得なゲノム（生殖細胞系列ゲノム）における変異や多型性に基づく医療。患者遺伝素因による個別化医療。患者の全細胞で生涯不変な遺伝型変化。第一世代的網羅的分子医学。

全ゲノムシーケンス，エキソームシーケンス，あるいはSNPチップを用いて測定した生得的ゲノムにおける先天的変異（一塩基変異，欠失／挿入（indel），フレームシフト，生得的なコピー数異常，遺伝子融合など）あるいは先天的ゲノム多型性（マイクロサテライトやSNPなど）に基づいて，疾患発症リスクを評価・予測し，治療可能性（actionable）な方法を探索する。

臨床医学への応用

①家族調査に基づいたリンケージ解析による疾患原因遺伝子の探索

1980年代より始まり，当時僅かなゲノムマーカを頼りにハンチントン病，デュシャンヌ型筋ジストロフィーなどの神経筋遺伝疾患の原因遺伝子を同定した。しかし原因遺伝子が分かっても治療法がないのが大半である。

②全ゲノムにわたる大規模患者／対照関連分析

近年はGWAS（genome-wide association study）と呼ばれ，糖尿病や高血圧など「ありふれた病気」の発症リスクを高める一塩基多型性を探索している。しかし，大半は相対リスクが1.1から1.5ぐらいで効果サイズは低い。

③薬理ゲノム学

薬剤の代謝酵素の多型性あるいは薬剤の作用機序における変異を基礎に薬剤の効果や副作用を予測し，薬剤の個別化投与を実現する。ゲノム医療としては一番成功している。後述するVanderbuilt大学病院は臨床実践している。

**(2)（体細胞）オミックス医療**：体細胞ゲノム／オミックス病態情報に基づく医療

患者個人の特定の体細胞におけるゲノムの後天的変異あるいは疾患罹患によるオミックス情報の変化に基づく医療。疾患個性に基づく個別化医療。疾患罹患組織において罹患時のみ表れる分子的表現型の変化。

がんなど特定の組織の体細胞ゲノムの後天的変異や遺伝子発現プロファイル，プロテオーム，メタボロームなど（狭義の）オミックスの変化。後天的に特定の疾患罹患組織にのみ現れ疾病の進行とともに変化する。疾患・病態の発症・進行・予後の予測に使用できる。第二世代的網羅的分子医学。

臨床医学への応用

①疾患早期発見・予後予測バイオマーカ

DNAマイクロアレイによる遺伝子発現プロファイルや血清プロテオームなど疾患オミックス・プロファイルに基づく複数型バイオマーカの探索。特に乳がんの内因的な治療法選択・予後予測など先制医療・予測医療に著明な成果。

②罹患疾患の個性に基づく薬剤感受性の判定

抗がん剤の感受性などを疾患オミックス・プロファイルから判定。

**(3) システム分子医学**：分子ネットワークの病態変化に基づく医療

患者特異的な分子ネットワーク／パスウェイの調節不全（「歪み」）を疾患の基底とする医療。生得的な遺伝的変異や後天的なゲノム・オミックス病態変化，さらに環境要因の影響など，分子ネットワークの病態変化をもたらす多くの疾患関連因子が総合的に取り扱えるパラダイム。第三世代的網羅的分子医学。詳細は本文で記載。

これらの網羅的分子医学のパラダイムはその医学応用として現れた時間的順序を考慮して，ゲノム医療は第一世代，オミックス医療は第二世代，システム分子医学（システム医学と呼ぶ研究者も多い）は第三世代の網羅的分子医学と呼ぶ場合も多い。しかし，「ゲノム医療」も次世代シーケンサの出現によって，病因未知の遺伝病を臨床の現場で全ゲノムシーケンス解析し原因遺伝子を探索するclinical sequencingなどが広がりつつあり，引き続き発展している。また，「オミックス医療」も次世代シーケンサの発展とともに，RNA-seq（遺伝子発現mRNAのシーケンサによる直接測定）の発展により「デジタル・オミックス医療」として新しい展開を見せつつある。したがって，上記の3つのパラダイム違いは，疾患ゲノム・オミックス情報というビッグデータを臨床実践に応用する時の利用法・アプローチにおける大きな区別と考えるべきである。すでに著者は様々な機会でこの区別の医療を記載しているので[1,2]，ここでは簡単に表1にまとめ，これを前提として以下の論述を始めたい。

### 6.2.2　臨床実践におけるゲノム・オミックス医療の最近の展開

冒頭にも述べたように近年のハイスループットなゲノム・オミックス情報の測定技術の進展は，ゲノム・オミックス情報の臨床実践を促進しつつある。ここでは，米国で現在進行しているいくつかの臨床実践例を紹介しよう。

#### ⑴　全ゲノムシーケンシング（WGS）あるいはexome sequence（WES）による疾患原因遺伝子の臨床現場での決定

次世代シーケンサの近年の急速な進歩は，臨床実践の現場に次世代シーケンサが装備される段階にまで至りつつある。米国では，研究用ではなく実際の臨床実践に使用するために，次世代シーケンサを配備した病院は数百に上る。ここでいくつかの例を述べよう。

**①Wisconsin医療センターでの先駆的ゲノムシーケンシング**

臨床ゲノムシーケンシングの最初の適応症例は，2010年の3歳の男児である。原因不明の腸疾患で，2才の頃から腸のいたるところに潰瘍が発生し，約130回の外科的切除手術を行ったが，再発を繰り返すのみであった。病院は全エキソンの配列シークエンシングを臨床的に初めて試み，男児のゲノム上に16000個の変異を見出したが，これらのDNA配列異常を既存のデータベースに照合して慎重に分析したところ，1か所，XIAP（X連鎖型アポトーシス阻害タンパク質）の203番目の塩基，TGT（システイン）がTAT（チロシン）への変異は，これまでこの変異に起因する疾患の記載がどのデータベースにも報告されていなかった。このタンパク質の本来の機能は，アポトーシス阻害であるが，同時に免疫系が腸を攻撃する自己免疫を抑止する働きも持っている。このため男児の疾患の原因はこのタンパク質の変異による自己免疫抑制の機能喪失として，免疫系を入れ替えるために臍帯血による骨髄移植を実施（2010年6月）した。現在は，普通の男子と変わらぬ健康な生活を送っている。この変異は過去の全てのヒトゲノム配列において見出されていなかっただけでなく，ショウジョウバエからチンパンジーに至る生物種の変異としても登録されていなかった。

**②Mayo Clinicにおける全ゲノムシーケンシングによる難病治療**

米国Mayo Clinicは，患者に全ゲノム配列解析（WGS）あるいはエキソーム配列解析を適応して，10万人患者のゲノム配列データベースの構築を目指している。Mayo Clinic は，NIHが推進するeMERGE計画でプロジェクトの全米拠点の１つとして選ばれている[3)]。eMERGE計画は，Electronic Medical Records and Genomeという意味で，ゲノム・オミックス情報の臨床応用を目指した全米プロジェクトである。ゲノム・オミックス情報が情報量も精度も上昇していくのに対して，患者の症状や臨床検査値など電子カルテ（EMR：electronic medical record）に記載される臨床表現型は，明確な記載形式も整備されておらず，いまでは曖昧な記述しか存在しない。そこでこの計画ではまず分子情報と対応できる精度と情報量の「臨床表現型情報」の記載形式を確立することが目指された。計画は，phase I（2007-11）とphase II（2011-15）に分かれ，phase Iでは遺伝子変異と臨床表現型の記載形式の確立を目指し，電子カルテの記載から知識発見やデータマイニングを行うことが目標とされた。phase IIは，臨床実践で使用される電子カルテに一定の形式を整えたゲノム・オミックス情報を導入するプロジェクトで「ゲノム電子カルテ」を臨床実践で稼働することを目標としている。目標はこれらの臨床情報と分子情報を融合した新たな分子医学を実践することである。

さてMayo Clinicでは，患者の全ゲノムやエキソームの配列結果は通常の臨床医療においては，直接には利用しない。ただ，原因不明の遺伝病あるいは難治性がんの場合，病院内の「個人化医療センター（Center for Individualized Medicine）」に委託して，ゲノムシーケンスの結果から，疾患の原因となる配列変異を探索する。すでに，難治性の胆管がんにおいてこれまで報告のなかった患者固有の変異を発見し，それに対する分子標的薬を使用して治療している。また，原因不明の遺伝病に関して原因遺伝子の変異を臨床現場で探索しており，その試みを彼らは「診断オデッセイ」と称している。

**(2)　Vanderbuilt大学病院における薬剤多型性を考慮したゲノム電子カルテ**

Vanderbuilt大学病院では「ゲノム電子カルテ」計画の全米初のプロジェクトとして，薬剤多型性に基づいた個別化薬剤投与のゲノム医療を実践している。この計画は，PREDICT計画（Pharmacogenomic Resource for Enhanced Decisions in Care and Treatment）と呼ばれ2010年より計画され実施している[4,5)]。薬の不適切な使用による副作用・医療事故は，Vanderbuilt大学病院の統計では，5.3%の患者が薬剤副作用により入院していることからも明らかである。米国のFDAは，現在200以上の薬剤に遺伝型テストの必要性を指定している。そのうち４つは薬剤に対する関連分子の遺伝型を検査することを義務的としている（３つは抗がん剤)。Vanderbuilt大学病院では，184の遺伝型を血液から決定しており，34の薬剤の吸収・消化・代謝・排出（ADME）に関係した多型性を調べるSNPチップを用いている（表２）。

ゲノム・オミックス医療においては，臨床医師が診療中にゲノム情報を参照することは限界がある。ゲノム情報そのものでなくそれを解釈した所見を電子カルテに格納して，ゲノム情報に基づく診断支援システムを構築することが必要と考えられる。PREDICT計画はその実現例といえる。例えば血小板凝集抑制薬クロピドグレル（clopidgrel商品名プラビックス）のCYP２C19多型による薬理ゲノム学による警告が最初に実践された。

患者の多型情報は，電子カルテ・データベースとは分離して格納され，患者および医療従事からはアクセスできない。クロピドグレルは抗血小板剤で，脳梗塞や心筋梗塞の冠動脈を広げるためのステント留置施術後のステント血栓症などの抑止に使われるが，代謝酵素CYP２C19の多型性により薬効が異なる。クロピドグレルが効かない多型の場合（遺伝型アレルとして*2，*3が含まれる場合）は血栓症を起こす可能性が高い。

代謝機能の機能喪失アレイが見出されたらプラスグレルなど他の薬剤を推奨する。2011年３月から2012年２月まで，3312人の患者がゲノム検査を受けて707人がCYP２C19の治療可能な遺伝型で，そのうち149人が再狭窄予防の薬剤溶出ステント留置術を受けた。131人が薬剤変更の電子カルテからの助言を受けて48人に対して医師が薬剤変更した（図１）。

表２　Vanderbuilt大学病院で測定されている34種類のADME遺伝子

| | | | | |
|---|---|---|---|---|
| ABCB1 | CYP2C19 | DPYD | SLC22A1 | TPMT |
| ABCC2 | CYP2C8 | GSTM1 | SLC22A2 | UGT1A1 |
| ABCG2 | CYP2C9 | GSTP1 | SLC22A6 | UGT2B15 |
| CYP1A1 | CYP2D6 | GSTT1 | SLCO1B1 | UGT2B17 |
| CYP1A2 | CYP2E1 | NAT1 | SLCO1B3 | UGT2B7 |
| CYP2A6 | CYP3A4 | NAT2 | SLCO2B1 | VKORC1 |
| CYP2B6 | CYP3A5 | SLC15A2 | SULT1A1 | |

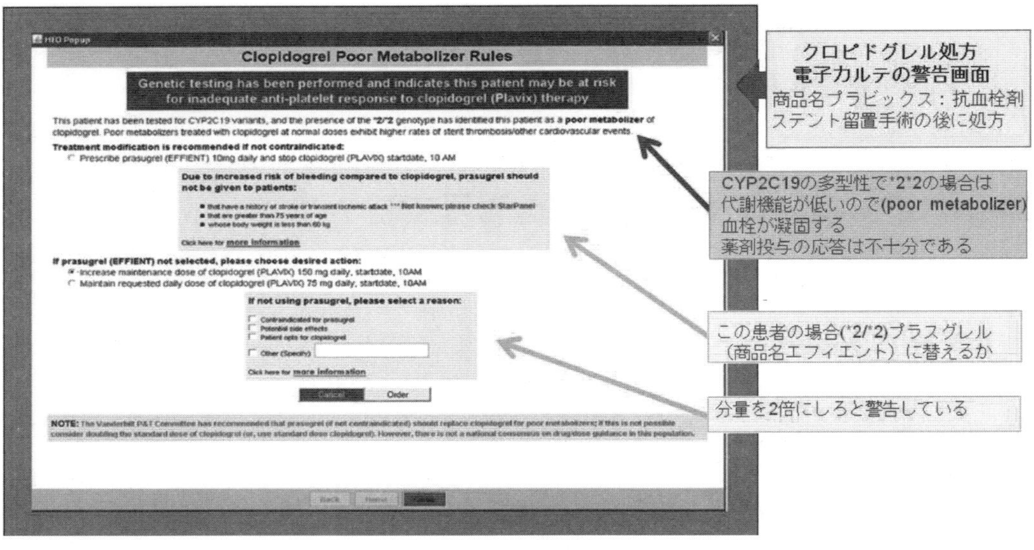


図１　薬剤代謝酵素多型性のゲノム医療実践（Vanderbuilt大学病院）
電子カルテの画面，医師の処方オーダ時に警告提示[3)]

## 6.3　システム分子医学

### 6.3.1　疾患を「分子ネットワークの歪み」として理解するシステム分子医学

網羅的なオミックス情報を直接用いるオミックス医療は現在もその有効性を示しつつあるが，さらに深化した網羅的分子情報に基づく医療として，疾患の基底を「分子ネットワークの歪み」と認識する網羅的分子医学が出現してきた。これは第一世代のゲノム医療，第二世代のオミックス医療をある意味で総合し，分子ネットワーク病態を基礎に再構築したもので，最も新しくしかも論理性の高い最新の世代の網羅的分子医学である。

システム分子医学の基盤をなす考え方は，「希少な遺伝病を除き大半の疾患は，少数の遺伝子やタンパク質の変異や異常から発症するのではなく，多数の遺伝子やタンパク質の変異や異常が相互作用して形成された『分子パスウェイやネットワークの調節不全（dysregulation）や歪み（distortion）』が基礎となって発症・進行する」とする考え方である。すなわち，個々の遺伝子の分子的変異やタンパク質の異常そのものが直接的に病態を形成するではなく，それらが相互作用して形成する「細胞分子ネットワークレベルにおける調節不全や歪み」こそが，疾患を起こし形作る「基底」であるという認識である。これは，「生命をシステムとして理解する」生命科学分野でのシステムバイオロジーの概念を，医学・疾患領域に拡張したものとも考えられ，「疾患をシステムとして理解する」見方といえよう。

このような考え方が生まれた背景には，細胞内シグナル伝達系や遺伝子発現調節ネットワークの研究が1990年代から急速に進展して，疾患罹患時のこれら分子ネットワークの変容についても多くのことが明らかになりつつあるからである。疾患の「分子ネットワーク論」的理解という方法的基盤の上に立って初めて，疾患オミックス情報から患者病態に特異的（patient-specific）な「分子ネットワークの歪み」を同定し，その認識に基づいて個々の患者に対する個別化医療，予測医療，先制医療，そして至適治療を実現することが可能になろう（図２）。分子的でかつ合理的な新しい医療の始まりである。

### 6.3.2　オミックス医療とシステム分子医学における網羅的分子情報というビッグデータの利用法の違い

オミックス医療では，患者の病態に関して，体細胞ゲノム変異，罹患組織の遺伝子発現プロファイル（トランスクリプトーム），疾患プロテオーム，メタボロームなど膨大なオミックスデータを収集し，発症や再発などの臨床的な転帰（outcome）に結び付けて患者対照（patient-control）比較を通して解析し，予後や治療効果を予測する複数バイオマーカを同定する。この時，「データのみに依拠する方法（data-oriented approach）」，すなわち大規模統計解析やデータマイニング手法によって，経験的帰納学習を行う。患者の網羅的分子データの時限数は数百万に及ぶが，患者対照解析に用いれる患者数はせいぜい数百例（最近のGWASでは数千例もある）である。遺伝子などの変量数pと個体数nの間にn＜＜pの関係があり，変数間相関は高くその冗長性は大きい。そのため，データのみに依拠する方法（data-oriented approach）単独では，データへのオーバーフィッティング（過適応）に陥りやすく誤った結論に導かれる可能性がある。実際，卵巣がん

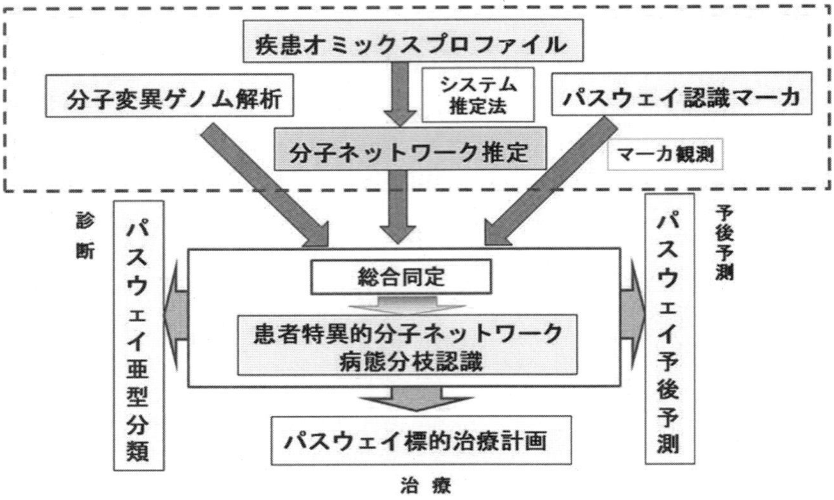


図2　システム分子医学の診断・治療・予後戦略

の疾患プロテオーム解析では有名学術誌に収集データに過適応した誤った結果が掲載された。

システム分子医学のパラダイムは，このようなことを防ぐために，膨大なオミックス情報を直接，データ指向的方法のみで解析するのではなく，細胞分子ネットワークという既存の固有知識による枠組み（拘束条件）を用意し，そこへと疾患オミックス・プロファイルデータを逆投影し，その枠組みの中で，患者特異的な分子ネットワークの「歪み」を推測する。「知識」と「データ」の融合が良好に使用されている。

### 6.3.3　システム分子医学におけるデータ解析の例

システム分子医学の目標は「患者特異的な細胞分子ネットワークの歪んだ構造変化を同定し，これを基礎に診断・治療・予後を組み立てる」ことにある。そのためには実際の臨床の場で「臨床実践レベルで実現可能な分子ネットワーク歪構造の同定」が必要である。著者らは，総合的なオミックス情報を利用したシステム分子医学戦略として以下の戦略を考えている。

#### ⑴　患者特異的分子ネットワークの同定戦略

①多数あるゲノム・オミックス情報の中で「遺伝子発現プロファイル」を，主要な疾患オミックス情報として選び，これに分子ネットワーク推定アルゴリズムを適応して分子ネットワークの大枠・主要歪構造を決定する。

②Clinical sequencingより遺伝子・ゲノム変異の情報を取得し，またリン酸化タンパク質抗体などのパスウェイバイオマーカを総合的に利用して①で推定した分子ネットワークの大枠に対してネットワーク分枝の活動について詳細を決定する。

#### ⑵　上記戦略の問題点と解決方法

ただ，問題点は，「患者特異的な分子ネットワーク」の同定の場合，患者集団の疾患オミックス情報は使用できずあくまでも患者個別の遺伝子発現プロファイルしか利用できない。１例だけではネットワーク推定アルゴリズムは使えない。これに対する解決法は，患者の遺伝子発現プロファイルと類似のパターンを示す患者集合での疾患オミックス情報（患者類似オミックス・クラスター）を収集することである。そのために，例えば著者らが肝細胞がん，大腸がんで開発したiCOD（統合臨床オミックスデータベース[6]）などから検索収集して，その患者集団の遺伝子発現プロファイル情報に分子ネットワーク推定アルゴリズムを適応し，細胞分子ネットワークの大枠構造を決定できる。その後，基本戦略に従ってゲノムシーケンシングやタンパク質バイオマーカによって，推定分子ネットワークの詳細化を図っていくことが考えられる。

### ⑶　東京医科歯科大学での応用例

この方法論の実現可能性を検証するために，東京医科歯科大学附属病院 肝胆膵・総合外科にて肝切除を受けた予後不良の患者を選び，類似性検索で20例の遺伝子発現プロファイルを患者類似オミックス・クラスターとして収集した。臨床病理学的因子としては門脈侵襲（vp: $p < 0.001$）などに強く相関した。患者の遺伝子発現プロファイルの患者類似オミックス・クラスターに遺伝子ネットワーク同定アルゴリズムを適用して，分子ネットワークを同定した。この推定ネットワークには，手法の不完全さもあって，擬陽性のブランチも推定されている。そこで既存の知識（タンパク質相互作用ネットワークの知識）によって刈り取り，さらに健常対照群から推定した細胞分子ネットワークを差し引く（Differential法）ことで患者病態特異的に活性化しているネットワークのブランチを同定できる。分子ネットワーク同定には，GENIE 3（GEne Network Inference

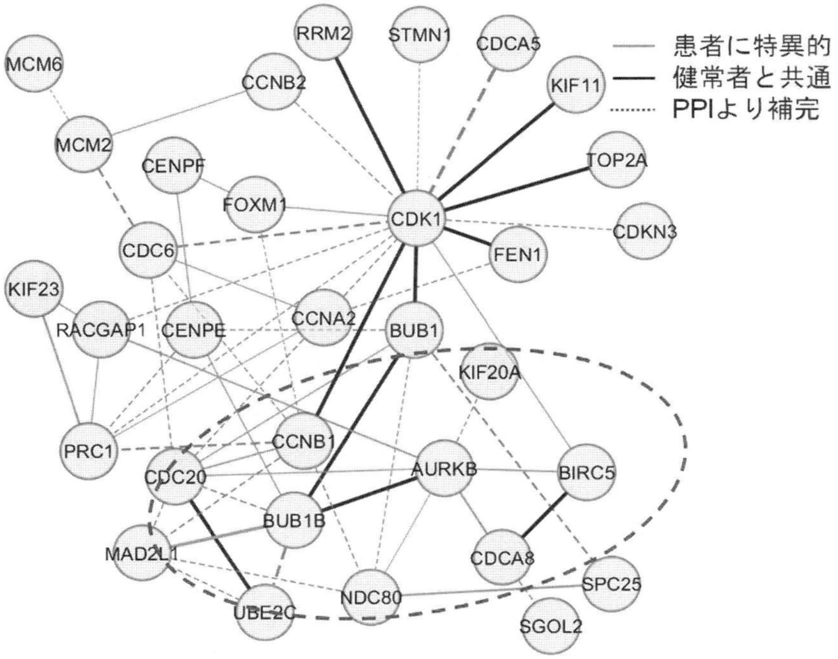


図３　肝細胞がんの患者疾患オミックスから同定された差異的発現ブランチ

with Ensemble of trees）法を使用した。これはネットワーク推定の問題を，そこに含まれる遺伝子（p個）の活動を他の遺伝子の決定木の部分問題としてRandom Forrest法によって解く方法である。このようにして推定された患者特異的ネットワークの大枠は，図3の通りである。

図3は患者特異的ネットワークの中でも細胞周期サイクルの制御を担当する分子ネットワークである。灰色のブランチが患者特異的に過剰に発現している細胞分子ネットワークで，特に点線で囲った部分，すなわちAuroraKinaseBを取り巻くサブネットワークが集中して過剰活動していることが分かる。この過剰活動ブランチ同定にさらにゲノムシーケンスやリン酸化ブランチ同定バイオマーカなどを使うことによってより詳細なネットワーク活動状態を推定でき，それを抑制することから治療方針が立てられる。

## 6.4　おわりに

網羅的分子情報に基づいた医療におけるビッグデータの解析パラダイムとしてゲノム・オミックス医療，システム分子医学を紹介し，総合的な疾患ゲノム・オミックスから疾患の基底である患者特異的分子ネットワーク病態を同定する戦略を論じて，我々の肝細胞がんでの推定例を示した。今後ますます疾患オミックス情報が膨大化するにつれ，ビッグデータ解析法の力が必要とされると思われる。

## 文　　献

1） 田中博，疾患システムバイオロジー，培風館（2012）
2） H. Tanaka, *Methods Inf. Med.*, **49**, 173（2010）
3） O. Gottesman, H. Kuivaniemi, G. Tromp *et al.*, *Genet. Med.*, **15**, 761（2013）
4） J. M. Pulley, J. C. Denny *et al.*, *Clin. Pharmacol. Ther.*, **92**, 87（2012）
5） J. S. Schildcrout, J. C. Denny *et al.*, *Clin. Pharmacol. Ther.*, **9**, 235（2012）
6） K. Shimokawa, K. Mogushi, S. Shoji, A. Hiraishi, H. Mizushima, H. Tanaka, *BMC Genomics*, **11**, S19（2010）

# 7　個人ゲノムデータの利用と倫理的課題

松前ひろみ[*1]，間野修平[*2]，太田博樹[*3]

## 7.1　はじめに

全ゲノムデータを分析する実験およびデータ解析の技術の革新はめざましく，その臨床応用も視野に入っている。そこで，本節では，個人ゲノムの利用に付随する様々な倫理的問題を整理し，それらの解決のための制度やリスク評価技術の提案に繋げたい。

## 7.2　ヒトゲノム多様性研究の経緯

2004年に世界で最初のヒト・リファレンスゲノムが国際ヒトゲノム計画の結果としてNatureに報告されて10年余り経つ[1)]。最初のゲノムは，様々な民族のゲノムを混ぜ合わせて，個人が同定されないような形で発表された。その後，世界の人類集団の多様性を調べるために，いくつかの民族集団を対象にしたゲノム解析プロジェクトが進んだ。ヒトゲノムの多様性研究は医学目的で行われることが多いが，人類学的目的でも行われている（図１）。医学目的では，Genome-Wide Association Study（GWAS）と呼ばれる疾患に関連する遺伝的変異の探索がなされ，非常に多くの成果をもたらしている。一方，ヒトゲノムの多様性からは人類の進化や拡散の歴史を知ることもできる。そのような研究においては，特定の表現型と遺伝的変異を結びつけるGWASとは異なり，ゲノムの集団構造に着目する。網羅的ゲノム解析の技術が確立するまでは，１つ～少数の遺伝座位を調べ，集団間の系統関係や集団内の多様性が研究されてきた。しかし，正確な系統関係

| | GWASを用いた医学研究（統計遺伝学／遺伝疫学など） | 人類学 |
|---|---|---|
| 得たい結果 | 単一もしくは少数の疾患に関連する多型 | 集団の系統・移住・拡散・人口変動の歴史 |
| 比較する対象 | 患者と健常者 | 異なる集団の集団構造 |

二つを融合した考え方

| | 進化医学 |
|---|---|
| 得たい結果 | 集団特異的な疾患に関連する多型と，その疾患の歴史 |
| 比較する対象 | 集団ごとの患者と健常者 |

図１　ヒトゲノム多様性研究の流れ

＊１　Hiromi Matsumae　北里大学　医学部　解剖学（埴原単位）　ゲノム人類学研究室　研究員
＊２　Shuhei Mano　統計数理研究所　数理・推論研究系　准教授
＊３　Hiroki Oota　北里大学　医学部　解剖学（埴原単位）　ゲノム人類学研究室　准教授

や集団内構造を明らかにするためには，対象となる個体の数をできるだけ多くする必要がある。一方，集団という見方をすれば，個人の全ゲノムを解読する“personal genome／個人ゲノム”は，集団からのサンプリングと同じである（図２）。次世代シーケンサー（後述）の登場で技術的制約が格段に縮小された。個人ゲノムの時代に突入したといっても過言ではない。

医学的アプローチと人類学的なアプローチを組み合わせた進化医学と呼ばれる研究分野も始まっている[2,3]。進化医学では，その形質が集団中に存在する進化的な意義について考察を行うことを目的としている。個人ゲノムに進化学的な視点を取り込むことには，時間スケールの大きさからくる利点があるので，膨大な変異情報の中からごく少数の形質に関連する変異を絞り込める可能性がある。一見，医学には関連のなさそうな人類学的アプローチが，究極の個別化医療に役立つことが期待されている。

国内では，最初に挙げたようにGWASは盛んに行われているものの，人類学的アプローチはこれまで極々少数であり，日本はアメリカ合衆国のような多様な民族が共存することが明確な社会ではないので，人類学に起因する社会的な問題点が取り上げられることはほとんどなかった。一方，国際的には，人類集団の多様性を理解することを目的として，Human Genome Diversity Project（HGDP）と呼ばれるプロジェクトが1993年に始まった。このプロジェクトでは，最終的に世界の51の民族集団の多様性を調べ，2008年にはSNP（一塩基多型，多型とは１％以上の集団中に存在する変異，いわば分子レベルの個人差である）アレイによる解析結果が論文として公開されたが[4]，後述の倫理的な観点から大きな社会的批判を受けた[5]。次に，医学的応用を目的とした国際HapMapプロジェクトが2002年に発足した。このプロジェクトでは，ユタ州のヨーロッパ系アメリカ人，ナイジェリアのヨルバ民族，北京の漢民族，東京の日本人の４つの都市部の集団を対象とし，ゲノム多様性解析データベースの先駆けとなった[6]。その後，世界中の様々な集団

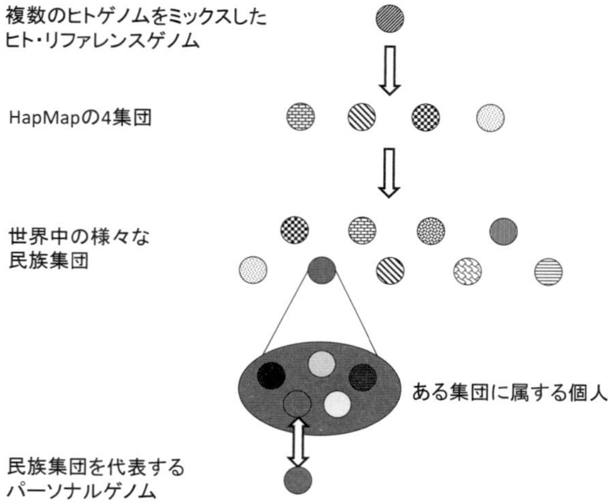


図２　ヒトゲノムの多様性

の多型が分析されている。これらの研究には，リファレンスゲノムを元に作製されたSNPアレイが利用されてきた。SNPアレイは，ガラスのチップ上にヒトゲノム上の既知のSNPを検出できるプローブが合成されたものである。技術改良により，一枚のチップ上に載せられるプローブの数は増えており，65万以上のSNPの決定が可能である。ただし，商用化されているSNPアレイでは，リファレンスとなるゲノム情報をアメリカの都市部における集団を中心に得ているため，世界のヒトゲノムの多様性をカバーしているとはいいがたい。近年では，遺伝人類学者を中心に，これまで分析されてきた様々な集団の多型情報を用いてSNPアレイを作製する動きが起きている[7,8]。

次世代シーケンサー（NGS）の登場により，従来と比較して全ゲノムシーケンスは遥かに容易になった。2013年末現在，１個人のゲノムの解読は，精度を度外視すれば，100万円程度の資金と２～３週間程度の時間で十分である。1000人ゲノムプロジェクトは世界の様々な集団の人々をシーケンシングする国際プロジェクトで，2011年の段階で既に1092人のゲノムが分析され，データが公開されている[9]。また，ヒトゲノム解読の中心人物であったグレイグ・ヴェンター博士，ノーベル賞を受賞したジェームズ・ワトソン博士，慶應義塾大学の冨田勝教授が自分自身のゲノムを解読し公開したことは話題になった[10,11]。最近では，欧米，中国，サウジアラビアなど，各国において1000人から数十万人規模のゲノムシーケンスプロジェクトが立ち上がり，大規模なゲノム解読競争が始まっている。NGSはSNPアレイとは異なり未知の多型も網羅的に調べられるため，将来は全ゲノムシーケンシングが主流になるだろう。しかし，SNPアレイは１個人当たり２万円と安価であるため，現状としてはSNPアレイがよく用いられている。

### 7.3　個人ゲノムに潜む倫理的諸問題

これまで述べたように，個人ゲノムを解読すれば，その人の形質や民族性を説明する様々な遺伝的背景が判明する。特に民族特有の生物学的特徴については，優生学や人種差別につながってきた負の歴史があり，人類学では取り扱いを慎重に行ってきた。国内では，医学的応用の観点から倫理基準が策定されており[12,13]，それ以外の倫理的問題についてはほとんど注目されていない。しかし，国際プロジェクトによる少数民族や先住民の遺伝学的な研究においては，医学的応用以外の社会的問題が提起されており，HGDPは特に批判された[5]。欧州系移民により先住民が激しく差別された北米や，オーストラリア，ニュージーランドなどでは，過去の反省とともに，個人ゲノム時代を見据えて，ヒトゲノム研究における倫理的問題の整理が行われている[5]。ここで，その問題点を列挙する。

①**差別に繋がる恐れ**：民族特有の形質を遺伝学的に明らかにしてしまうことは，民族特有の疾患や健康問題への対策に結びつく一方で，差別に繋がる恐れがある。例えば，ニュージーランドでは，先住民であるマオリ族について，「攻撃性遺伝子が多いことがマオリ族出身者の犯罪率の高さの原因である」という学会発表があり，大きな社会問題となった[14]。その研究は科学的根拠に乏しく，大きな批判を浴びた。先住民が歴史的経緯から社会的弱者として貧困や不健康な状況に置かれていることは珍しいことではなく[15]，そのような社会的背景を無視した研究からは誤った

結果がもたらされることに留意すべきである。

②**科学的価値観と伝統的価値観の対立**：それぞれの民族が持つ伝統的な世界観・宗教観と，科学的価値観の不一致がしばしば起こる。人類学では，現生人類はアフリカから出現し，各地へ拡散していったことがほぼ間違いないと考えられているが[16]，例えば，ネイティヴ・アメリカンは，「我々はどこからか来たのではなく，はじめからアメリカ合衆国にいた」という立場を取っている。民族の由来を明らかにすることは，欧米式の法制度の枠組みの中で先住権を脅かすと受け取られる場合もある。もちろん，自分たちの由来を史実として知りたいと思い，科学的研究を歓迎する人々もいるので，結果を誰に，どのようにフィードバックするかは難しい問題である。

③**生物兵器への懸念**：得られた結果が公開されれば，特定の民族を狙った生物兵器の開発がなされるのではないか，という懸念が挙げられている。

④**データアクセスのコントロール**：各国において，少数民族や先住民は社会的・政治的に厳しい立場にあることが多く，ゲノム情報を，誰が，どのように管理・公開するか，ということも重要な問題である。

⑤**インフォームドコンセント**：インフォームドコンセントを，誰から，どのように取るか，ということはしばしば難しい問題である。民族によっては，西欧式の契約という概念が存在しないことや，契約の考え方が西欧社会とは大きく異なることがある。このことは，西欧社会では見落とされやすい。また，ゲノム情報は，本人の親族，子孫や祖先とも共有されるので，本人の同意十分か，という問題もある。

⑥**社会的位置づけ**：世界中で，多くの先住民や少数民族が，固有の言語や文化の消失の危機と直面している。そのような中で，科学的研究の位置づけは注意深く考える必要がある。

これらの北米を中心とした議論には，法律や民族の研究者だけでなく，アメリカ国立衛生研究所などゲノム研究の公的機関の研究者も参加している。アメリカ合衆国のネイティヴ・アメリカンは，遺伝学的研究に一切協力しないという姿勢を貫いているが，そのような状況は，これらの国における社会的マイノリティへの配慮を物語っている。

ただし，これらの議論は，欧州系移民による先住民の差別の事例が元になっていて，例えば，先進国の研究者が開発途上国で研究する場合の問題には触れられていない。日本人研究者が関わることの多いアジアの場合は，少数民族を含む個々の地域住民の遺伝的多様性がアフリカや欧州のそれと比べて少ないことが多いため，より複雑な問題が生じる可能性がある。例えば，ラオスとタイの国境付近に住むある狩猟採集民族の村人59人の遺伝的多様性を調べたところ，母系遺伝するミトコンドリアDNAの多様性がないという報告がある[17]。その民族は固有の言語を有し，全人口が数百人という典型的な少数民族である。もし，この民族の１人の個人ゲノムが解読され，公開されれば，残りの58人の遺伝的背景や形質が非常に正確に推測できる可能性がある。通常，極端に遺伝的多様性の低い集団では劣性疾患の罹患リスクが高まると考えられているが，この民族の健康状態は極めて良好であると報告されている。このように，少数民族は公衆疫学的に興味深く学術的価値は極めて高い。一方，彼らは社会的マイノリティであることも多い。少数民族の個人ゲノムからはその民族であることが容易に分かるため，個人ゲノムを公開することの社会的リスクは非常に大きい。

また，科学的成果の公開の原則とプライバシーの保護というジレンマには，統一した見解がない。ゲノムサイエンスの分野では，大規模な公的資金を用いたプロジェクトによってゲノムが解読されている。したがって，得られたデータはできる限り公開するべき，というスタンスがあり，そのことは世界中の研究者に恩恵をもたらしている。NGSの生データの場合，すぐに多型情報には結びつかないため公開しても安全であるという考え方もあるが，データ解析技術が飛躍的に進展し，NGSが登場した当初に比べると生データの扱いも遥かに容易になっている。そのため，プロジェクトごとに倫理的問題に対応しているようである。

ここまで述べてきたように，個人ゲノム研究は，医学的応用以外の観点からも倫理的問題を多くはらんでいるため，我々の研究グループでは国内の様々な研究グループとそれらの問題の検討に着手している。

## 7.4　個人ゲノム利用のリスク評価

個人ゲノム利用のリスクを定量的に評価する上で，相似の典型的な問題として，調査における個票開示における漏洩リスクの問題がある。ここでは，まず，個票開示における漏洩リスクの定量化の枠組みについて簡単に述べ，その個人ゲノム利用のリスク評価への応用について述べる。

政府や企業の調査活動において，個票を公開することがある。個票は，個人について多数の調査項目に関する情報を与えるが，調査項目の中に，例えば，年収のような通常は公開されることを望まないものがあるとする。個票の公開に当たって，当然，公開されることを望まない項目を秘匿する。それで，公開されることを望まない調査項目を秘匿したといえるだろうか？

悪意を持つ者が，秘匿処理のされていない個票のデータを不正に入手し，かつ，標的となる個人の秘匿処理済みの公開された個票を入手したとする。標的となる個人の公開された調査項目の回答の組み合わせが母集団に一つしか存在しない（母集団一意という）ときは，その回答の組み合わせを持つ個票が標的となる個人の個票ということが明らかになり，公開されることを望まない項目も明らかになる。このように，回答の組み合わせが母集団一意であると，秘匿処理のされていない個票のデータが漏洩すれば，秘匿処理が容易に破られて，標的となる個人の公開されることを望まない項目まで漏洩してしまう。そこで，保守的に，母集団一意であれば秘匿処理は破られることとしよう。すると，個票開示における漏洩リスクの指標として，母集団一意となる調査項目の組み合わせの数を考えることができる。これが十分に小さければ，漏洩リスクは低いとみてよい。実際には，コストのかかる全数調査よりも，標本調査が行われる。標本調査においては母集団一意を直接に観察することはできず，回答の組み合わせが標本に一つしか存在しない標本一意を観察することになる。そこで，標本一意な回答の組み合わせの数から母集団一意である回答の組み合わせの数を推定することを考える。標本一意な回答の組み合わせの数の期待値は，母集団一意な回答の組み合わせの数を標本抽出率で割ったものになるから，リスクの指標である母集団一意となる回答の組み合わせの数は，標本一意である回答の組み合わせの数に標本抽出率を乗じたものとして推定できる。

より精緻な解析のためには，母集団，もしくは標本において，一意，二意，……となる調査項目の回答の組み合わせの数のモデルが必要である。抽母集団，もしくは標本のサイズが与えられたときに，そのサイズを回答の組み合わせの数の和として表示することになる。例えば，標本のサイズが10のとき，10＝1＋1＋2＋3＋3とかけば，標本一意である回答の組み合わせが2つ，標本二意である回答の組み合わせが1つ，標本三意である回答の組み合わせが2つ，といった具合である。このような表示を分割といい，分割の仕方に確率を与えたものを確率分割という。確率分割のモデルとしてよく知られているものにピットマンモデルがある。ピットマンモデルは自然な構造を持ち，様々な調査のデータによく適合することが知られている。個票開示における漏洩リスクとピットマンモデルについての和文による総説に[18]がある。

以上の議論を個人ゲノム利用のリスク評価に適用する。現状として，多人数の全ゲノムがデータベースに公開されている。個票開示における漏洩リスクでいえば，秘匿処理のされていない個票のデータが全て公開されていることに対応する。全ゲノムは膨大な情報を持っているので，ほぼ確実に全ての標本が標本一意かつ母集団一意である。従って，公開される数が母集団一意の数であり，標的となる個人の一部のゲノムを取得すると，その個人のゲノムがデータベースに含まれていれば，ほぼ確実に標的となる個人の全ゲノムが明らかになる。将来的に全ゲノム決定のコストが十分に下がり，医学応用のために臨床的に全ゲノムを決定できるようになったとしても，多くの人は，全ゲノムを決定し，公開することを望まないだろう。ゲノムの決定を一部分に留め，必要に応じた秘匿処理を施すと考えられる。そのとき，ゲノムのどのような箇所を決定し，どのように秘匿すべきかということを，臨床的なベネフィットと望まないゲノム情報の漏洩とのトレードオフとして評価する必要が生じる。このような問題は民族のゲノム多様性と不可分な問題であるから，個人ゲノム利用のリスク評価は，人類学的問題と不可分である。

## 文　　献


1) International Human Genome Sequencing Consortium, *Nature*, **431**, 931 (2004)
2) 太田博樹ほか，生物の科学 遺伝，**67**，304 (2013)
3) 太田博樹，長谷川眞理子編著，「ヒトは病気とともに進化した」(シリーズ認知と文化)，勁草書房 (2013)
4) J. Z. Li *et al.*, *Science*, **319**, 1100 (2008)
5) "Developing a framework to guide genomic data sharing and reciprocal benefits to

developing countries and indigenous peoples: A Colloquium", 2009,（Last accessed Jan. 6 2014）http://aspe.hhs.gov/sp/reports/2009/genshare/index.shtml
6) The International HapMap Consortium, *Nature*, **426**, 789（2003）
7) N. Patterson *et al.*, *Genetics*, **192**, 1065（2012）
8) E. Elhaik *et al.*, *Genome Biology and Evolution*, **5**, 1021（2013）
9) 1000 Genomes Project Consortium *et al.*, *Nature*, **491**, 56（2012）
10) S. Levy *et al.*, *PLoS Biology*, **5**, e254（2007）
11) "日本人初，本学教授が実名で自身の個人全ゲノムを公開", 2012,（Last accessed Jan. 6 2014）http://www.keio.ac.jp/ja/press_release/2012/kr7a4300000 aubbx-att/120731_1.pdf
12) ヒトゲノム・遺伝子解析研究に関する倫理指針，2013,（Last accessed Jan. 6 2014）http://www.lifescience.mext.go.jp/bioethics/hito_genom.html
13) 統合データベースプロジェクト ヒトゲノムバリエーションデータベース共有方針，（Last accessed Jan. 6 2014）http://gwas.biosciencedbc.jp/gwasdb/db_policy.html
14) N. K. Taniguchi *et al.*, *The International Indigenous Policy Journal*, **3**, Issue 1, Retrieved from: http://ir.lib.uwo.ca/iipj/vol3/iss1/6（2012）
15) "Health of indigenous peoples", *WHO*, Fact sheet N°326, October 2007,（Last accessed Jan. 6 2014）http://www.who.int/mediacentre/factsheets/fs326/en/
16) 斎藤成也，諏訪元，颯田葉子，山森哲雄，長谷川眞理子，岡ノ谷一夫，「シリーズ進化学５ ヒトの進化」，岩波書店（2006）
17) H. Oota, B. Pakendorf *et al.*, *PLoS Biology*, **3**, e71（2005）
18) 竹村彰通編著，統計数理「特集：個票開示問題の統計理論」，**51**, No.2（2003）

# 第6章　新しい展開

## 1　バイオイメージ・インフォマティクスが切り開く新しい生命科学の可能性

大浪修一*

### 1.1　はじめに

バイオイメージ・インフォマティクスは細胞や組織，個体などの生命科学分野の画像や動画像の生成，解析，管理，可視化などに関連する情報科学技術の研究・開発を行う研究分野である[1)]。ライブイメージング技術の近年の著しい発展により，生命科学分野では現在，単分子から細胞，組織，個体までの様々なスケールでの生命現象に関する四次元（三次元＋時間）の動画像データが大量に生産されている。このような動画像データの生産量の急増を受けて，生命科学分野では現在，バイオイメージ・インフォマティクスの重要性が急速に増大している。

バイオイメージ・インフォマティクスが生命科学研究にもたらす最大のインパクトは，生命動態の時空間的な定量計測データの大規模な生産であると考えられる。細胞や組織，個体などの四次元の動画像データにバイオイメージ・インフォマティクスの技術の一つである画像認識技術を適用することにより，細胞の位置や形態の変化などの生命動態を大規模かつ定量的に計測することができる[2)]。これらの計測データは，細胞や組織，個体などの動態の詳細な比較や，動態の中に潜む法則の発見などを可能にするなど，細胞や組織，個体を動的システムとして理解するための情報を豊富に含んでいる。バイオイメージ・インフォマティクスによって初めて取得可能になったこれらのデータを最大現に活用することにより，今後，動的システムとしての理解を中心としたデータ駆動型の新しい生命科学が形成されることが期待される。

本節では，バイオイメージ・インフォマティクスが可能にしたデータ駆動型の新しい生命科学研究について我々の研究の中から具体例を紹介する。さらに，バイオイメージ・インフォマティクスを活用した新しい生命科学の促進を目的に我々が進めているデータベース統合化のプロジェクトについて紹介する。

### 1.2　バイオイメージ・インフォマティクスが可能にしたデータ駆動型の生命科学研究

本項ではバイオイメージ・インフォマティクスが可能にしたデータ駆動型の生命科学研究の具体例として，細胞分裂動態の大規模データを活用した我々の研究を紹介する。

多細胞生物の発生は，遺伝情報にプログラムされた動的な現象である。受精卵は遺伝情報のプログラムに従い，細胞分裂を繰り返して様々な細胞を生み出し，三次元的に配置して複雑な三次元構造を持つ個体を作る。様々な遺伝子の機能を人工的に操作した場合に観察される発生動態の

---

* Shuichi Onami　㈱理化学研究所　生命システム研究センター　チームリーダー

異常には，発生のプログラムを解明するための情報が豊富に含まれている。

発生動態に対してデータ駆動型研究の適用を可能にするために，我々は発生中の線虫*C. elegans*胚の細胞核の動態を四次元的に自動計測する装置を開発した[2,3]（図１）。本装置は胚の四次元の顕微鏡画像に画像認識プログラムを適用し，胚の細胞核の動態を計測する。受精卵（１細胞期）から24細胞期までの細胞核の動態を，途中の細胞核の分裂を含めて計測することができる。

我々は，本装置を利用して線虫胚の発生動態についての包括的なデータベースを構築した[4]。まず正常な胚の細胞核動態の計測を83個体分行った。ゲノム塩基配列の解析から，線虫は約２万種類の蛋白質コード遺伝子を持つことが分かっており，各遺伝子の不活化実験の結果，そのうち351種が胚発生に必須の遺伝子であることが分かっている。そこで我々は，これら351種の遺伝子を一つずつ不活化した胚を作製し，胚の細胞核動態の計測を行った。

我々の発生動態データベースを利用すれば，様々な情報解析を発生動態に適用できる。我々は初めに，遺伝子の機能を解析した。正常な胚で観察されるある特徴が，ある遺伝子の不活性化により変化した場合，その遺伝子はその特徴の発現に関与すると解釈できる。我々は，細胞核動態の計測データから算出可能な発生動態の特徴を437種類，数学的に定義し（図２），データベースを利用して個々の胚の特徴の値を算出し，各特徴について，正常胚と遺伝子不活化胚との間の差

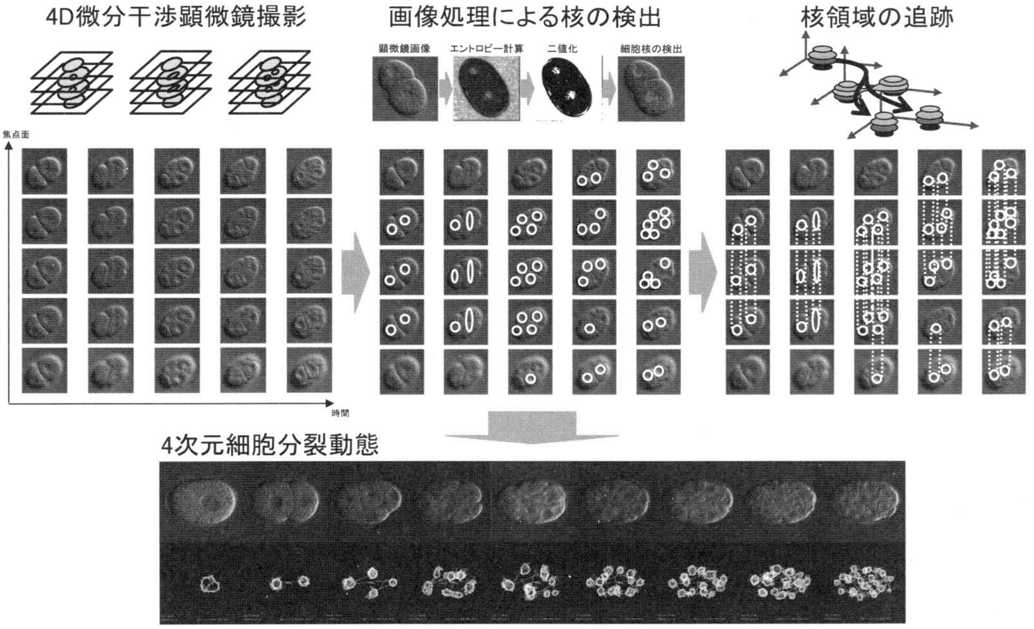


図１　線虫胚の細胞核動態の四次元計測装置

線虫胚の四次元微分干渉顕微鏡画像に画像処理を施して核を認識し，認識された核領域を物体追跡のアルゴリズムを利用して追跡し，核動態を計測する。核の輪郭の三次元座標とその時間変化が計測結果として出力される。

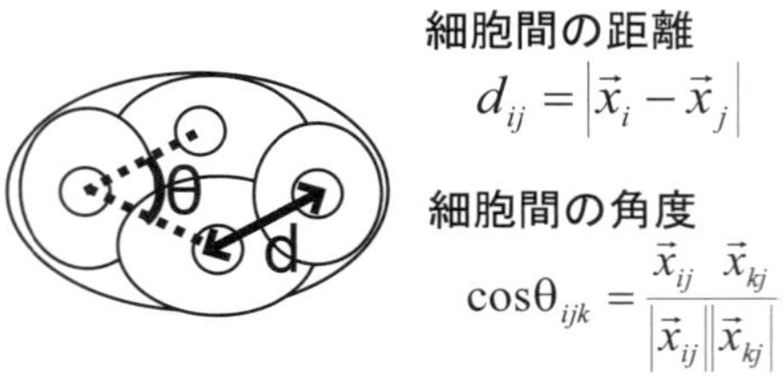

細胞間の距離
$d_{ij} = \left|\vec{x}_i - \vec{x}_j\right|$
細胞間の角度
$\cos\theta_{ijk} = \frac{\vec{x}_{ij}\ \vec{x}_{kj}}{\left|\vec{x}_{ij}\right|\left|\vec{x}_{kj}\right|}$
θ
d


図２　核動態の計測データから算出可能な発生動態の特徴の例

異を統計的に検討した。その結果，遺伝子の不活化による発生動態の特徴の変化を約3,400種類，発見した（K. Kyoda *et al*., submitted）。

次に我々は，発生プログラムの解明を行った。線虫の発生は個体差が無いと教科書には書かれているが，実際には正常胚の発生にも個体差が存在する。多数の正常胚で発生動態の特徴を計測すると，多くの特徴の計測値の個体間のばらつきは正規分布に従う。ほとんどの場合，異なる二つの特徴の間で個体間のばらつきに相関は無いが，一部に強い相関を示す特徴の組が存在する。このような強い相関を示す特徴の組については，「二つの特徴の間に因果関係がある」あるいは「二つの特徴を発現させる共通の因子が存在する」ものと解釈できる（図３）。我々は正常胚のデータを使って437種の発生動態の特徴の全ての組み合わせについて個体間のばらつきを検討し，3,372種類の高い相関を示す特徴の組を同定した。これらの特徴の組をネットワーク様に連結すると，発生過程で様々な特徴が生成されていく因果関係の連鎖，すなわち発生プログラムを構築できる（図４）。このようにして我々は，発生動態の大規模データからの発生プログラムの導出に世界で初めて成功した（K. Kyoda *et al*., submitted）。

さらに我々は，発生プログラムを構成する因果関係を生み出す機構の解明を行った。ある二つ

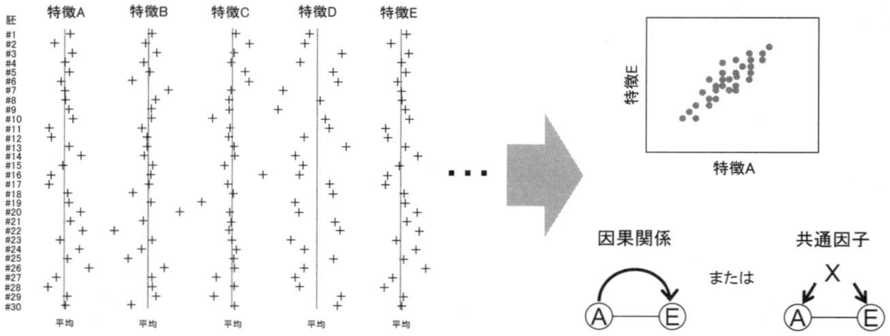


図３　発生プログラムの導出

発生動態の特徴の中から個体間のばらつきの相関が高い特徴の組を同定する。このような特徴の間には因果関係か共通の制御因子の存在が予想される。図では特徴Aと特徴Eの間に高い相関が存在している。

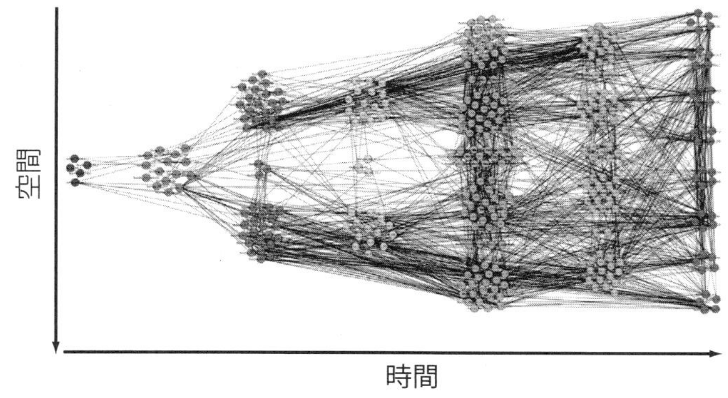


**図４　線虫の発生プログラム**

受精から８細胞期の間で定義した430種の表現型特徴（丸）と，相関の高い3,372の発生動態の特徴の組（線）により構成される。発生過程で様々な特徴が生成されていく因果関係の連鎖を示す。

の特徴の間の高い相関が，ある遺伝子の機能を使って生み出されている場合，その遺伝子を不活性化するとその相関は消失する。これを利用すると，正常胚で観察されるある二つの特徴の間の高い相関が，ある遺伝子の不活性化により消失する場合，その相関はその遺伝子の機能を使って生み出されていると解釈できる。我々は，遺伝子を不活化した胚のデータを利用して，その不活化により正常胚で観察される二つの特徴の間の高い相関が失われる遺伝子の探索を行った。その結果，線虫胚の発生プログラムに含まれる3,372種の因果関係について，それらの生成に関与するのべ22,214種の遺伝子を同定した（K. Kyoda *et al.*, submitted）。

我々が発生プログラムとして構築したネットワークは，発生動態の特徴の因果関係の連鎖のネットワークであり，発生動態の形質のネットワークと解釈できる。一方，ゲノム科学や分子生物学研究の様々な技術を使って，遺伝子間や生体物質間の相互作用のネットワークが既に構築されている[5]。さらに我々は，発生プログラムを構成する個々の因果関係の生成に関与する遺伝子を同定しており，これを使えば，上記の二つのネットワークを統合することができる。本研究により，発生動態の形質のネットワークとそれを制御する遺伝子ネットワークを統合的に捉えたネットワークモデルの構築が実現した。

### １.３　生命動態の定量計測データのデータベースの統合化

本項では，バイオイメージ・インフォマティクスを活用した新しい生命科学の促進を目標に我々が進めている生命動態の定量計測データのデータベース統合化のプロジェクト[6]を紹介する。

バイオイメージ・インフォマティクスの発展より，近年，大腸菌からマウスに至る様々な生物種を対象に，細胞，組織，個体などの様々なスケールの生命現象の動態が国内外で定量的に計測され，公開され始めている。しかし，これらの計測データはそれぞれが独自のデータ形式を採用しているため，第三者によるデータの活用が進んでいなかった。また同じ理由から，データの可視化や解析のためのソフトウェアツールの開発効率も低かった。

このような問題を解決するために，我々は生命動態の定量計測データを統一的に記述するためのデータ形式，Biological Dynamics Markup Language（BDML）[7]を開発している。BDMLは，XMLを基盤とするデータ形式であり，最新のversion 0.15では細胞内の単分子から細胞，組織，個体までの様々な生命動態の定量計測データの記述が可能である。BDMLにより，生命動態の定量計測データの第三者による活用が促進され，また，ソフトウェアツールの開発が効率化されることが期待される。さらに，動画像からの計測データとシミュレーションからの計算結果の比較や，異なる生物種間での生命動態の比較などの解析が容易になることが期待される。

我々は，生命動態の定量計測データの活用をさらに促進するために，生命動態の定量データを包括的に管理する統合データベースSystems Science of Biological Dynamics（SSBD）[8]を開発している（図５）。SSBDには様々な生命動態の定量データがBDML形式で格納され，各データを計測するために使用した画像・動画像データがOMERO技術[9]を用いて格納されている（図６）。現在，SSBDからは「ゼブラフィッシュ胚の細胞核分裂動態データ[10]」，「ショウジョウバエ胚の細胞核分裂動態データ[11]」，「線虫胚の細胞核分裂動態データ[4,12]」，「線虫の雄性前核の動態のシミュレ

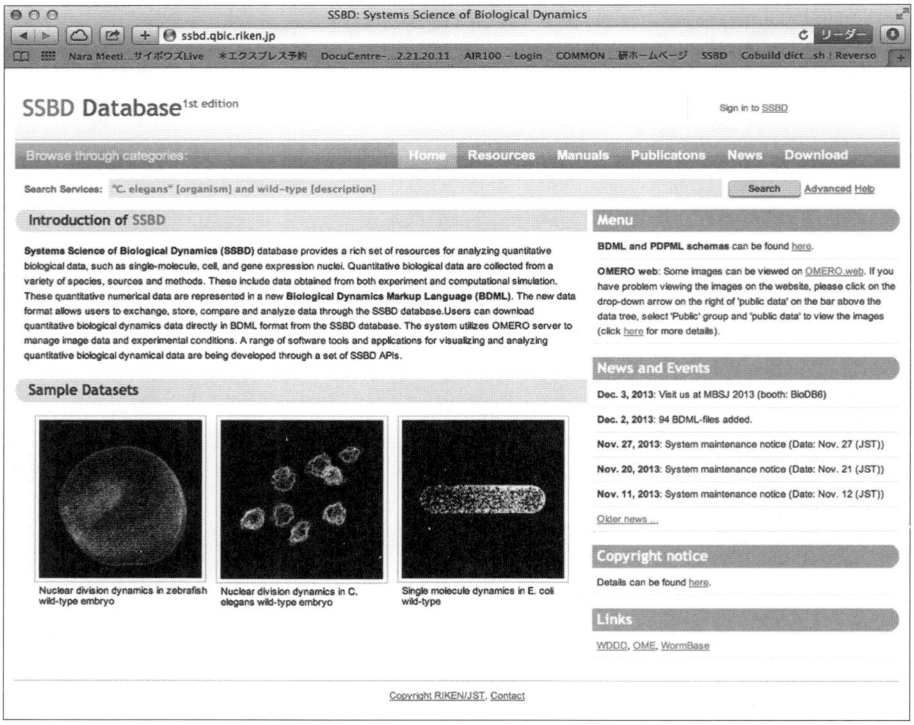


図５　統合データベースSSBD

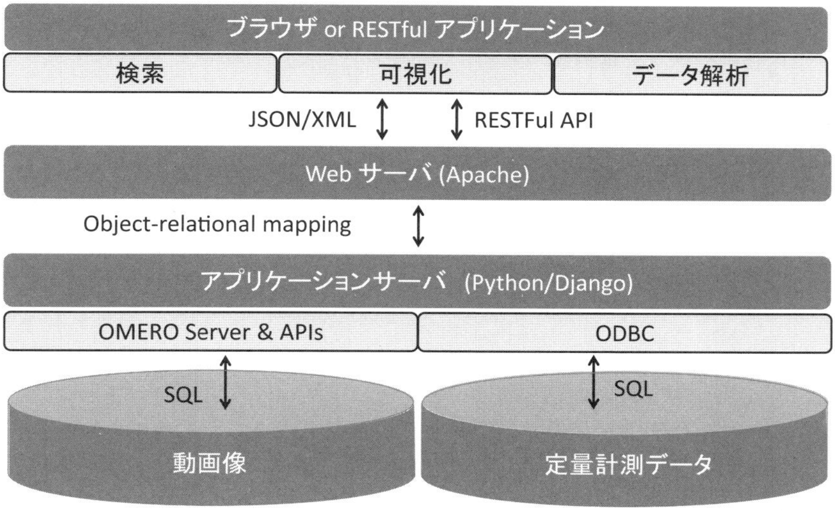


図６　統合データベースSSBDのシステム構成

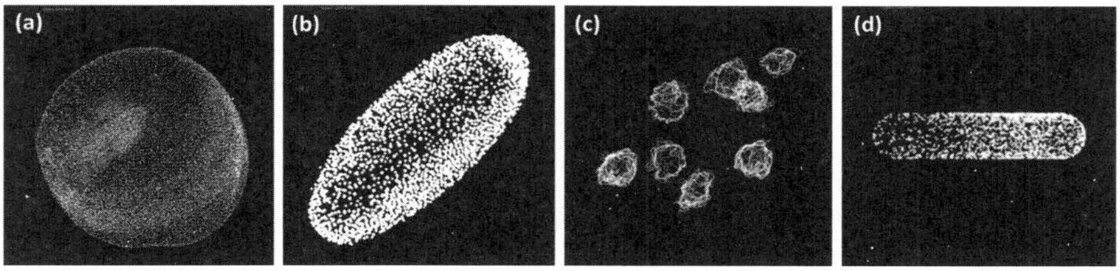


図７　統合データベースSSBDから公開されている定量データ
ゼブラフィッシュ胚(a)，ショウジョウバエ胚(b)，線虫胚(c)の細胞核分裂動態の定量計測データと大腸菌の単分子動態シミュレーションデータ(d)。SSBDにBDML形式で格納したデータをウェブブラウザ上で表示。

ーションデータ[13)]」，「大腸菌の反応拡散シミュレーションデータ[14)]」などの様々なデータが公開されている（図７）。

SSBDに格納された生命動態の定量データや画像・動画像データはウェブブラウザ上でインタラクティブに表示することができる。また，RESTful APIの利用によりSSBDデータベースのリソースを利用するクライアントアプリケーションの第三者の開発が可能になっている。

## 1.4　おわりに

本節では，バイオイメージ・インフォマティクスが可能にした新しい生命科学研究の具体例として，データ駆動型の発生動態の研究例を紹介した。データ駆動型の研究には大量かつ包括的なデータが不可欠であるが，従来の発生動態の計測は手作業で行われていたため，そのようなデータの取得は不可能であった。バイオイメージ・インフォマティクスを利用した大規模で包括的な計測により，発生動態についてのデータ駆動型の研究がついに可能になった。今後の技術開発により，様々な生物種の様々な動的な現象についてデータ駆動型の研究が適用されていくことが期待される。

バイオイメージ・インフォマティクスが生産する生命動態の定量計測データは，細胞や組織，個体を動的システムとして理解することを目指す，次世代の生命科学の中核となるデータである。動的システムとしての理解は生命現象の高精度の予測を可能にし，高精度の予測に基づく医療の実現や地球環境問題の解決などに発展することが期待される。このように魅力的なバイオイメージ・インフォマティクスのデータ解析に，多くの意欲的な研究者が挑戦することを強く期待している。

## 文　献


1) H. Peng, *Bioinformatics*, **24**, 1827 (2008)
2) S. Hamahashi *et al.*, *BMC Bioinformatics*, **6**, 125 (2005)
3) 濱橋秀互，大浪修一，北野宏明，電子情報通信学会論文誌D, **J89-D**, 1248 (2006)
4) K. Kyoda *et al.*, *Nucleic Acids Res.*, **41**, D732 (2013)
5) K. C. Gunsalus *et al.*, *Nature*, **436**, 861 (2005)
6) http://events.biosciencedbc.jp/article/13
7) http://ssbd.qbic.riken.jp/doc/BDML0.15-Manual.pdf
8) http://ssbd.qbic.riken.jp
9) C. Allan *et al.*, *Nat. Methods*, **9**, 245 (2012)
10) P. J. Keller *et al.*, *Science*, **322**, 1065 (2008)
11) P. J. Keller *et al.*, *Nat. Methods*, **7**, 637 (2010)
12) Z. Bao *et al.*, *Proc. Natl. Acad. Sci. USA*, **103**, 2707 (2006)
13) A. Kimura *et al.*, *Dev. Cell*, **8**, 765 (2005)
14) S. N. V. Arjunan *et al.*, *Syst. Synth. Biol.*, **4**, 35 (2010)

## 2　ビッグデータからの展開：古代タンパク質解析と超分子モデリング

辻　敏之[*1]，白井　剛[*2]

### 2.1　はじめに

次世代シークエンサなど近年の実験技術は，生命情報のビッグデータ化をもたらしたが，同時にそこからバイオインフォマティクスにより誘導されるデータの拡充も促進している。この節では，そのようなビッグデータからの展開について，古代遺伝子解析と超分子モデリングを例として解説したい。

### 2.2　古代遺伝子の推定

次世代シークエンサの普及は，全ゲノム解析のしきいを大きく引き下げた。これにより近年，遺骸や化石から抽出したDNA配列を決定する古代DNA解析が活発になっている。古代DNA解析の例として，ネアンデルタール人の遺骨からの配列決定（推定３万年前）や，永久凍土に保存されたマンモスの体毛（推定６万年前）からのゲノム解析が報告されている[1,2]。

これらの配列情報は，比較的最近の生命進化について実験的な検証を可能にすると同時に，ゲノムに侵入したウイルスの配列を解析することで，疫学研究にもこれまでになかった視点をもたらしている。しかし，最古のDNA標本としては，推定70万年前の化石類人骨からのミトコンドリア全DNA配列解析の成功が報告されているが，古代DNA解析には現在のところ約100万年前を境とした限界あり，残念ながら初期の生命進化の解明には及んでいない[3]。

しかし，この限界はバイオインフォマティクスの応用によって突破することが可能になる。近縁な生物種の相同遺伝子のDNA配列は類似しており，それらの遺伝子の分岐後経過時間は配列の相違度（進化距離）の関数として求められ，分子間の類縁関係を分子系統樹として表現することができる（図１）。また，分子系統樹推定法の中で最大節約法や最大尤度法などは，系統樹のノード（遺伝子分岐時点）におけるDNA配列の推定に基づいて進化距離を計算する。すなわちこれらの方法を使えば，分子系統樹に基づいた祖先型配列が推定可能である。

すでに分子生物学の発展は，配列情報さえあればその遺伝子のコードするタンパク質を実験室で生産し，現存するタンパク質と同様に実験することを可能にしている。これは古代DNA解析よりもさらに遡った過去を，直接的にのぞき込むための手段を提供する。この方法で生命の起源に近い時代まで遡った例として，保存性が高い伸長因子タンパク質の祖先配列推定がある。細菌由来の伸長因子の推定祖先配列を実験室で再現したところ，年代を遡るにつれて熱安定性が上昇することが示された。これは生命の起源が耐熱性細菌であったとする説の裏付けとなるが，この場合の遡及年代は実に37億年前に達すると推定される[4]。

残念ながら，分子系統による祖先配列推定法では，100％正しい配列を推定することは難しい。

---

＊1　Toshiyuki Tsuji　長浜バイオ大学　バイオサイエンス学部　特任講師
＊2　Tsuyoshi Shirai　長浜バイオ大学　バイオサイエンス学部　教授

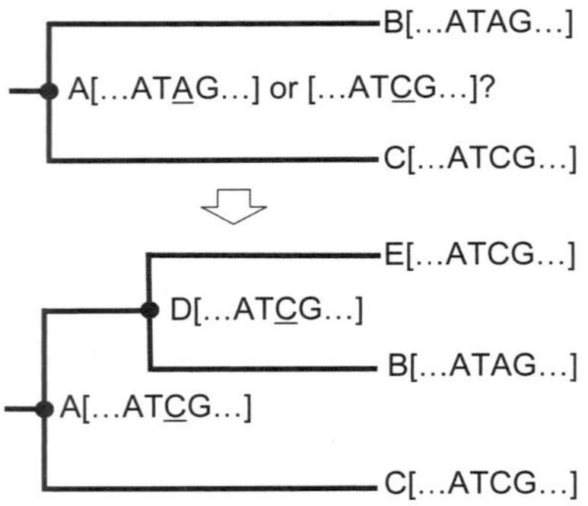


**図１　分子系統樹による祖先配列推定**

（上）祖先種Ａと現存種B，Ｃからなる仮想系統樹（黒丸がノードにあたる）。この系統樹では，祖先種Ａの遺伝子配列（括弧内に一部を示した）は現存種ＢとＣの配列からは一意には決定できない（下線）。（下）現存種Ｅの配列が決定されると，祖先種Ａ，Ｄともに［…ATCG…］が最も確からしいことが分かる。これは，下の系統樹では塩基置換は枝DB上で１回だけ（Ｃから A）で説明できるが，その他の配列では最低２回必要であることを考えると理解しやすい。

これは一つには，情報量の不足に起因する。かつて存在した遺伝子の多くは，生物種の絶滅により失われている。また現存する生物についても，すべての遺伝子配列が決定されているわけではない。一般には，分子系統樹が密になればなるほど，祖先配列推定の精度は向上する。例えば図１でノードＤから分岐した遺伝子の配列が新たに決定されることは，祖先Ａから現存種Bへの枝上で起こった配列変化を，ADおよびDBの枝に分割することに相当する。これにより，祖先Ａの配列には無関係である枝DB上の変異が配列推定から除外され，結果として祖先配列の不確実性が減少する。

全ゲノム解析が容易になり，典型的な実験生物種以外のゲノム配列が次々に解析されると，間接的に祖先配列推定による生命史の再現精度が向上することになる。このように考えると，ゲノム未知の生物種の絶滅は，単に生物多様性の損失のみならず，我々が知ることができたはずの生命史の喪失にもつながっているといえる。

さらにこの方法を利用すれば，祖先タンパク質分子の立体構造を決定することも可能である。遺伝子配列が進化すると，その遺伝子がコードするタンパク質の立体構造も進化すると考えられるが，タンパク質構造進化を実験により検証する試みは，まだほとんど行われていない。祖先タンパク質再現の例としては，約７万年前に遡ると推定される核内受容体の構造解析により，ミネラルホルモンとの相互作用特異性の進化が示されている（図２上）[5]。また，魚類ガレクチンであるコンジェリンでは，サブユニット間の$\beta$ストランドの交換（ストランドスワップ）による２量体構造の安定化という，比較的大きな構造進化が起こったことが，祖先タンパク質構造解析により示されている（図２下）[6]。

ゲノム情報の充実によって祖先型配列推定の精度が向上すれば，近い将来には疫学研究のため

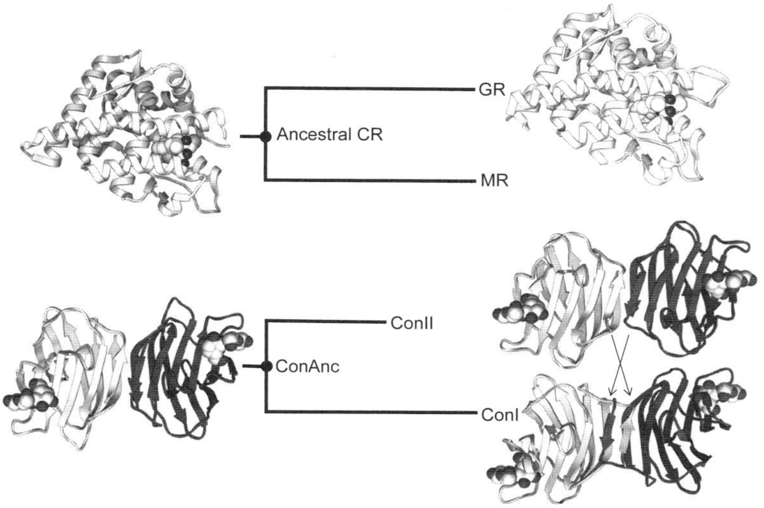


**図2　祖先型タンパク質の立体構造解析**

（上）現存核内受容体MR（ミネラルコルチコイド受容体）とGR（グルココルチコイド受容体）の祖先型（Ancestral CR）のホルモン結合ドメインの立体構造のリボンモデル。特異的に結合するホルモン（空間充填モデル）が変化している。（下）現存魚類ガレクチンConI（コンジェリンI）とConII（コンジェリンII）の祖先型（ConAnc）の立体構造のリボンモデル。それぞれのサブユニットを白と黒で示したが，ConIではサブユニット界面付近でβストランドが入れ替わっている（矢印）。

に原始ウイルスをまるごと再現したり，原始人類の抗体レパートリーや抗原との相互作用を立体構造で再現することも可能になると思われる。

## 2.3　超分子モデリング

次世代シークエンサによる解析は，十数～数百塩基の比較的短い配列情報を大量に生産する。よって，この情報の整理・解析の手段として，参照ゲノムへの張り付け（ゲノムの対応する位置への配列整列）が行われる。しかし，該当配列がコード領域であり，また解析の目的が変異解析である場合，最終的な張り付け先は立体構造であることが望ましい。なぜなら，変異がもたらす結果を解釈するために，立体構造から推定される構造安定性や分子間相互作用の知識が有効だからである。

タンパク質や核酸は，生体内で巨大な生理的分子複合体（超分子）を構成して機能する場合が多い。また，安定な複合体を形成しないタンパク質でも，リン酸化シグナル伝達経路のように，タンパク質間の物理的な相互作用のネットワークは生命にとって必須である（図3左）。しかしながら，超分子複合体やタンパク質ネットワークの立体構造を実験により求めることは，現在の技術をもってしても比較的困難な課題である。PDB（Protein Data Bank）は生体高分子の立体構造のデータベースであり，2013年末でおよそ97,000件の立体構造が収録されている[7]。また，タ

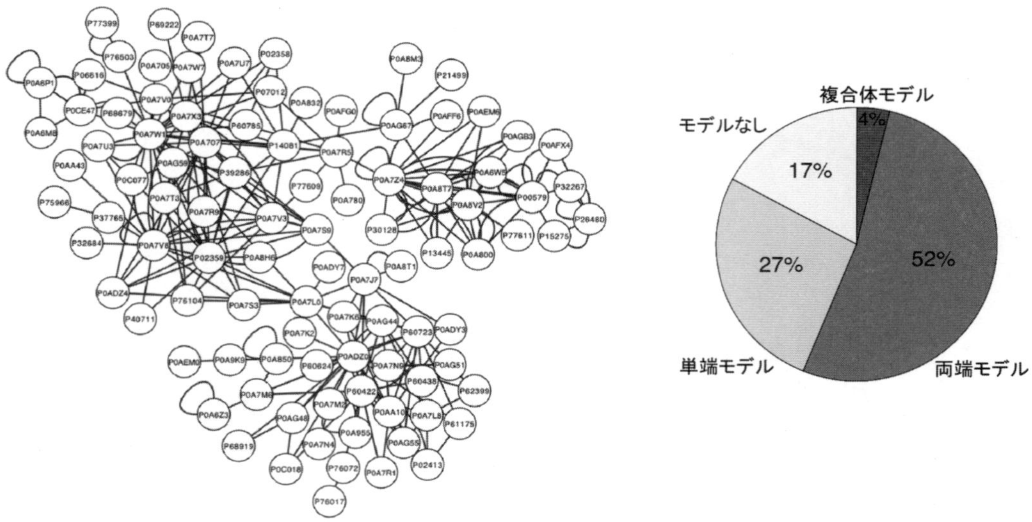


**図３　タンパク質相互作用ネットワーク**

（左）タンパク質相互作用ネットワークの例。丸はタンパク質を，線は両端の２つのタンパク質が相互作用することを示す。（右）相互作用するタンパク質の複合体モデルがPDBに発見される割合。アミノ酸一致度25％以上の条件で，２つのタンパク質が結合状態で構造決定されている（複合体モデル），両方のタンパク質の構造が単独で決定されている（両端モデル），一方のタンパク質のみ決定されている（単端モデル），どちらも構造未知である（モデルなし）割合を円グラフで示した。

ンパク質間相互作用データベースIntActには，ツーハイブリッド法などの方法で実験的に確かめられた分子間相互作用（タンパク質などの組み合わせ）が収録されているが，その総数はおよそ439,000件（同じく2013年末）に達している[8]。

これら２つのデータベースから，既知のタンパク質相互作用構造がネットワークに占める割合を推定することができる（図３右）。これは，相互作用が証明されているタンパク質A，Bの配列を立体構造既知のタンパク質の配列と比較し，Aの相同タンパク質とBの相同タンパク質が複合体として構造決定されている例を探索することにあたる。結果として，アミノ酸配列一致度25％以上のタンパク質で複合体立体構造が解明されている例は，全体のわずか４％であることが分かる。この数字は十分高いとはいえず，現在のPDBは「超分子・分子ネットワークの部品」のレポジトリーと考えるのが適切である。そのため，PDBから超分子構造を演繹する方法が必要になる。同じ解析から，相互作用するタンパク質の両者の構造が既知（複合体は未知）である場合が50％近くに達することから，高速で高精度なドッキングシミュレーションが有力な手段となると期待される（図３右。ただし，相互作用領域が同定されていない場合が多いので，ここで示した結果では，立体構造の配列に対するカバー率は考慮していない。よって，構造決定された領域が相互作用領域をカバーしていない場合も含まれている）。

ここでは，PDBの複合体構造とIntActの相互作用ネットワークを組み合わせて，実験的に解明されていない複合体のモデリングを行う簡便な手法について例を示す。現時点ではドッキングシミュレーションの精度は万全ではないので，個々のタンパク質の立体構造が明らかになっているだけでは，複合体での相互作用は確定しない。そこでこの方法では，２量体以上の複合体構造が実験的に決定されているものだけを抽出し組み合わせる。考え方は非常にシンプルで，図４に示したようにタンパク質A，B，Cからなる複合体があるときに，タンパク質複合体A-BとA-Cの構造がそれぞれ分かっていれば，Aを基準とした重ね合わせによりA-B-C複合体の構造が予測できる。これを繰り返すことで，多くのサブユニットからなる超分子複合体モデルを組み上げることが可能である。

例として，細胞周期の中心的な役割を担うタンパク質CyclinA2と，CyclinA2の働きを制御するタンパク質群の複合体モデリングを図５に示した。CyclinA2はCyclin依存性キナーゼ（Cyclin Dependent Kinase-CDK）によって活性化され，細胞周期移行を引き起こすことが知られている。CDKは通常CDK阻害タンパク質によって阻害されている。細胞周期を移行する時期になるとCDK阻害タンパク質はS期キナーゼ関連タンパク質SKP（図５のSKP1とSKP2）によりユビキチン化され，プロテアソームにより分解される。これによってCDKが活性化され，CDKはCyclinA2を活性化する。このSKP複合体によるCDK阻害タンパク質のユビキチン化が細胞周期移行イベントの引き金となることが知られており，IntActにもこれら６つのタンパク質が互いに相互作用することを証明した実験結果が登録されている。しかしながら，すべてのタンパク質が揃った複合体の構造解析は報告されておらず，相互作用の全体像は不明である。

このCyclinA2制御タンパク質複合体の構造は，PDBの立体構造情報を元にした超分子モデリングにより構築することが可能である（図５）。これはまず，図４に示した方法で，CyclinA2-CDK2（サイクリン依存性キナーゼ２）-CDK inhibitor1B（CDK阻害タンパク質）複合体（PDBコード1JSU）とCDK2-CKS1（CDK制御タンパク質１）複合体（同1BUH）のCDK2を重ねあわせる。さらに，CKS1-SKP1（S期キナーゼ関連タンパク質１）-SKP2（S期キナーゼ関連タンパク質２）の複合体（同2AST）をCKS1を基準に重ねあわせる。結果として得られた複合体モデルは，６つのタンパク質がリング状に配置した構造を示している。このモデルから，上記の３つの既知構造からは不明であるCyclinA2-SKP1間およびCDK2-SKP2間の相互作用構造を推定することができる。

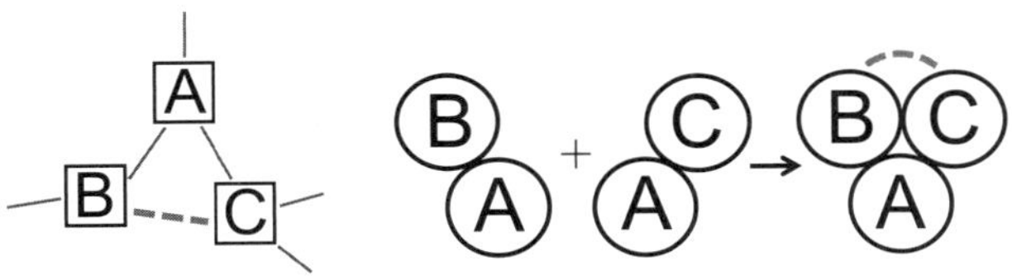


**図４　ネットワークからの超分子モデリングのイメージ**

(左) タンパク質A，B，およびCからなる部分的な相互作用ネットワーク。(右) A-B複合体とA-C複合体の立体構造が既知であったとき，Aに対してBとCがそれぞれ異なる面で複合体を形成していれば，B-C相互作用（点線）のモデルが推定できる。

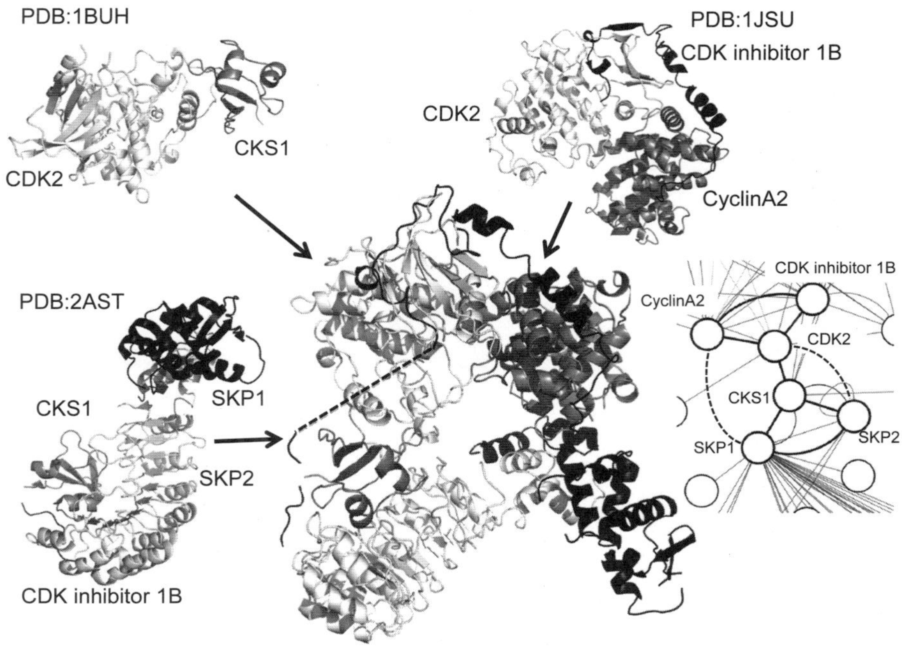


**図5　CyclinA2制御タンパク質複合体構造モデル**

(左) 全体構造が未知のCyclinA2制御タンパク質複合体を，CyclinA2-CDK2-CDK inhibitor1B複合体 (PDBコード 1JSU)，CDK2-CKS1複合体 (同1BUH)，CKS1-SKP1-SKP2複合体 (同2AST) から構築できる。1JSUと1BUHのCDK2を重ねあわせ，1BUHと2ASTのCKS1を重ねあわせたモデルは，複合体内部で大きな衝突を起こさず，リング状になっていることが分かる。(右) このモデルによって，相互作用構造が明らかになっていないCyclinA2-SKP1およびCDK2-SKP2間の相互作用構造 (点線) が推定できる。

この方法は，順次サブユニットを追加して超分子複合体モデルを簡便に構築できるという利点があり，既知相互作用ネットワークに網羅的に適用できる。さらに，ツーハイブリッドなどの実験方法では，相互排他的な複合体 (たとえば，A-B，A-Cはそれぞれ相互作用するがA-B-Cは同時に相互作用することができないなど) の検出は難しいが，この方法では，サブユニットの立体障害 (衝突) により排他的相互作用を推定することが可能である。これはタンパク質ネットワークの解析においては重要な知見である。

実験技術の進歩により蓄積されたビッグデータを，実験による大量解析が比較的困難な領域 (ここで示した例では，超古代DNAと超分子複合体・ネットワーク構造) へ展開する研究は，今後さらに重要性を増すと期待される。そのためには，この目的に即したバイオインフォマティクスの発展が不可欠である。

## 第6章　新しい展開

## 文　　献


1) W. Miller *et al.*, *Nature*, **456**, 387 (2008)
2) R. E. Green *et al.*, *Science*, **328**, 710 (2010)
3) C. D. Millar and D. M. Lambert, *Nature*, **499**, 34 (2013)
4) E. A. Gaucher, S. Govindarajan and O. K. Ganesh, *Nature*, **451**, 704 (2008)
5) E. A. Ortlund, J. T. Bridgham, M. R. Redinbo and J. W. Thornton, *Science*, **317**, 1544 (2007)
6) A. Konno, A. Kitagawa, M. Watanabe, T. Ogawa and T. Shirai, *Structure*, **19**, 711 (2011)
7) P. W. Rose *et al.*, *Nucleic Acids Res.*, **41**, D475 (2012)
8) S. Orchard *et al.*, *Nucleic Acids Res.*, **42**, D358 (2013)

# 生命のビッグデータ利用の最前線

2014年4月30日　第1刷発行

監　　修　植田充美　　(B1069)
発 行 者　辻　賢司
発 行 所　株式会社シーエムシー出版
東京都千代田区神田錦町 1-17-1
電話 03 (3293) 2061
大阪市中央区内平野町 1-3-12
電話 06 (4794) 8234
http://www.cmcbooks.co.jp/
編集担当　井口　誠／為田直子

〔印刷　株式会社遊文舎〕


ISBN978-4-7813-0537-0 C3045 ¥8000E